Wirkungsweise der Motorzähler und Meßwandler

mit besonderer Berücksichtigung der Blind-, Misch- und Scheinverbrauchsmessung

Für Betriebsleiter von Elektrizitätswerken, Zählertechniker und Studierende

Von

Dr.-Ing. Dr.-Ing. e. h. J. A. Möllinger
Direktor im Zählerwerk der Siemens-Schuckertwerke

Zweite, erweiterte Auflage

Mit 131 Textabbildungen

Springer-Verlag Berlin Heidelberg GmbH
1925

ISBN 978-3-662-38965-2   ISBN 978-3-662-39920-0 (eBook)
DOI 10.1007/978-3-662-39920-0

Alle Rechte, insbesondere das der Übersetzung
in fremde Sprachen, vorbehalten.
© Springer-Verlag Berlin Heidelberg 1925
Ursprünglich erschienen bei Julius Springer in Berlin 1925.
Softcover reprint of the hardcover 2nd edition 1925

Vorwort zur zweiten Auflage.

Bei der großen Verbreitung und wirtschaftlichen Bedeutung, welche die Motorzähler und Meßwandler besitzen, haben Viele das Bedürfnis, sich mit deren Wirkungsweise vertraut zu machen. Diese möglichst einfach und physikalisch-anschaulich darzustellen, ist der Zweck des Buches.

Abschnitt V (Grundlagen der Wechselstromtechnik) wird vielen Lesern überflüssig erscheinen und von ihnen überschlagen werden: er wurde aufgenommen, um solchen, die sich noch wenig mit Wechselstrom beschäftigt haben, das Studium der folgenden Abschnitte zu erleichtern; außerdem konnte ich mich in diesen auf das im Abschnitt V Auseinandergesetzte beziehen.

Zur Anordnung des Stoffes sei bemerkt: den dynamometrischen Zähler habe ich zuerst behandelt und dabei Begriffe, die bei allen Zählern vorkommen (Bremsung, Fehler und Korrektionsfaktor, Reibung, Hemmfahne, Zählwerksübersetzung), eingehender erörtert, um mich darüber in den folgenden Abschnitten kurz fassen zu können.

Gegenüber der ersten Auflage wurden, abgesehen von verschiedenen Änderungen, einige Erweiterungen vorgenommen, so: Fehler durch Meßwandler bei Drehstromzählern, Fehler durch Schutzwiderstände, Summenschaltung von Stromwandlern, Höchstverbrauchmesser, vor allem aber Geräte zur Messung des Blind-, Misch- und Scheinverbrauches.

Den Herren des Zählerlaboratoriums der Siemens-Schuckertwerke, welche Druckbogen durchsahen und Messungen für mich ausführten, spreche ich meinen Dank aus.

Nürnberg, August 1925.

Möllinger.

Inhaltsverzeichnis.

                                                                                   Seite

I. Zeichen und Bezeichnungen 1

II. Einleitung 6

III. Der dynamometrische Wattstundenzähler (G-Zähler).
  1. Einleitung 9
  2. Drehmoment 11
  3. Bremsung 14
  4. Drehzahl 15
  5. Fehler und Korrektionsfaktor 16
  6. Reibung 17
  7. Hilfsspule 21
  8. Hemmfahne 22
  9. EMK des Ankers 24
  10. Temperatur 25
  11. Abnormale Spannung 26
  12. Erdfeld 28
  13. Zähler für verschiedene Nennlasten 28
  14. Eichung 35
  15. Dreileiterzähler 36
  16. Schutzblech 38

IV. Der Magnetmotorzähler (A-Zähler).
  1. Einleitung und Grundgleichungen 39
  2. Drehmoment 43
  3. Lastkurve 44
  4. Hilfskraft 45
  5. Verbesserung der Lastkurve durch Verminderung der Drehzahl bei hoher Last 46
  6. Temperatur 47
  7. Zähler für verschiedene Nennströme 48
  8. Eichung 48

V. Grundlagen der Wechselstromtechnik.
  1. Darstellung von Wechselstromgrößen 49
  2. Effektivwerte 51
  3. Induzierte EMK 53
  4. Ohmsches und Kirchhoffsches Gesetz 56

Inhaltsverzeichnis.

Seite

5. Stromkreis mit Selbstinduktion und Ohmschem Widerstand; Magnetisierungs-Blindstrom 57
6. Stromkreis mit Kapazität 60
7. Leistung des Wechselstroms und ihre Messung; Blind- und Scheinleistung 63
8. Diagramm des Transformators („Wandlers") 67

VI. Der Induktionszähler (W-Zähler).

1. Einleitung, Entstehung des Drehmomentes 74
2. Dämpfung und Drehzahl 80
3. Diagramm des Spannungskreises 81
4. Diagramm des Stromeisens 88
5. Hilfskraft 90
6. Lastkurve 92
7. Falsche Lage des Spannungsflusses 99
8. Abnormale Spannung 100
9. Abnormale Frequenz 102
10. Temperatur 106
11. Zähler für verschiedene Nennlasten 107
12. Eichung 109
13. Scheibenströme 112

VII A. Drehstromzähler für Dreileiteranlagen.

1. Messung der Drehstromleistung 125
2. Induktionszähler 130
3. Gegenseitige Störungen der Meßwerke 132
4. Eichung 138

VII B. Drehstromzähler für Vierleiteranlagen 141

VIII. Zähler zur Erfassung des Blindstromes.

1. Einleitung 145
2. Blindverbrauchzähler 151
3. Mischverbrauchzähler 159
4. Scheinverbrauchzähler 162
5. Zähler für Hin- und Rücklieferung 170

IX. Höchstverbrauchmesser und schreibender Verbrauchmesser 173

X. Beglaubigungsvorschriften; Genauigkeit der Zähler. . . . 175

XI. Verhalten der Motorzähler bei Belastungsstößen 179

XII. Meßwandler.

1. Zweck der Wandler 187
2. Anforderungen an die Wandler 187
3. Schildaufschriften und deren Bedeutung 189
4. Unterschied zwischen Spannungswandlern und Stromwandlern 190

Inhaltsverzeichnis.

                                                                                            Seite
   5. Zusammenarbeiten von Zählern und Wandlern 192
   6. Fehlschaltungen und ihre Korrektionsfaktoren 199
   7. Diagramme der Wandler 203
   8. Summenschaltung von Stromwandlern 221
   9. Untersuchungen an Meßwandlern 225

XIII. Messungen mit dem Wechselstromkompensator an Wandlern und Zählern.
   1. J_m und J_w eines Stromwandlers 236
   2. J'_0, K, E_K und E am Spannungseisen eines W-Zählers . 238

I. Zeichen und Bezeichnungen.

1. Zeichen.

×   (gefiedertes Ende eines eindringenden Pfeiles), Richtung senkrecht in die Papierebene hinein (S. 76).

⊙   (Spitze eines herausdringenden Pfeiles), Richtung senkrecht aus der Papierebene heraus.

⌁   induktionsloser Widerstand (z. B. *1* in Abb. 19).

∞   proportional.

≈   annähernd gleich.

÷   bis.

∢ $K \mid \bar{\Phi}$ oder $K \mid \bar{\Phi}$ Phasenverschiebungswinkel zwischen K und Φ. Wenn Winkel in den Abbildungen als Rechte besonders gekennzeichnet werden sollen, ist ein Gradbogen ohne Bezeichnung eingezeichnet (z. B. Abb. 20).

[ ]   deutet an, daß die Addition geometrisch (vektoriell) erfolgen soll (S. 57).

2. Deutsche und lateinische Buchstaben.

A Ampere oder Arbeit oder Abnehmer (in Schaltbildern).

A_b Blindarbeit, Blindverbrauch.

A_s Scheinarbeit, Scheinverbrauch.

Ah Amperestunde.

As Amperesekunde.

AW Amperewindungen.

a Umdrehungszahl je Kilowattsekunde oder je Amperesekunde oder je Blindkilowattsekunde (s. S. 17 und 35).

$a_\mathfrak{S}$ deren Sollwert („Eichzahl").

$\mathfrak{B}$ Induktion in Gauß[1]).

---

[1]) Bei Wechselstrom bedeuten in den Formeln und Vektordiagrammen: J, E, K Effektivwerte, $\bar{J}, \bar{E}, \bar{K}, \bar{D}, \bar{\mathfrak{F}}, \bar{\mathfrak{H}}, \bar{\mathfrak{B}}, \bar{\Phi}$ Scheitelwerte; N, D bedeuten Mittelwerte der Leistung bzw. des Drehmomentes während einer Periode. Momentanwerte im Zeitmoment t sind durch den Index t gekennzeichnet, welcher dem einzelnen Buchstaben oder einem ganzen Ausdruck angehängt wird (siehe V, 1 und 2).

I. Zeichen und Bezeichnungen.

B	Bremsmoment, Dämpfungsmoment (III, 3).
b	Bremsfaktor (III, 3); in XI Dämpfungskonstante.
b	„Blind", z. B. bW Blindwatt, bkW Blindkilowatt, $bkWh$ Blindkilowattstunde.
bV-	Blindverbrauch-(Zähler).
C	Kapazität in Farad (V, 6).
C_μ	Kapazität in Mikrofarad.
C, c	mit Indizes .... Proportionalitätskonstanten. Die Numerierung der Indizes beginnt öfters von neuem.
C'	Korrektionsfaktor (siehe III, 5).
C'_U	Korrektionsfaktor der Übersetzung bei Meßwandlern (s. F. N. 1, S. 194).
D	Drehmoment (s. F. N. 1, S. 1).
$\bar{D}$	größter Wert desselben.
$D_\mathfrak{N}$	Drehmoment bei Nennlast.
d	Drehmomentsfaktor (S. 12).
E	Elektromotorische Kraft (EMK) (s. F. N. 1, S. 1).
E_1	EMK in der primären ⎫
E_2	EMK in der sekundären ⎬ Wicklung beim Transformator.
$e = 2{,}718\ldots$	Basis der natürlichen Logarithmen.
$\mathfrak{F}$	Magnetomotorische Kraft (MMK) $\mathfrak{F} = \dfrac{4\pi}{10} s\, J$ (S. 55).
F	Fläche oder Farad.
F. N.	bedeutet Fußnote.
$f = 1:T$	Frequenz (V, 1), Zahl der Perioden je Sekunde.
G	Generator (in Schaltbildern).
$\mathfrak{H}$	Feldstärke (in Gauß) (s. F. N. 1, S. 1).
H	Henry.
h	Hilfsdrehmoment (S. 21) oder Stunde.
J	Stromstärke (s. F. N. 1, S. 1).
$J_\mathfrak{N}$	deren Nennwert
J_1	Primärstrom ⎫
J_2	Sekundärstrom ⎬ bei Wandlern.
J_0	Leerlaufstrom ⎭
J'	Strom im Spannungskreis des Zählers.
J_b	Blindstrom.
J_m	Magnetisierungsstrom.
J_w	Wattstrom.

2. Deutsche und lateinische Buchstaben.

J_M	vom Bremsmagnet herrührende Bremsströme	⎫ in der
J_K	vom Spannungstriebfluß herrührende Triebströme	⎬ Scheibe
J_J	vom Stromtriebfluß herrührende Triebströme	⎭

K Trägheitsmoment im Abschnitt XI, sonst
K Klemmenspannung, Potentialdifferenz (s. F. N. 1, S. 1).
$K_\mathfrak{N}$ deren Nennwert.
K_J Spannung an der Stromwicklung oder am Nebenwiderstand (Abb. 14).
K_L Spannung an den Stromverbrauchern (Lampen Abb. 14).
K_1 primäre ⎫
K_2 sekundäre ⎬ Klemmenspannung beim Transformator.
k   Kilo, z. B.
kW   Kilowatt.
kWh   Kilowattstunde.
kWs   Kilowattsekunde.
L Koeffizient der Selbstinduktion oder in den Schaltbildern Stromverbraucher (Abb. 1).
l Länge des magnetischen Pfades (F. N. 2, S. 55).
$M(x)$ Mittelwert von x während einer Periode.
m Minute.
mA Milliampere.
N Leistung (Effekt) in W oder kW ⎫
N_b Blindleistung in bW oder bkW, ⎬ s. V, 7.
N_s Scheinleistung in VA oder kVA ⎭
N_J von der Stromwicklung aufgenommene Leistung.
N' von der Spannungsspule aufgenommene Leistung.
N_0 Leistungsverlust im Eisenkern beim Transformator (V, 8).
$N_\mathfrak{N}$ Nennlast des Zählers (s. S. 11).
$\mathfrak{N}$ als Index bedeutet Nennwert der betreffenden Größe.
n Drehzahl (Umdrehungszahl je Minute).
$n_\mathfrak{S}$ Sollwert derselben.
$n_\mathfrak{N}$ Drehzahl bei Nennlast.
P Kraft oder Potential.
Q Elektrizitätsmenge oder
Q Wicklungsquerschnitt ⎫
q Drahtquerschnitt ⎬ (Abb. 10).
q Querschnitt des magnetischen Pfades (F. N. 2, S. 55).
$\mathfrak{R}$ magnetischer Widerstand.
$\mathfrak{R}'$ magnetischer Widerstand des primären Streupfades.

4 I. Zeichen und Bezeichnungen.

$\mathfrak{R}''$ magnetischer Widerstand des sekundären Streupfades.
R elektrischer Widerstand.
R' Widerstand des Spannungskreises.
R_J Widerstand der Stromwicklung.
R_1 Widerstand der primären Wicklung ⎱
R_2 Widerstand der sekundären Wicklung ⎰ bei Transformatoren.
r hemmendes Moment der Reibung (S. 17) oder Radius.
rd. rund, annähernd.
$\mathfrak{S}$ als Index bedeutet Sollwert der betreffenden Größe.
s Sekunde, spez. Gewicht oder
s Windungszahl.
s_1 Windungszahl der primären Wicklung ⎱ beim Transfor-
s_2 Windungszahl der sekundären Wicklung ⎰ mator.
s_J Windungszahl der Stromspule.
s' Windungszahl der Spannungsspule.
T Dauer einer Periode in Sekunden (S. 49).
t Zeit; als Index: Momentanwert der Größe (S. 50 und 53).
U Übersetzung beim Transformator[1]) (S. 72).
$U_\mathfrak{R}$ Nennwert derselben.
u Umdrehungszahl.
V Volt oder Verbrauch (z. B. bV- Zähler).
VA Voltampere.
VAs, VAh Voltamperesekunde bzw. Voltamperestunde.
W Watt.
wV- Wirkverbrauch-(Zähler).
Wh Wattstunde.
Ws Wattsekunde.
X Blindwiderstand (Reaktanz) $X = \omega L$ (S. 56).
Z Scheinwiderstand (Impedanz) $Z = \sqrt{R^2 + \omega^2 L^2}$ (S. 58).
$\mathfrak{Z}$ Zeitachse (S. 50).

3. Griechische Buchstaben.

δ beim Meßwandler Fehlwinkel[1]) (S. 72 und 187).
δ beim Induktionszähler Fehlverschiebung, Abweichung von der 90°-Verschiebung (S. 99).
$\delta^{(')}$ diese Winkel, gemessen in Minuten.

---

[1]) Wo zwischen Spannungswandlern und Stromwandlern unterschieden werden soll, erhalten die Größen den Index K bzw. J.

3. Griechische Buchstaben.

Δ Fehler in Prozent (III, 5).
Δ_K Spannungsfehler beim Spannungswandler
Δ_J Stromfehler beim Stromwandler ⎭ s. S. 194.

$\eta = \dfrac{N}{N_\mathfrak{R}}$ verhältnismäßige Wattbelastung (S. 11)[1].

$\eta' = \dfrac{J}{J_\mathfrak{R}}$ verhältnismäßige Strombelastung (S. 11)[1].

ϑ Dicke der Scheibe.

$\varkappa$ Leitfähigkeit; $\varkappa = \dfrac{l}{Rq}$; R in Ω, l in Meter, q in mm²;
z. B. $\varkappa = 56$ bei Kupfer.

μ Permeabilität $\mu = \dfrac{\overline{\mathfrak{B}}}{\mathfrak{H}}$.

$\mu\,\mathrm{F}$ Mikrofarad ($1\,\mu\,\mathrm{F} = 10^{-6}\,\mathrm{F}$).

$\sigma = \measuredangle\, \overline{\overline{\Phi}}_J \mid \overline{\Phi}_K$ Phasenverschiebungswinkel zwischen Strom- und Spannungstriebfluß.

σ_0 Wert von σ für $\varphi = 0$ („Flußverschiebung").

τ Temperatur in Grad Celsius.

$\varphi = \measuredangle\, K \mid J$ Phasenverschiebungswinkel zwischen Klemmenspannung und Strom; φ bezeichnen wir als positiv, wenn J gegen K nacheilt (induktive Last).

Φ magnetischer Kraftlinienfluß in absoluten Einheiten (Maxwell) (s. F. N. 1, S. 1).

Φ_J Triebfluß des Stromeisens (S. 75).

Φ_K Triebfluß des Spannungseisens (S. 75).

Φ' primärer Streufluß
Φ'' sekundärer Streufluß ⎭ beim Transformator.

Φ_0' primärer Streufluß bei Leerlauf.

$\chi = \measuredangle\, K \mid \overline{\Phi}_K$ Phasenverschiebungswinkel zwischen Klemmenspannung und Spannungstriebfluß, z. B. Abb. 29.

ψ Phasenverschiebungswinkel zwischen Strom und Fluß.

$\psi_J = \measuredangle\, J \mid \overline{\Phi}_J$ Phasenverschiebungswinkel zwischen Strom und Stromtriebfluß z B Abb. 29 (s. F. N. 1, S. 78).

ω „Kreisfrequenz" $\omega = 2\pi f$ oder im Abschnitt XI Winkelgeschwindigkeit $\omega = \dfrac{2\pi n}{60}$.

Ω Ohm.

---

[1] $100\,\eta$, $100\,\eta'$ prozentuale Watt- bzw. Strombelastung.

II. Einleitung.

Die Elektrizitätszähler dienen dazu, die Lieferung des Werkes an das Netz oder eines Werkes an ein anderes, in der Mehrzahl aber dazu, den Verbrauch der an das Netz angeschlossenen Abnehmer zu ermitteln. Je nach der Einrichtung ihrer messenden Teile zeigen die Zähler die Arbeit A (Wirkverbrauch), die Blindarbeit A_b (Blindverbrauch) oder die Scheinarbeit A_s (Scheinverbrauch) oder die Elektrizitätsmenge Q an.

Die elektrische Arbeit A ist das Produkt aus der Leistung (Wirkleistung) N und der Zeit t, während der diese Leistung verbraucht oder abgegeben wird:

$$A = Nt.$$

N wird in der Praxis in Watt (W) oder Kilowatt (kW), t meist in Stunden (h) gemessen, so daß die Einheit der Arbeit die Wattstunde (Wh) oder Kilowattstunde (kWh) ist.

Aus einer Anlage werde während der Zeit t_1 die Leistung N_1, während der Zeit t_2 die Leistung N_2 usw. entnommen. Dann ist die gesamte entnommene Arbeit, die der Zähler messen soll:

$$A = N_1 t_1 + N_2 t_2 + \cdots$$

Da die elektrische Leistung ($N_1, N_2 \ldots$) dem Produkt aus Verbrauchsspannung K und Verbrauchsstrom J proportional ist, muß in einem ,,Wirkverbrauch-" oder ,,Wattstundenzähler" der Strom und die Spannung zur Wirkung gebracht werden.

Neuerdings werden in Wechselstrom- und Drehstromanlagen auch Zähler verwandt, welche den Blindverbrauch

$$A_b = N_{b1} t_1 + N_{b2} t_2 + \cdots$$ (Einheit Blindwattstunde oder Blindkilowattstunde, Abkürzung bWh bzw. $bkWh$) und solche, die den Scheinverbrauch

$$A_s = N_{s1} t_1 + N_{s2} t_2 + \cdots$$ (Einheit Voltamperestunde oder Kilovoltamperestunde, Abkürzung VAh bzw. $kVAh$) messen (Blindverbrauchs- bzw. Scheinverbrauchszähler). Dabei ist

II. Einleitung.

$N_b = KJ \sin\varphi$ die Blindleistung (Einheit Blindwatt oder Blindkilowatt, Abkürzung bW bzw. bkW) und

$N_s = KJ$ die Scheinleistung (Einheit Voltampere oder Kilovoltampere, Abkürzung VA bzw. kVA).

Da die Blindleistung dem Sinus des Phasenverschiebungswinkels φ proportional ist, nennt man die Blindverbrauchszähler auch „Sinuszähler".

Außerdem gibt es noch Mischverbrauchzähler, welche ein Gemisch von Wirkverbrauch und Blindverbrauch, also eine Größe $CA + C'A_b$ messen.

In diesen Zählern muß aus dem gleichen Grund ebenfalls Strom und Spannung zur Wirkung gebracht werden. —

Die verbrauchte Elektrizitätsmenge Q ist das Produkt aus dem Verbrauchsstrom J und der Zeit t, während der der Strom verbraucht wird:

$$Q = Jt.$$

J wird in Ampere (A), t meist in Stunden, die verbrauchte Elektrizitätsmenge also meist in Amperestunden (Ah) gemessen.

Ist eine Anlage während der Zeit t_1 mit dem Verbrauchsstrom J_1, während der Zeit t_2 mit J_2 usw. belastet, so ist die gesamte verbrauchte Elektrizitätsmenge, die der Zähler messen soll,

$$Q = J_1 t_1 + J_2 t_2 \ldots$$

In einem „Amperestundenzähler" wird nur der Verbrauchsstrom J zur Wirkung gebracht. Ist ein Amperestundenzähler in einer Anlage mit der konstanten Verbrauchsspannung K eingeschaltet, so läßt sich aus seinen Angaben die verbrauchte elektrische Arbeit berechnen:

$$A = \frac{QK}{1000} \text{ Kilowattstunden,}$$

wenn Q in Amperestunden und K in Volt ausgedrückt ist.

Um die Angabe Q des Amperestundenzählers dazu nicht jedesmal mit K multiplizieren zu müssen, richtet man in der Regel das Zählwerk so ein, daß es für ein bestimmtes K direkt Kilowattstunden zeigt. Brauchbare Amperestundenzähler für Wechselstrom gibt es zur Zeit noch nicht, sondern nur solche für Gleichstrom. —

II. Einleitung.

Der Fortgang α des Zählwerkes ist proportional der Winkelgeschwindigkeit ω des Ankers des Motorzählers und der Zeit t:

$$\alpha \sim \omega \cdot t.$$

Da andererseits beim Wattstundenzähler α der Arbeit Nt proportional sein soll:

$$\alpha \sim Nt,$$

muß die Winkelgeschwindigkeit des Ankers — also seine Drehzahl n — der Leistung N proportional sein[1]); ebenso muß sein: beim Scheinverbrauchszähler $n \sim N_s$, beim Blindverbrauchszähler $n \sim N_b$ und beim Amperestundenzähler $n \sim J$.

Die Begriffe Fehler und Korrektionsfaktor eines Zählers sind in III, 5 erläutert.

---

[1]) Man kann sagen: der Wattstundenzähler mißt die Leistung oder die verbrauchte Arbeit, je nachdem man seine Geschwindigkeit (Drehzahl n) oder den Fortgang seines Zählwerks ins Auge faßt.

III. Der dynamometrische Wattstundenzähler.
(*G*-Zähler.)

1. Einleitung. Die Schaltung sowie die wichtigsten Teile eines dynamometrischen Zählers in schematischer Darstellung zeigt Abb. 1; Abb. 2 zeigt einen ausgeführten Zähler[1]) (Modell G 5 der SSW.).

Die vom Verbrauchsstrom J durchflossenen Stromspulen *8* erzeugen ein Feld, welches auf die Spulen des Ankers *10* drehend wirkt.

Aus diesem Grunde nennt man diese Zähler „dynamometrische". Sie werden meist für Gleichstrom benutzt, und wir wollen sie deshalb „*G*-Zähler" nennen und nur für Gleichstrom untersuchen.

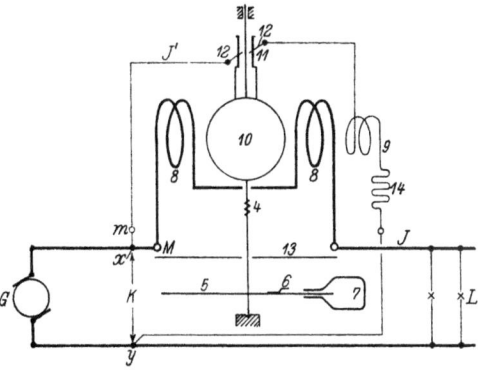

Abb. 1. Messende Teile und Schaltbild eines *G*-Zählers.

Dem Anker *10* wird der Strom J' mittels Kollektor *11* und Bürsten *12* zugeführt. In Reihe mit ihm liegt ein Vorwiderstand *14* sowie eine Hilfsspule *9*, auf deren Zweck wir später näher eingehen werden. Der Ankerkreis $x\,12\,y$ liegt an der Verbrauchsspannung K und besteht im wesentlichen aus Kupfer und Nickel, Materialien von etwa dem gleichen Temperaturkoeffizienten, wie die Bremsscheibe (Aluminium). Der Strom J' im Ankerkreis muß sehr klein gehalten werden, damit der dauernde Leistungsverbrauch ($N' = J'K$) und die Abnutzung von Bürsten

---

[1]) In dieser Abbildung ist, um den Anker besser sichtbar zu machen, die rechte Stromspule herausgenommen und neben den Apparat gelegt.

III. G-Zähler.

und Kollektor gering sind; daher erhält der Ankerkreis einen hohen Widerstand (R'). Auf der Achse des Ankers sitzt ferner eine im Felde eines permanenten Magneten 7 befindliche Bremsscheibe 5 aus Aluminium. Zwischen den Stromspulen und dem Bremsmagneten ist das eiserne Schutzblech 13, auf der Brems-

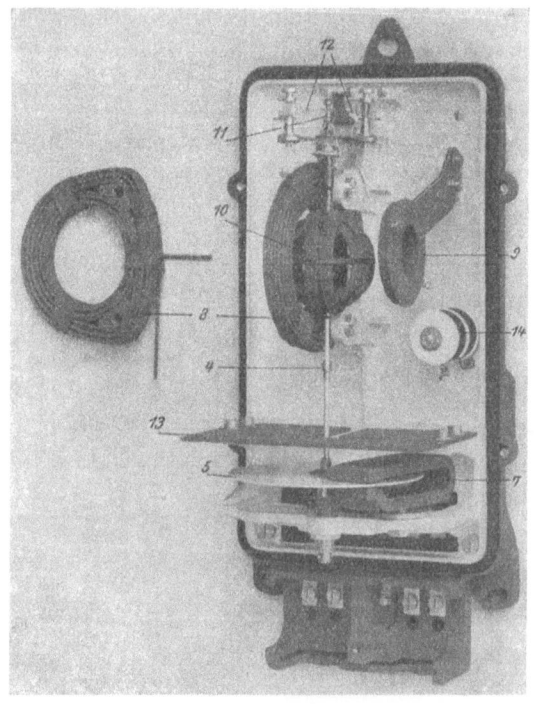

Abb 2. G 5 der SSW.

scheibe die eiserne Hemmfahne 6 angeordnet, wovon später (III, 16 bzw. III, 8) die Rede sein wird.

Die Drehzahl des Ankers ist der Leistung $N = KJ$ in der Anlage, die Zahl seiner Umdrehungen der darin verbrauchten Arbeit proportional, wie wir später sehen werden. Die Umdrehungen werden von einem von der Schnecke 4 angetriebenen Zählwerk (in Abb. 1 und 2 nicht abgebildet) gemessen.

Das Produkt KJ, welches die Leistung N in der Anlage darstellt, bezeichnet man als die **Belastung des Zählers**.

1. Einleitung. — 2. Drehmoment.

Jeder Zähler ist für eine bestimmte Spannung und für eine bestimmte Stromstärke, bis zu der er normalerweise dauernd belastet werden darf, gebaut. Diese Größen sind auf dem Schild aufgeschrieben; wir nennen sie Nennspannung und Nennstrom und bezeichnen sie mit dem Index $\mathfrak{N}$. Entsprechend ist die „Nennlast" des Zählers

$$N_\mathfrak{N} = K_\mathfrak{N} J_\mathfrak{N}.$$

Ist der Zähler mit N Watt belastet, so nennen wir $\dfrac{N}{N_\mathfrak{N}} = \eta$ die „verhältnismäßige Wattbelastung" und entsprechend $\dfrac{J}{J_\mathfrak{N}} = \eta'$ die „verhältnismäßige Strombelastung"; η und η' werden aber auch oft kurz als „Belastung" bezeichnet.

100 η bzw. 100 η' heißt die prozentuale Belastung.

2. Drehmoment. Von der Wirkung der Hilfsspule sehen wir zunächst ab. Der Verbrauchsstrom J erzeugt in den Stromspulen S ein Feld, dessen Stärke $\mathfrak{H}_J$ proportional J und der Windungszahl s_J der Spulen ist:

$$\mathfrak{H}_J = C_1 s_J J \ldots$$

(Mit $C_0 C_1$ usw. sollen im folgenden Proportionalitätskonstanten bezeichnet werden.) Für einen gegebenen Zähler ist $s_J = $ const. und wir können schreiben:

$$\mathfrak{H}_J = C_2 J \ldots \qquad (1)$$

Das Feld ist nicht immer homogen. Wir wollen für diesen Fall unter $\mathfrak{H}_J$ die mittlere Feldstärke, die sich als $\mathfrak{H}_J = \dfrac{\Phi_J}{F}$ ergibt, verstehen. Dabei ist F die Fläche einer Ankerspule und Φ_J der maximal von derselben umfaßte Fluß.

In dem Stromfeld befindet sich der vom Strom

$$J' = \frac{K}{R'} \qquad (2)$$

durchflossene Anker. Durch das Zusammenwirken des Stromes J' mit dem Feld $\mathfrak{H}_J$ kommt ein auf den Anker wirkendes Drehmoment D zustande:

$$D = C_3 J' \mathfrak{H}_J \qquad (3)$$

oder unter Berücksichtigung der Gleichungen 1 und 2

$$D = C_3 C_2 \frac{K}{R'} J = \boldsymbol{d} \cdot \boldsymbol{K J} = \boldsymbol{d} \cdot \boldsymbol{N}. \tag{4}$$

D ist also der Leistung im Verbrauchskreise $x L y$ proportional; d bezeichnen wir als Drehmomentsfaktor.

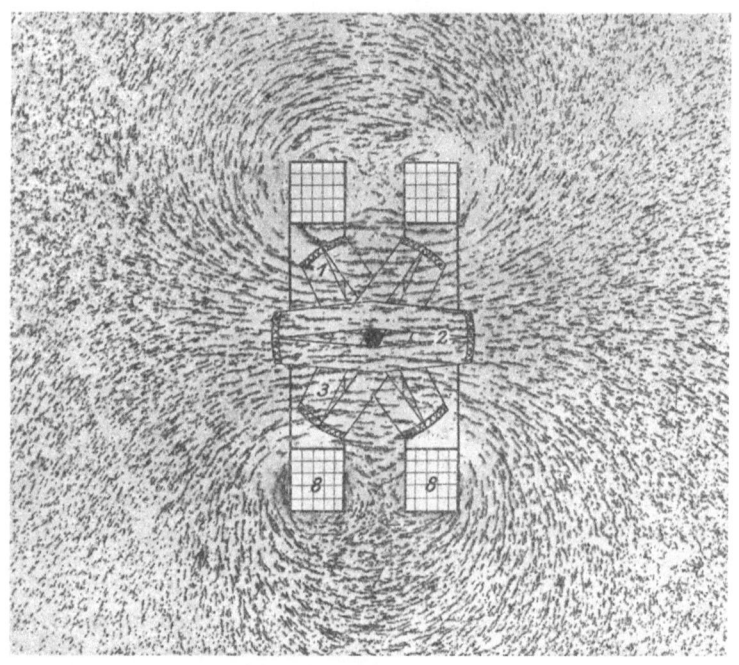

Abb. 3. Horizontalschnitt durch die Ankermitte in Abb. 2 und Kraftlinienbild.

Aus Gleichung 4 folgt: Wenn das Drehmoment eines Zählers bei Nennlast $N_\mathfrak{N}$ gleich $D_\mathfrak{N}$, so ist das Drehmoment bei einer Belastung N

$$D = D_\mathfrak{N} \cdot \eta.$$

Die Gleichung 4 gilt für beliebige Anordnung des Ankers und der Hauptstromspulen solange Gleichung 1 erfüllt[1]) ist und R' konstant bleibt. Dabei ist unter D das mittlere Drehmoment zu verstehen.

---

[1]) Gleichung 1 gilt z. B. dann nicht genau, wenn sich in den Stromspulen oder im Anker Eisen befindet.

2. Drehmoment.

Bei unserem Zähler (Abb. 2) ist, wie Abb. 3 veranschaulicht, das Feld im Ankerbereich nahezu homogen, und man kann daher D leicht berechnen. Die Rechnung sei für den geschlossenen Dreispulenanker durchgeführt, da dieser vielfach verwendet wird. In Abb. 3 sind die drei gegeneinander um 120° versetzten Ankerspulen mit eingezeichnet.

Abb. 4 zeigt den Anker in schematischer Darstellung [1]).

Die gestrichelten Linien sind die Achsen der gleichsinnig gewickelten Ankerspulen *1*, *2*, *3*. Wenn der Strom bei den Spulenanfängen a_1, a_2, a_3 austritt, mögen bei a_1, a_2, a_3 Nordpole entstehen. In Abb. 4 haben dann die Spulen die eingezeichnete Polarität; der Anker erfährt ein Drehmoment in der Pfeilrichtung. Jede Spule wird stets dann durch die Bürste kurzgeschlossen, wenn ihre Achse mit der Feldrichtung $\mathfrak{H}_J$ zusammenfällt, sie also kein Drehmoment ergibt. Der Fluß, der die Spule durchsetzt, ist dabei ein Maximum (die in ihr induzierte EMK Null). Bei der Spule *2* hat das Drehmoment eben seinen größten

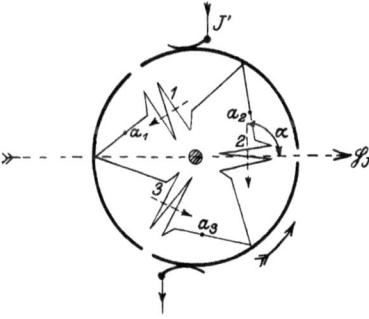

Abb. 4. Dreispulen-Anker.

Wert $\bar{D}_2$, denn ihre Achse steht senkrecht zum Feld ($\alpha = 90°$).

Es ist dann

$$\bar{D}_2 = \mathfrak{H}_J \left(\frac{2}{3} J'\right) \frac{F s'}{10} \text{ cm-Dyn} = \mathfrak{H}_J \left(\frac{2}{3} J'\right) \frac{F s'}{10 \cdot 981} \text{ cmg}^{2})$$

oder

$$\bar{D}_2 = 6{,}8 \cdot 10^{-5} \mathfrak{H}_J J' F s' \text{ cmg}. \tag{5}$$

$\frac{2}{3} J'$ ist der Spulenstrom, da die in Reihe geschalteten Spulen *1* und *3* zur Spule *2* parallel geschaltet sind.

F ist die von der Spule umschlossene Fläche in cm²; s' die Windungszahl der Spule [3]).

Für den beliebigen Winkel α ist

$$D_2 = \bar{D}_2 \sin \alpha.$$

D_2 ändert sich von $\alpha = 60° \div 120°$ nach der Sinuslinie y (Abb. 5); von $0° \div 60°$ und von $120° \div 180°$ nach der Sinuslinie y', deren Ordinaten halb so groß sind wie die von y, weil dabei die Spule *2* mit einer anderen in Reihe geschaltet und vom Strom $\frac{1}{3} J'$ durchflossen ist.

---

[1]) Es ist für D ohne Einfluß, ob die Ankerspulen — wie in Abb. 4 der Deutlichkeit halber gezeichnet — neben der Zählerachse liegen oder ob letztere — wie in Abb. 2 und 3 — durch die Ankerspule hindurchtritt.

[2]) Siehe F. N. 2, S. 43.

[3]) Bei den praktischen Zählern ist in der Regel F bei den einzelnen Ankerspulen etwas verschieden.

III. G-Zähler.

Die Drehmomente D_1 und D_3 der Spulen *1* und *3* verlaufen nach denselben Kurven wie D_2, nur sind sie dagegen um je 120° verschoben. Sie sind für $\alpha = 60° \div 120°$ auch eingezeichnet; ebenso der Verlauf des Gesamtdrehmomentes D_g des Ankers.

$$D_g = D_1 + D_2 + D_3.$$

D_g ist also nicht konstant; sein größter Wert ist 15% größer als sein kleinster. Mittels eines Federdynamometers kann D_g am stillstehenden Zähler bei verschiedenen Winkeln α leicht gemessen werden. Das Drehmoment ist beim umlaufenden Zähler praktisch das gleiche wie beim stillstehenden, weil, wie wir später sehen werden, die Gegen-EMK des Ankers gegen K vernachlässigbar klein ist, also J' bei stillstehendem und umlaufendem Zähler gleich groß ist.

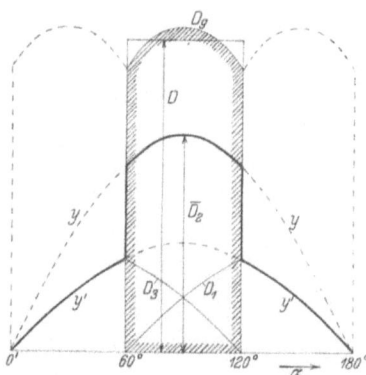

Abb. 5. Drehmomente beim Dreispulen-Anker
Abb. 4. D_1, D_2, D_3 der einzelnen Spulen, D_g Gesamtdrehmoment, D dessen Mittelwert

Man bestimmt durch Planimetrieren oder Integrieren die schraffierte Fläche und ersetzt sie durch ein Rechteck gleichen Inhalts. Dabei findet man, daß die Höhe desselben, die das mittlere Drehmoment D gibt, im Verhältnis 1,432[1]) größer ist als $\bar{D}_2$, also

$$D = 1{,}432 \cdot \bar{D}_2.$$

Setzt man D_2 aus Gleichung 5 ein, so ergibt sich:

$$\left. \begin{aligned} D &= 1{,}432 \cdot 6{,}8 \cdot 10^{-5}\, \mathfrak{H}_J\, J'\, F\, s'\, \text{cmg} \\ &= 9{,}73 \cdot 10^{-5}\, \mathfrak{H}_J\, J'\, F\, s'\, \text{cmg} \end{aligned} \right\} \quad (6)$$

Beispiel: Bei einem G-Zähler für Nennstrom $J_\mathfrak{N} = 10\,A$ und Nennspannung $K_\mathfrak{N} = 120\,V$ sei $F = 18\,\text{cm}^2$ $s' = 1900$ $R' = 8000\,\Omega$.
Ferner sei bei $J_\mathfrak{N}$ die Feldstärke $\mathfrak{H}_J = 130$ Gauß.
Es ergibt sich $J' = 120 : 8000 = 0{,}015\,A$. Aus diesen Werten folgt nach Gleichung 6 die Größe des Drehmomentes bei Nennlast zu:

$$D = 9{,}73 \cdot 10^{-5} \cdot 130 \cdot 0{,}015 \cdot 18 \cdot 1900 = 6{,}50\,\text{cmg}.$$

Neuzeitliche G-Zähler weisen ähnliche Verhältnisse auf.

3. Bremsung. Wenn sich die Bremsscheibe *5* (Abb. 6) in der Pfeilrichtung dreht, werden in den Teilen, die sich in dem Flusse Φ_M des Magneten *7* befinden, radial gerichtete EMKe induziert, welche die gezeichneten Wirbelströme J_M (Gleichströme) hervorbringen. Letztere sind der EMK, also Φ_M und der Drehzahl n,

---

[1]) Die Integration ergibt $\dfrac{4{,}5}{\pi}$.

3. Bremsung. — 4. Drehzahl.

sowie dem Leitwert der Scheibe, also ihrer Dicke ϑ und ihrer Leitfähigkeit $\varkappa$, proportional:
$$J_M = C_4\, \Phi_M\, \vartheta\, \varkappa\, n\,. \tag{7}$$

Die Kraft, mit der Φ_M auf die in seinem Bereich verlaufenden Ströme J_M einwirkt, ist dem Produkt $J_M\, \Phi_M$ proportional und wirkt bekanntlich nach dem Lenzschen Gesetz der Drehrichtung entgegengesetzt (also Bremskraft). Davon, daß die Ströme J_M von dem Fluß Φ_M in Abb. 6 nach links geschoben werden, kann man sich auch mittels der „Korkzieher"- oder „Linke-Hand"-Regel überzeugen.

Das hemmende Moment B der Bremsung ist also
$$B = C_5\, J_M\, \Phi_M$$
oder unter Berücksichtigung der Gleichung 7

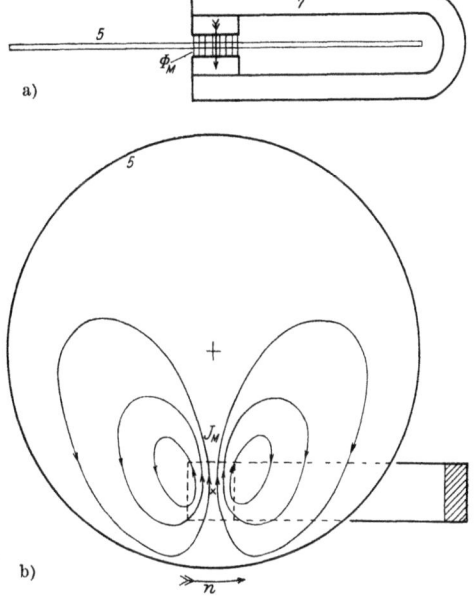

Abb. 6. Bremsmagnet und Bremsscheibe mit den Bremsströmen J_M.

$$\boldsymbol{B} = C_5\, C_4\, \Phi_M\, \vartheta\, \varkappa\, n\, \Phi_M = C_6\, \Phi_M^2\, \vartheta\, \varkappa\, n = \boldsymbol{b\, n}\,. \tag{8}$$

Der Bremsfaktor b kann durch Verstellen des Bremsmagneten auf den gewünschten Wert gebracht werden.

4. Drehzahl. Ist der Zähler nach Abb. 1 angeschlossen und wird Verbrauchsstrom J eingeschaltet, so beginnt der Anker unter dem Einfluß des Drehmomentes D sich zu drehen, und seine Drehzahl n wächst, bis das widerstehende Moment B der Bremsung — die Reibung vernachlässigen wir zunächst — gleich D ist.

Also
$$B = D$$
oder, da nach den Gleichungen 4 und 8
$$D = d \cdot N$$

und
$$B = bn$$
ist, so ergibt sich
$$bn = d \cdot N.$$
Folglich ist
$$n = \frac{d}{b} N = C_0 N. \qquad (9)$$

Die Drehzahl ist also der Leistung N im Kreise $x L y$ proportional. (Der Leistungsverlust in den Stromspulen $\mathit{8}$ wird mitgemessen.)

Hat nun z. B. ein G-Zähler die Drehzahlen $n_a = 60$ und $n_b = 6$, je nachdem die Anlage

a) mit $N_a = 1\,\text{kW}$,

b) mit $N_b = 0{,}1\,\text{kW}$

belastet ist und währt jede Belastung 1 Stunde, so ist die verbrauchte Arbeit

$$A_a = 1\,\text{kWh},$$
$$A_b = 0{,}1\,\text{kWh},$$

und die Umdrehungszahl des Ankers

$$u_a = 60 \cdot 60 = 3600,$$
$$u_b = 6 \cdot 60 = 360.$$

Aus der Proportionalität zwischen n und N folgt demnach die Proportionalität zwischen u und A. Der Fortgang des Zählwerkes ist also der verbrauchten elektrischen Arbeit A proportional.

Die Übersetzung zwischen der Zählerachse und den Zählwerksrollen wird im allgemeinen so gewählt, daß das Zählwerk direkt die zu messende Arbeit in kWh angibt.

Es ist üblich, auf jedem Zähler den Sollwert der Ankerumdrehungen je kWh aufzuschreiben.

Aus diesem Wert ergibt sich durch Division mit 3600 der Sollwert $a_\mathfrak{E}$ der Ankerumdrehungen je kWs („Eichzahl"), den wir für die Fehlerberechnung benutzen werden (s. III, 5 und 14).

5. Fehler und Korrektionsfaktor. Die Angaben der praktischen Zähler sind aus verschiedenen Gründen, die wir später kennenlernen werden, oft fehlerhaft. Der Fehler $\varDelta$ ist durch die Gleichung

$$\varDelta = \frac{A - A_\mathfrak{E}}{A_\mathfrak{E}} \cdot 100\%$$

oder

$$\varDelta = \left(\frac{A}{A_\mathfrak{E}} - 1\right) \cdot 100\% \qquad (10)$$

definiert. Ist z. B. der wirkliche Verbrauch $A_\mathfrak{E} = 100$ kWh und zeigt der Zähler $A = 80$ kWh an, so ist der Fehler $\varDelta = -20\%$. Da n zu $n_\mathfrak{E}$, u zu $u_\mathfrak{E}$ und a zu $a_\mathfrak{E}$ in demselben Verhältnis steht wie A zu $A_\mathfrak{E}$, kann man in obigen Formeln auch diese Größen für A und $A_\mathfrak{E}$ einsetzen. Wir werden zur Fehlerberechnung meist die Gleichung

$$\varDelta = \frac{a - a_\mathfrak{E}}{a_\mathfrak{E}} \cdot 100 = \left(\frac{a}{a_\mathfrak{E}} - 1\right) 100\%$$

benutzen.

Die Angaben eines Zählers, der 20% zu wenig zeigt, muß man mit dem „Korrektionsfaktor" $C' = \dfrac{100}{80} = 1{,}25$ multiplizieren, um den wirklichen Verbrauch zu erhalten. Allgemein ist

$$C' = \frac{A_\mathfrak{E}}{A} = \frac{a_\mathfrak{E}}{a}.$$

„Korrektionsfaktor" C' und „Fehler" $\varDelta$ stehen zufolge Gleichung 10 in dem Zusammenhang

$$\varDelta = \left(\frac{1}{C'} - 1\right) 100\%.$$

Die Fehler werden oft graphisch aufgetragen (Fehlerkurven).

6. Reibung. Die Proportionalität zwischen $N = KJ$ und n und daher zwischen A und u wird durch die Reibung gestört.

Letztere setzt sich zusammen aus der Bürstenreibung, der Reibung der Ankerachse in den Lagern, der Zählwerksreibung und Lufttreibung.

Das hemmende Moment r der Reibung kann dabei aufgefaßt werden als eine Vergrößerung des Bremsmomentes oder, was für unsere Betrachtung bequemer ist, als eine Verminderung des erzeugten Drehmomentes D.

Die Drehzahl ist nicht mehr proportional D, also auch nicht mehr der zu messenden Leistung, sondern der Differenz

$$D - r = D'.$$

Schmiedel hat r durch Auslaufsversuche bei abgenommenem Bremsmagnet bestimmt[1]); r steigt mit n. Die an einem G-Zähler

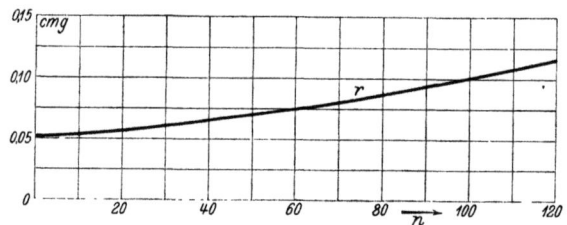

Abb. 7. Hemmendes Moment r der Reibung.

gefundenen Werte sind durch folgende Tabelle sowie durch Abb. 7 wiedergegeben.

Drehzahl n	Reibungsmoment r cmg
120	0,116
90	0,093
60	0,0745
30	0,061
15	0,056
12	0,055
6	0,053
3	0,0523
1,5	0,0521

Für verschiedene Belastungen des Zählers ergibt sich D' zu

$$D' = D - r = D_\Re \eta - r.$$

Nehmen wir an, daß der Zähler, wenn er keine Reibung hätte, richtig zeigen würde ($\varDelta = 0$)[2]), so ist der Fehler des mit Reibung behafteten Zählers gegenüber dem reibungsfreien:

$$\varDelta = \frac{D' - D}{D} \cdot 100 = \frac{D - r - D}{D} \cdot 100 = -\frac{r}{D} \cdot 100\%. \quad (11)$$

---

[1]) El. u. Maschinenb. 1911, Heft 47 u. 48, S. 955 u. 978.
[2]) Es ist die geringfügige Störung der Proportionalität durch die EMK des Ankers (s. III, 9) vernachlässigt.

6. Reibung.

Wir betrachten einen G-Zähler für die Nennspannung $K_\mathfrak{N} = 120\ V$ und den Nennstrom $J_\mathfrak{N} = 10\ A$, also Nennlast $N_\mathfrak{N} = 1{,}2$ kW mit einem Drehmoment bei Nennlast $D_\mathfrak{N} = 6{,}0$ cmg. Es ist also $D = 6{,}0\ \eta$ und die durch Reibung verursachten Fehler sind nach Gleichung 11

$$\varDelta = -\frac{r}{6{,}0\ \eta} \cdot 100\%.$$

Ist der Dämpfungsfaktor des Zählers $b = 0{,}1$, so hat der reibungsfreie Zähler nach Gleichung 9 bei $\eta = 1$ die Drehzahl $n = 60$, und wir können, wenn wir dabei die kleine Änderung der Drehzahl durch die Reibung vernachlässigen, r für

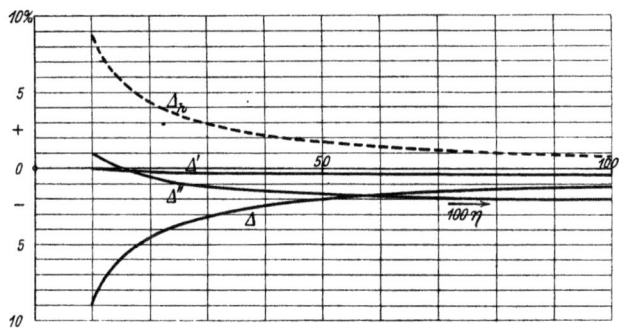

Abb. 8. Lastkurven eines G-Zählers.
$\varDelta$ ohne Hilfskraft $K = K_\mathfrak{N}$; $\varDelta'$ mit Hilfskraft $K = K_\mathfrak{N}$; $\varDelta''$ mit Hilfskraft $K = 1{,}2\ K_\mathfrak{N}$.

verschiedene η aus vorstehender Tabelle entnehmen; wir erhalten so die nachfolgende Tabelle und die Kurve $\varDelta$ in Abb. 8.

N kW	$\eta = \dfrac{N}{N_\mathfrak{N}} = \dfrac{N}{1{,}2}$	$D = \eta\ D_\mathfrak{N}$ $= \eta\ 6{,}0$	$n \approx n_\mathfrak{N}\ \eta$ $\approx 60\ \eta$	r cmg	$\varDelta = -\dfrac{r}{D} \cdot 100$ %
1,2	1	6,0	60	0,0745	$-1{,}2_5$
0,6	0,5	3,0	30	0,061	$-2{,}0$
0,3	0,25	1,5	15	0,056	$-3{,}7$
0,12	0,1	0,6	6	0,053	$-8{,}8_5$

Wie aus der Tabelle und der Kurve zu ersehen ist, verursacht die Reibung bei großer Last kleine, bei kleiner Last dagegen große Fehler.

Wir bezeichnen $\varDelta$, $\varDelta'$ und $\varDelta''$ [1]) zum Unterschied von anderen

---

[1]) Die Kurven $\varDelta'$ und $\varDelta''$ werden weiter unten behandelt.

III. G-Zähler.

Fehlerkurven, welche z. B. die Spannung, Frequenz usw. als Abszisse haben, als „Lastkurven", da sie die Last als Abszisse haben. Die Lastkurve des richtig zeigenden, reibungsfreien Zählers ist die Abszissenachse selbst. Durch Verstellen der Bremsmagnete könnte man den mit Reibung behafteten Zähler bei Nennlast auf die Drehzahl 60 bringen. Dann würde sich die gezeichnete Lastkurve $\varDelta$ parallel annähernd um 1,25% nach oben verschieben; der Zähler würde dann bei Nennlast richtig, bei Zehntellast um etwa $8{,}85 - 1{,}25 = 7{,}6\%$ zu wenig zeigen ($\varDelta = -7{,}6\%$).

Dämpfte man den Zähler weniger stark ab (n größer), so erhielte man eine etwas weniger stark abfallende Lastkurve.

Führte man z. B. durch Verstellen des Bremsmagneten den Dämpfungsfaktor $b = 0{,}05$ herbei, so daß der Zähler bei Nennlast die Drehzahl 120 hat, so wird die Differenz der Fehler bei Nennlast und bei Zehntellast (s. Gleichung 11; r aus Tabelle S. 18 entnommen)

$$\frac{0{,}055 \cdot 100}{0{,}6} - \frac{0{,}116 \cdot 100}{6} = 9{,}18 - 1{,}93 = 7{,}25\%$$

statt $8{,}85 - 1{,}25 = 7{,}6\%$ bei $n_\mathfrak{N} = 60$.

Oft will man aus den beobachteten Drehzahlen bei Nennlast und bei Zehntellast und dem Drehmoment bei Nennlast einen Schluß auf die Größe der Reibung ziehen. Hierfür gilt die folgende Betrachtung, bei welcher die Indizes die Größe der Belastung η bedeuten.

$$D_1 - r_1 = b\,n_1,$$
$$0{,}1\,D_1 - r_{0,1} = b\,n_{0,1}.$$

Man kann also r_1 und $r_{0,1}$ nicht berechnen, weil auch b unbekannt ist. Aus vorstehenden Gleichungen folgt

$$\frac{D_1 - 10 \cdot r_{0,1}}{D_1 - r_1} = \frac{10\,n_{0,1}}{n_1} = \mu$$

oder, wenn wir $r_1 = \beta\,r_{0,1}$ setzen

$$D_1 - 10\,r_{0,1} = \mu\,(D_1 - \beta\,r_{0,1})$$

Daraus ergibt sich:

$$-10\,r_{0,1} + \mu\,\beta\,r_{0,1} = D_1(\mu - 1)$$

oder

$$\frac{r_{0,1}}{D_1} = \frac{1 - \mu}{10 - \mu\,\beta}.$$

Wir können β wählen und erhalten z. B. für $\mu = 0{,}92$ — Zähler zeigt bei Zehntellast 8% zu wenig —, je nachdem wir

(a) $\beta = 1$

oder

(b) $\beta = 1{,}3$

6. Reibung. — 7. Hilfsspule.

setzen (letzteres entspricht etwa den tatsächlichen Verhältnissen),

a) $r_{0,1} = D_1 \dfrac{0,08}{10 - 0,92 \cdot 1} = 0,0088 \, D_1 = r_1$,

b) $r_{0,1} = D_1 \dfrac{0,08}{10 - 0,92 \cdot 1,3} = 0,0091 \, D_1$;

$r_1 = \beta \, r_{0,1} = 1,3 \, D_1 \cdot 0,0091 = 0,0118 \, D_1$.

Gewöhnlich begnügt man sich mit einer rohen Annäherung, indem man Formel (a) benutzt ($r_{0,1} = r_1$) und 0,92 gegen 10 vernachlässigt; dann erhält man

$$r_{0,1} = 0,008 \, D_1.$$

Bei einem Zähler, der bei Zehntellast 8% weniger zeigt als bei Nennlast, beträgt danach die Reibung 8% des Drehmomentes bei Zehntellast.

7. Hilfsspule. Um die Lastkurve zu verbessern, wird durch eine in Reihe mit dem Anker geschaltete Hilfsspule *9* (Abb. 1 und 2) ein von J unabhängiges Hilfsdrehmoment h zum Ausgleich der Reibung hinzugefügt.

Einen besonderen Leistungsverlust verursacht die Hilfsspule nicht, da sie nur einen Teil des Widerstandes R' bildet.

Die Hilfsspule erzeugt ein dem Ankerstrom J' proportionales Feld und übt daher auf den Anker, da dieser gleichfalls den Strom J' führt, ein dem Quadrat von J' proportionales Drehmoment:

$$h = C_7 J'^2$$

aus. Da nach Gleichung 2

$$J' = \frac{K}{R'},$$

so ist

$$h = C_7 \frac{K^2}{R'^2}. \tag{12}$$

h ändert sich also proportional dem Quadrat von K und umgekehrt proportional dem Quadrat von R'.

Die Hilfsspule ist verstellbar. Je nach ihrer Lage zum Anker wirkt sie schwächer oder stärker. Ist sie einmal eingestellt und bleibt K und R' konstant, so bleibt auch h konstant.

Wenn wir dem Zähler das Hilfsdrehmoment h hinzufügen, so ergibt sich sein wirksames Drehmoment zu

$$D'' = D - r + h = D_\Re \, \eta - r + h, \tag{13}$$

und sein Fehler gegenüber dem Zähler ohne Reibung und ohne Hilfsdrehmoment ist:

$$\varDelta' = \frac{h - r}{D_\Re \, \eta} \cdot 100 = \varDelta + \varDelta_h,$$

III. G-Zähler.

wo
$$\varDelta_h = \frac{h}{D_\mathfrak{N}\,\eta} \cdot 100 \text{ ist.}$$

Wenn r konstant, d. h. unabhängig von der Drehzahl wäre, könnten wir es durch Hinzufügen einer gleich großen Hilfskraft h vollständig aufheben; der Zähler hätte (s. Gleichung 13) das wirksame Drehmoment $D_\mathfrak{N}\,\eta$ und würde bei allen Belastungen genau richtig zeigen.

Da jedoch r nicht konstant ist, so kann durch ein konstantes h der durch die Reibung verursachte Fehler nicht für alle Belastungen genau ausgeglichen werden.

Wir nehmen an, daß wir dem Zähler, den wir oben (unter III, 6) betrachtet haben, ein Hilfsdrehmoment $h = 0{,}052$ cmg gegeben haben. Daraus ergeben sich folgende Werte für $\varDelta_h$ und $\varDelta'$.

η	D	$\varDelta_h = \frac{h}{D} \cdot 100$ $= \frac{0{,}052}{D} \cdot 100$ %	$\varDelta$ aus Tabelle S. 19 %	$\varDelta' = \varDelta + \varDelta_h$ %
1	6,0	+0,87	−1,2	−0,3
0,5	3,0	+1,7	−2,0	−0,3
0,25	1,5	+3,5	−3,7	−0,2
0,1	0,6	+8.7	−8,8	−0,1

Die Werte $\varDelta_h$ und $\varDelta'$ sind in der Abb. 8 graphisch aufgetragen. Die Kurve $\varDelta_h$ ist eine gleichseitige Hyperbel. Wie aus der Kurve $\varDelta'$ zu ersehen ist, sind die Fehler des Zählers mit Hilfskraft auf dem ganzen Bereich vernachlässigbar klein. Die Kurve $\varDelta_h$ zeigt, daß der Einfluß von h (ähnlich wie der von r) bei höheren Lasten klein ist, bei kleinen groß. In unserem Falle ist $\varDelta_h$ bei Nennlast 0,87 und bei Zehntellast 8,7 Einheiten.

Bei den praktischen Zählern wird h meist etwas größer gewählt, so daß der Zähler bei kleinen Belastungen Plusfehler zeigt. Dann wird der Zähler, wenn mit der Zeit die Reibung etwas wachsen sollte, keine größeren Minusfehler aufweisen.

8. Hemmfahne. Der mit dem Hilfsdrehmoment $h \approx r$ versehene Zähler wird leer, d. h. ohne Verbrauchsstrom laufen, wenn h etwas zu- oder r etwas abnimmt. Ersteres tritt ein, wenn die Betriebsspannung K höher ist als die Spannung, bei der der Zähler geeicht wurde; letzteres, wenn der Zähler an einer unruhigen Wand befestigt wird. Leerlauf würde natürlich auch

7. Hilfsspule. — 8. Hemmfahne.

dann eintreten, wenn man aus den oben erwähnten Gründen von vornherein $h > r$ wählt.

Leerlauf wird durch die aus einem von dem Bremsmagneten festgehaltenen Eisendrähtchen bestehende Hemmfahne 6 (Abb. 1) verhindert. Sie wird auf folgende Weise eingestellt: Man erregt nur den Spannungskreis, und zwar mit $1{,}2\,K_\mathfrak{N}$, und biegt die Hemmfahne so, daß sie bei Erschütterungen des Zählers (Klopfen) von dem Bremsmagneten noch eben zurückgezogen wird, wenn man sie aus der wirksamsten Stellung ein wenig in der Drehrichtung des Zählers entfernt. Dann kann der Zähler ohne Verbrauchsstrom auch bei 20% Spannungserhöhung nicht durchlaufen, selbst wenn die Reibung Null würde. Die Fahne wird bei unserem Zähler mit einem Moment, welches etwas größer ist als $0{,}052\,(1{,}2)^2 = 0{,}075$ cmg festgehalten. Bei normaler Spannung, wobei die Reibung durch h eben aufgehoben ist, wird also der Zähler bei etwa 0,075 cmg, d. i. 1,3% des Drehmomentes bei Nennlast (6 cmg) anlaufen (also Anlauf bei 1,3% der Nennlast).

Das Hemmoment 0,075 cmg ist nur an einer Stelle vorhanden; wird die Fahne aus der Stelle der größten Dichte des Streufeldes in der Drehrichtung weiterbewegt, so wird es kleiner und wird Null beim Austritt der Fahne aus dem Streufeld des Bremsmagneten. Null bleibt es auf dem weitaus größten Teil des Weges der Fahne. Beim Eintritt in das Streufeld wird die Fahne eingezogen, wirkt also treibend. Daraus folgt, daß das mittlere Hemmoment der Fahne sehr viel kleiner sein muß als 0,075 cmg; die Arbeit, die die Fahne beim Austritt verbraucht, ist von derjenigen, die sie beim Eintritt leistet, nicht sehr verschieden. Beide Größen unterscheiden sich nämlich nur durch die Arbeit, die durch Hysteresis in dem kleinen Eisendrähtchen verlorengeht, wenn letzteres zyklisch aus dem Felde Null in das maximale Streufeld und wieder in das Feld Null gebracht wird[1]): die Hemmfahne erzeugt an einer Stelle ein großes Hemmoment, während das mittlere Hemmoment und daher der Einfluß auf die Drehzahl sehr klein ist. Sie verzögert den Anlauf, hat aber auf die Lastkurve — selbst im unteren Teile derselben — kaum einen Einfluß.

---

[1]) Beträgt die Hysteresisarbeit A_h Erg je Zyklus (Ankerumdrehung), so ist das mittlere Hemmoment $\dfrac{A_h}{2\pi\,981}$ cmg, und zwar unabhängig von der Drehzahl.

9. EMK des Ankers. Gleichung

$$J' = \frac{K}{R'}$$

setzt voraus, daß die EMK E, die der Anker bei seiner Drehung im Stromfeld $\mathfrak{H}_J$ induziert, vernachlässigbar ist gegen K, denn es ist eigentlich

$$J' = \frac{K - E}{R'}.$$

Bei dem auf S. 13 betrachteten Dreispulenanker wird bei der Drehzahl 60 in Spule *2*, wenn sie die in Abb. 4 gezeichnete Stellung einnimmt, induziert

$$\bar{E}_2 = F\mathfrak{H}_J s' \frac{2\pi n}{60} 10^{-8} = 0{,}28 V.$$

Der Verlauf der EMK von $\alpha = 60° \div 120°$ ist in Abb. 9 dargestellt. Spule *2* ist zu den in Reihe liegenden Spulen *1* und *3* parallel geschaltet. Es ist stets

$$E_1 + E_3 = E_2.$$

Wie man durch Planimetrieren findet, ist die mittlere EMK

$$E = 0{,}955 \bar{E}_2\,^1).$$

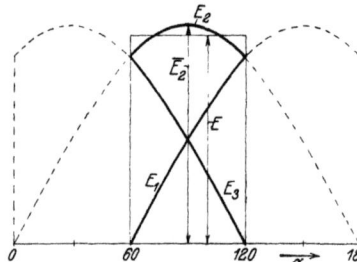

Abb. 9. EMK des Ankers Abb. 4.
E_1, E_2, E_3 der einzelnen Spulen, E Mittelwert.

In unserem Beispiel ist $E = 0{,}27 V$, also vernachlässigbar gegen K, da K fast stets mehr als $100 V$ beträgt. J' ist also bei umlaufendem und stillstehendem Anker praktisch dasselbe[2]). K wird vollständig als Ohmscher Spannungsverlust in R' aufgezehrt.

Umgekehrt liegen die Verhältnisse beim Gleichstrom-Nebenschlußmotor. Hier ist der Spannungsverlust praktisch Null und die EMK des Ankers nahezu gleich der Betriebsspannung. Der

---

[1]) Die Integration ergibt $E = \dfrac{3}{\pi} \bar{E}_2$.

[2]) Es sei darauf aufmerksam gemacht, daß E, da es $\mathfrak{H}_J$ und n proportional ist, mit dem Quadrat des Verbrauchsstromes J wächst.

9. EMK des Ankers. — 10. Temperatur.

Anker muß daher — umgekehrt wie beim G-Zähler — bei schwachem Feld schneller laufen.

10. Temperatur. Wir wollen den Einfluß von Temperaturänderungen auf den G-Zähler betrachten.

Die Temperatur des Raumes, in dem der Zähler hängt, sei zunächst als konstant angenommen. Legt man den Spannungskreis an die Betriebsspannung an, so erwärmt er sich. Die Wärme breitet sich im Innern des Zählers aus und wandert durch Gehäuse und Grundplatte nach außen. Nach einer gewissen Zeit ($^{1}/_{2}$ bis 1 Stunde) ist der stationäre Zustand eingetreten, und es haben sämtliche Teile des Zählers ganz bestimmte Temperaturen. Erst jetzt darf man eine Eichung vornehmen.

Erhöht sich dann die Außentemperatur um z. B. 10°, so nimmt auch jeder Teil des Zählers eine um etwa 10° höhere Temperatur an. Die Leitfähigkeiten der Bremsscheibe (Aluminium) und des Ankerkreises sind jetzt, falls letzterer ganz aus Kupfer bestünde, beide um ca. 4% kleiner als bei der Eichung, denn die Temperaturkoeffizienten von Aluminium und Kupfer sind beide rd. 0,004.

Es ändert sich also J' und somit D in demselben Verhältnis wie B (s. Gleichung 3 und 8). Die Drehzahl bliebe demnach unverändert, d. h., der G-Zähler wäre von der Außentemperatur unabhängig, wenn der Fluß Φ_M des Bremsmagneten von der Temperatur unabhängig wäre. Φ_M fällt aber etwas mit steigender Temperatur. Der Betrag hängt von Gestalt und Material der Bremsmagnete ab. Φ_M^2 ändert sich um rd. 0,1% für 1° (Temperaturkoeffizient von Φ_M^2 ist 0,001).

Als Vorwiderstand wird nun nicht Kupfer, sondern wegen seines hohen spezifischen Widerstandes Nickel benutzt. Da sein Temperaturkoeffizient größer ist (etwa 0,006) als der von Aluminium, kann der Einfluß des mit steigender Temperatur fallenden Bremsflusses hierdurch ausgeglichen werden, wobei man sogar unter Umständen einen Teil des Vorwiderstandes aus Konstantan (Temperaturkoeffizient rd. Null) herstellen muß. Es ist noch zu beachten, daß die Hilfskraft bei höherer Temperatur infolge Verkleinerung von J' geringer ist, die Kurve wird also bei kleinen Lasten etwas abfallen.

Beim Sinken der Außentemperatur gehen natürlich die Änderungen nach der entgegengesetzten Richtung.

Bei längerer Belastung des Zählers erfahren die einzelnen Teile durch die von den Stromspulen ausgehende Wärme (entsprechend etwa 10 Watt bei Nennlast) eine Temperaturerhöhung. Die Verhältnisse liegen dabei ziemlich verwickelt, und wir wollen nicht näher darauf eingehen, zumal auch die gegenseitige Lage der Stromspulen, Vorwiderstände und der Bremsscheibe eine Rolle spielt. Jedenfalls lassen sich Anordnungen finden, bei denen auch die von den Stromspulen herrührende Temperaturerhöhung nur geringe Meßfehler hervorbringt.

11. Abnormale Spannung. Die Gleichung 9

$$n = C_0 N = C_0 K J,$$

wonach n bei konstant bleibendem Strom proportional K wäre, ist für den Zähler mit Nickelvorwiderstand und mit Hilfsspule nicht genau zutreffend, denn sie war abgeleitet unter den Voraussetzungen:

1. $R' =$ konstant,
2. das Feld, in dem sich der Anker dreht, rührt nur von J her.

Der G-Zähler der Praxis zeigt nicht mehr genau richtig bei einer von der Spannung $K_\mathfrak{N}$, bei der er geeicht wurde, abweichenden Spannung

$$K = \alpha K_\mathfrak{N}.$$

Ist z. B. $K > K_\mathfrak{N}$, also $\alpha > 1$, so ist die Wärmeentwicklung im Spannungskreis fast α^2 mal[1]) so groß. Seine Temperatur wird — dieselbe Außentemperatur vorausgesetzt — höher sein, als sie bei der Eichung war, sein Widerstand ist, da er aus Nickel und Kupfer besteht, zu groß, J' relativ zu klein (J' sollte $\alpha J'_\mathfrak{N}$ sein, ist aber, weil R' gestiegen ist, kleiner). Es wächst zwar durch die größere Wärmeentwicklung im Zähler auch die Temperatur von Scheibe und Magnet, jedoch nur wenig. Die Übertemperatur des Spannungskreises gegenüber Scheibe und Magnet ist zu groß. Andererseits ist die Zugkraft der Hilfsspule fast α^2 mal so groß. Der Zähler wird daher bei Vollast zuwenig, bei kleiner Last zuviel zeigen.

Beispiel: Der unter III, 6 und 7 betrachtete Zähler mit $h=0{,}052$ bei $K_\mathfrak{N} = 120\,V$ werde mit $K = 144\,V$ betrieben. Durch Versuch sei gefunden, daß R' dabei um $2{,}5\%$ und die Temperatur an

---

[1]) Da sich R' erhöht, ist die Zunahme etwas geringer.

11. Abnormale Spannung.

der Scheibe um 1° höher ist als bei 120 V. Der Temperaturkoeffizient der Scheibe und von Φ_M^2 sei mit $0{,}004 + 0{,}001 = 0{,}005$ eingesetzt, die Dämpfungskonstante b wird also um $^1/_2\%$ kleiner. Gesucht ist die neue Lastkurve.

Die Verringerung von b wirkt wie eine Vergrößerung des wirksamen Drehmomentes um $^1/_2\%$, so daß dieses nur mehr 2% zu klein ist; die Reibung ist dieselbe geblieben. Die Hilfskraft und ihr Einfluß ist im Verhältnis

$$\frac{(144)^2}{(1{,}025\,R')^2} : \frac{120^2}{R'^2} = \left(\frac{144}{1{,}025 \cdot 120}\right)^2 = 1{,}37$$

größer (s. Gleichung 12).

Man erhält also die Lastkurve $\varDelta''$ bei 144 V, indem man von $\varDelta'$ auf dem ganzen Meßbereich zwei Einheiten (%) abzieht und $0{,}37\varDelta_h$ hinzufügt. (Abb. 8.)

Man gelangt mittels der folgenden Gleichungen zu demselben Resultat:

$$n = \left(\frac{6\,\eta}{1{,}025} - r + 1{,}37 \cdot h\right) \frac{1}{\dfrac{0{,}1}{1{,}005}}$$

$$n_{\tilde{\sigma}} = \frac{6\,\eta}{0{,}1}$$

$$\varDelta'' = \left[\left(\frac{1}{1{,}025} - \frac{r}{6\,\eta} + \frac{1{,}37\,h}{6\,\eta}\right) 1{,}005 - 1\right] 100$$

$$\approx \left(1 + 0{,}005 - 0{,}025 + \frac{1}{6\,\eta}(h - r)\,1{,}005 + \frac{0{,}37\,h}{6\,\eta} \cdot 1{,}005 - 1\right) 100$$

$$\approx -2 + \frac{100}{6\,\eta}(h - r) + \frac{37\,h}{6\,\eta}$$

$$\varDelta'' = -2 + \varDelta' + 0{,}37\varDelta_h$$

wie oben; es wird dabei von Formel b) F. N. 1 Gebrauch gemacht, ferner wurde bei dem Drehmoment $1{,}37\,h - r$ vernachlässigt, daß die Dämpfung jetzt um $^1/_2\%$ kleiner ist.

---

[1]) Wir werden oft von folgenden Näherungsformeln Gebrauch machen, diese gelten, falls ε klein ist gegen 1:

a) $\dfrac{1}{1 + \varepsilon} \approx 1 - \varepsilon$ oder $\dfrac{1}{1 - \varepsilon} \approx 1 + \varepsilon$

b) $\dfrac{1 + \varepsilon_1}{1 + \varepsilon_2} \approx 1 + \varepsilon_1 - \varepsilon_2$ „ $\dfrac{1 - \varepsilon_1}{1 - \varepsilon_2} \approx 1 - \varepsilon_1 + \varepsilon_2$

c) $(1 + \varepsilon_1)(1 + \varepsilon_2) \approx 1 + \varepsilon_1 + \varepsilon_2$ „ $(1 - \varepsilon_1)(1 - \varepsilon_2) \approx 1 - \varepsilon_1 - \varepsilon_2$

d) $(1 + \varepsilon)^2 \approx 1 + 2\,\varepsilon$ „ $(1 - \varepsilon)^2 \approx 1 - 2\,\varepsilon$

12. Erdfeld. Ein G-Zähler nach Abb. 2 mit dem Stromfeld $\mathfrak{H}_J = 130$ Gauß bei Nennlast werde an einem von Osten nach Westen laufenden Brett geeicht. In diesem Falle steht die Horizontalkomponente des Erdfeldes, die allein in Frage kommt, senkrecht auf dem Stromfeld, und das Erdfeld ist dann ohne Einfluß. Wird der Zähler in der Installation an einer von Norden nach Süden laufenden Wand befestigt, dann ist die Horizontalkomponente $\mathfrak{H} \approx 0{,}2$ des Erdfeldes gleich oder entgegengesetzt dem Stromfeld gerichtet, welches also um einen konstanten Betrag verstärkt oder geschwächt wird. Der Zähler zeigt also:

$$\text{bei } 1/1 \text{ um } \frac{0{,}2}{130} \cdot 100 \approx 0{,}15\%$$

$$\text{bei } 1/10 \text{ um } \frac{0{,}2}{13} \cdot 100 \approx 1{,}5\%$$

$$\text{bei } 1/20 \text{ um } \frac{0{,}2}{6{,}5} \cdot 100 \approx 3{,}0\%$$

falsch, und zwar zuviel oder zuwenig, je nachdem sich $\mathfrak{H}$ und $\mathfrak{H}_J$ addieren oder subtrahieren. Je stärker das Stromfeld eines G-Zählers, desto geringer der Einfluß des Erdfeldes. Die Physikalisch-Technische Reichsanstalt verlangt bei beglaubigungsfähigen Zählern bei Nennstrom $\mathfrak{H}_J \gtreqless 100$ Gauß.

Einen ähnlichen Einfluß wie das Erdfeld haben auf den G-Zähler selbstverständlich auch andere fremde Felder.

13. Zähler für verschiedene Nennlasten. Eine vorhandene Zählerkonstruktion, z. B. Abb. 2, kann durch Einsetzen geeigneter Stromspulen und Vorwiderstände für verschiedene Stromstärken und Spannungen eingerichtet werden. Soll das Zählwerk den Verbrauch direkt, d. h. ohne Multiplikation mit einer Konstanten anzeigen, so sind außerdem verschiedene Zählwerksübersetzungen und Zifferblätter nötig. Die Stromspulen und Vorwiderstände wollen wir so wählen, daß die verschiedenen Zähler bei Nennlast das gleiche Drehmoment haben.

e) $\dfrac{1}{(1+\varepsilon)^2} \approx \dfrac{1}{1+2\varepsilon} \approx 1-2\varepsilon$ \quad oder \quad $\dfrac{1}{(1-\varepsilon)^2} \approx \dfrac{1}{1-2\varepsilon} \approx 1+2\varepsilon$

f) $\dfrac{1}{\sqrt{1+\varepsilon}} \approx \dfrac{1}{1+\frac{1}{2}\varepsilon} \approx 1-\dfrac{1}{2}\varepsilon$ \quad ,, \quad $\dfrac{1}{\sqrt{1-\varepsilon}} \approx \dfrac{1}{1-\frac{1}{2}\varepsilon} \approx 1+\dfrac{1}{2}\varepsilon$.

12. Erdfeld. — 13. Zähler für verschiedene Nennlasten.

A) **Stromspulen für verschiedene Nennströme $J_\mathfrak{N}$.**
Abb. 10 zeigt die Stromspulen eines G-Zählers, wenn er
a) für $J_\mathfrak{N} = 500\ A$,
b) für $J_\mathfrak{N} = 20\ A$
Nennstrom eingerichtet wird.

Bei a) wird, da beide Spulen in Reihe geschaltet sind, der Stromfluß $\mathfrak{H}_J$ durch $1000\ AW$ hervorgebracht. Damit man beim $20\ A$-Zähler dieselben AW erhält, muß man ihm 50 Windungen geben. Wir schneiden daher den Spulenquerschnitt Q durch unendlich dünne Isolationsschichten S in 25 Teile und schalten alle hintereinander.

Der Widerstand der $20\ A$-Spule ist $(25)^2$ mal größer, der Spannungsverlust ist, da der Strom nur den 25. Teil beträgt, 25 mal, der Leistungsverbrauch ebenso groß wie bei der $500\ A$-Spule.

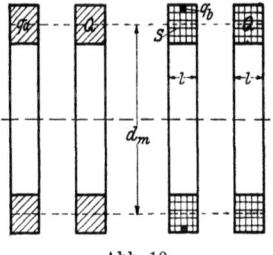

Abb. 10.
a) $J_\mathfrak{N} = 500\ A$ b) $J_\mathfrak{N} = 20\ A$
$s_J = 2$ $s_J = 50$

Beispiel:
Es sei der Wickelraum $Q = 170$ mm², der Durchmesser der mittleren Windung $d_m = 74$ mm, die Leitfähigkeit des Kupfers $\varkappa = 56$, dann ist:

a) Zähler für $J_\mathfrak{N} = 500\ A$ $s_J = 2$ $q_a = Q = 170$ mm²

$$R_J = \frac{2 \cdot 0{,}074\ \pi}{170 \cdot 56} = 4{,}88 \cdot 10^{-5}\ \Omega$$

$$K_J = R_J J_\mathfrak{N} = 4{,}88 \cdot 10^{-5} \cdot 500 = 0{,}0244\ V$$

$$N_J = J_\mathfrak{N}^2 R_J = (500)^2 \cdot 4{,}88 \cdot 10^{-5} = 12{,}2\ W$$

b) Zähler für $J_\mathfrak{N} = 20\ A$ $s_J = 50$.

Durch die Dicke der Isolationsschichten S (Bespinnung des Drahtes) geht ein Teil des Wickelraumes verloren. Es bleibt für Kupfer nur etwa $0{,}9\ Q$ übrig ($0{,}9$ = Raumausnutzungsfaktor),

$$R_J = 4{,}88 \cdot 10^{-5} \cdot \frac{(25)^2}{0{,}9} = 0{,}0333\ \Omega$$

$$N_J = 12{,}2 \cdot \frac{1}{0{,}9} = 13{,}5\ W, \quad K_J = 0{,}024\ \frac{25}{0{,}9} = 0{,}666\ V\ ^{1)}.$$

---

[1]) Würden wir dem $20A$-Zähler beim gleichen Q nur 40 Windungen geben — uns also mit 80% der Feldstärke und somit des Drehmomentes begnügen —, so wären K_J und N_J im Verhältnis $(0{,}8)^2 = 0{,}64$ kleiner.

III. G-Zähler.

Bei derselben Amperewindungszahl, demselben Wickelraum Q und unendlich dünnen Isolationsschichten wäre, wie oben festgestellt, also N_J für alle Nennstromstärken dasselbe, R_J dem Quadrat, K_J der ersten Potenz der Nennstromstärke umgekehrt proportional. In Wirklichkeit wachsen R_J und K_J noch schneller, und auch N_J wächst etwas mit fallendem Nennstrom, da durch die Isolation der Windungen ein — mit der Windungszahl zunehmender — Teil von Q ausgefüllt wird. Bei G-Zählern für kleinere Stromstärken ($2\ A$, $3\ A$) kommt man zu sehr hohen Spannungsverlusten. Durch Vergrößerung des Wickelraumes Q erreicht man nur eine verhältnismäßig geringe Verminderung von N_J und K_J, weil die hinzugefügten Windungen großen Abstand vom Anker haben. Erhöht man z. B. durch Verdoppeln der Spulenlänge l in Abb. 10 den Wickelraum — und damit s_J und R_J — aufs Doppelte, so steigt, wie ein Versuch zeigt, die Feldstärke nur um 60%. Um dieselbe Feldstärke zu erhalten, muß man $\dfrac{20}{1{,}6}\ A$ durchschicken; der Leistungsverbrauch ist

$$2\,R_J\left(\frac{20}{1{,}6}\right)^2 = 0{,}78\,R_J\,(20)^2$$

gegen $R_J\,(20)^2$ bei der einfachen Spulenlänge.

Durch eine Vermehrung des Kupfers um 100% wird also — bei gleicher Feldstärke — eine Verminderung von N_J und K_J von nur 22% erzielt.

Zu den obigen Verlusten in den Spulen kommen noch diejenigen in den Zuleitungen vom Klemmenstück zur Spule hinzu. Diese sind bei kleinem Nennstrom vernachlässigbar, bei großem in der Regel beträchtlich[1]).

B) **Spannungskreis für verschiedene Nennspannungen.** Man benutzt stets denselben Anker und denselben Ankerstrom J', verändert also den Vorwiderstand, so daß R' der Nennspannung proportional ist, z. B.

$K_\Re = 110\ V$	$J' = 0{,}015\ A$	$R' = 7\,340\ \Omega$	$N' = 1{,}65\ W$
$K_\Re = 220\ V$	$J' = 0{,}015\ A$	$R' = 14\,680\ \Omega$	$N' = 3{,}30\ W$

---

[1]) Der Spannungsabfall in den Zuleitungen ist, wenn ihr Querschnitt proportional $J_\Re$ gewählt wird, bei Zählern für verschiedene Nennstromstärken derselbe, der Leistungsverlust also proportional $J_\Re$.

13. Zähler für verschiedene Nennlasten.

Der Leistungsverbrauch N' im Spannungskreis ist dann K proportional. Man könnte auch bei 220 V dem Anker die doppelte Windungszahl wie bei 110 V geben und

$$J' = 0{,}0075\ A \qquad R' = 29\,360\ \Omega$$

machen. Dieses hätte erstens die Unbequemlichkeit, daß man verschiedene Anker und Hilfsspulen fabrizieren müßte, und zweitens bei hohen Nennspannungen zu große Bürstenspannungen bekommen würde (z. B. bei 220 V würde der Ankerwiderstand bei gleichem Wickelraum 4 mal so groß, die Bürstenspannung doppelt so groß als bei 110 V).

Verfährt man bei der Bemessung der Stromspulen und Vorwiderstände nach A) und B), so haben die Zähler für alle Nennströme und Nennspannungen, wie beabsichtigt, dasselbe Drehmoment bei Nennlast.

C) **Zifferblatt und Zählwerksübersetzungen.** Die Zähler werden jetzt fast ausschließlich mit Rollenzählwerk ausgestattet. Ein solches ist in Abb. 11 dargestellt; es bedeuten a Zählerachse mit Schnecke, b, c auswechselbare Übersetzungsräder mit z_b bzw. z_c Zähnen, d die erste Zahlenrolle, e das mit Fenstern versehene Zifferblatt. Die Räder haben die beigeschriebene Zähnezahl. Es mögen

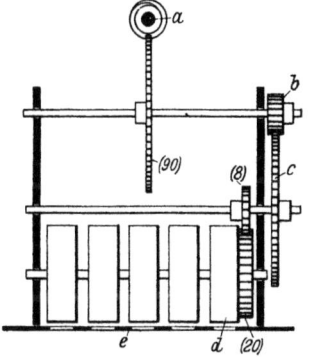

Abb. 11. Rollenzählwerk.
Die eingeschriebenen Zahlen bedeuten die Zähnezahl.

5 Zahlenrollen vorhanden sein. Die an den Fenstern erscheinenden Zahlen sollen den Verbrauch direkt in kWh anzeigen. Um dies bei Zählern für alle vorkommenden Nennlasten zu erzielen, benötigt man erstens verschiedene Übersetzungsräder b und c, zweitens verschiedene Zifferblätter, die sich durch die Stellung des Kommas unterscheiden, z. B.:

1) kWh $\boxed{000{,}00}$ 2) kWh $\boxed{0000{,}0}$ 3) kWh $\boxed{00000}$.

Außerdem kann die Drehzahl $n_\mathfrak{N}$ bei Nennlast nicht für Zähler aller Nennlasten die gleiche sein.

III. G-Zähler.

Es besteht die Gleichung
$$60 n_\mathfrak{R} \gamma \, 10 \, c = N_\mathfrak{R} \,{}^1). \qquad (14)$$
Darin bedeutet c den Sollwert einer Teilung (Ziffer) der ersten Zahlenrolle in kWh, also $c = 0{,}1$ bei Zifferblatt 2), und γ die Übersetzung von der Ankerachse auf die erste Zahlenrolle. Der Zähler zeigt richtig, wenn diese Gleichung erfüllt ist; denn, ist der Zähler 1 Stunde mit $N_\mathfrak{R}$ Kilowatt belastet, so werden $N_\mathfrak{R}$ Kilowattstunden verbraucht. Dabei bewegt sich die erste Zahlenrolle um
$$60 \, n_\mathfrak{R} \, \gamma \, 10$$
Teilungen (Ziffern) vorwärts, und diese Zahl, multipliziert mit dem Sollwert c einer Teilung, muß bei richtiggehendem Zähler den Verbrauch ergeben.

Wir wählen als niedrigste Übersetzung $\gamma = 1:3000$ und setzen fest, daß kein G-Zähler bei Nennlast eine kleinere Drehzahl als 50 und eine größere Drehzahl als $50 \cdot 1{,}26 = 63$ haben soll (Schwankung $\alpha = 63:50 = 1{,}26$), indem bei geringerer Drehzahl der Bremsmagnet zu teuer, bei höherer die Abnutzung von Lager und Kollektor zu groß würde.

Setzen wir in Gleichung 14 $n_\mathfrak{R} = 50$, $\gamma = 1:3000$ — also die kleinsten Werte — und $c = 0{,}1$, so ergibt sich
$$N_\mathfrak{R} = 60 \cdot 50 \cdot \frac{1}{3000} \cdot 10 \cdot 0{,}1 = 1\,.$$

Man versieht also Zähler für die Nennlast $N_\mathfrak{R} = 1$ kW — z. B. $K_\mathfrak{R} = 100\,V$, $J_\mathfrak{R} = 10\,A$ — mit Zifferblatt 2) und Übersetzungsrädern mit $z_b = 9$ und $z_c = 120$ Zähnen; dann ist bei unserem Zählwerk (Abb. 11)
$$\gamma = \frac{1}{90} \cdot \frac{9}{120} \cdot \frac{8}{20} = \frac{1}{3000}\,.$$

Der Zähler zeigt richtig, wenn er bei
$$N_\mathfrak{R} = 1 \text{ kW}$$

---

[1] Die Gleichung gilt natürlich nicht nur für $N_\mathfrak{R}$, sondern für jede beliebige Belastung:
$$60 \, n \, \gamma \, 10 \, c = N\,.$$
Daraus ergibt sich:
$$\frac{n}{N} = \frac{1}{60 \, \gamma \, 10 \, c} \quad \text{(Sollwert der Ankerdrehzahl je kW oder der Ankerumdrehungen je kWm)}$$
oder
$$\frac{60 \, n}{N} = \frac{1}{\gamma \, 10 \, c} \quad \text{(Sollwert der Ankerumdrehungen je kWh).}$$

13. Zähler für verschiedene Nennlasten.

die Ankerdrehzahl 50 hat. Die Ankerdrehzahl je kW beträgt also 50. Die erste Zahlenrolle macht eine, der Anker also 3000 Umdrehungen je kWh. Die letztere Angabe wird auf das Zählerschild aufgeschrieben und, wie wir später sehen, für die Eichung benutzt. Mit der Übersetzung 1:3000 können wir Zähler für alle Nennlasten bis 1,26 kW ausführen, ohne daß $n_\mathfrak{N}$ den festgesetzten Wert von 63 überschreitet.

So erhalten wir die Zeile 3 der Spalten II und IV÷VIII beistehender Tabelle.

Triebtabelle für Zählwerk Abb. 11.

I $n_\mathfrak{N} \approx 35 \div 44$ kW	Nennlast II $n_\mathfrak{N} \approx 50 \div 63$ kW	III $n_\mathfrak{N} \approx 100 \div 126$ kW	IV $Z_b : Z_c$	V Übersetzung γ	VI Zifferblatt	VII Ankerumdrehg. je kWh	VIII Ankerdrehzahl je kW
0,44 ÷ 0,56	0,62 ÷ 0,80	1,25 ÷ 1,60	30:64	1:480	} 000,00 {	4800	80
0,56 ÷ 0,70	0,80 ÷ 1,00	1,60 ÷ 2,00	39:65	1:375		3750	62,5
0,70 ÷ 0,88	1,00 ÷ 1,26	2,00 ÷ 2,50	9:120	1:3000		3000	50
0,88 ÷ 1,12	1,26 ÷ 1,60	2,50 ÷ 3,20	9:96	1:2400		2400	40
1,12 ÷ 1,40	1,60 ÷ 2,00	3,20 ÷ 4,00	12:100	1:1875		1875	31,25
1,40 ÷ 1,75	2,00 ÷ 2,50	4,00 ÷ 5,00	12:80	1:1500		1500	25
1,75 ÷ 2,19	2,50 ÷ 3,12	5,00 ÷ 6,25	15:80	1:1200	} 0000,0 {	1200	20
2,19 ÷ 2,80	3,12 ÷ 4,00	6,25 ÷ 8,00	15:64	1:960		960	16
2,80 ÷ 3,50	4,00 ÷ 5,00	8,00 ÷ 10,00	24:80	1:750		750	12,5
3,50 ÷ 4,40	5,00 ÷ 6,20	10,00 ÷ 12,50	27:72	1:600		600	10
4,40 ÷ 5,60	6,20 ÷ 8,00	12,50 ÷ 16,00	30:64	1:480		480	8
5,60 ÷ 7,00	8,00 ÷ 10,00	16,00 ÷ 20,00	39:65	1:375		375	6,25
7,00 ÷ 8,80	10,00 ÷ 12,60	20,00 ÷ 25,00	9:120	1:3000	} 00000 {	300	5
8,80 ÷ 11,20	12,60 ÷ 16,00	25,00 ÷ 32,00	9:96	1:2400		240	4

Wir benutzen 10 Übersetzungen, von denen jede

$$\sqrt[10]{10} = 1{,}2589 \approx 1{,}26$$

mal so groß ist als die vorhergehende. Von der Nennlast $N_\mathfrak{N}$ = 1,26 kW ab verwenden wir die zweite Übersetzung. Da diese 1,26 mal so groß ist als die erste, können wir damit (s. Gleichung 14) Zähler für 1,26 kW bis $(1{,}26)^2 \approx 1{,}60$ kW herstellen, wenn wir wieder $n_\mathfrak{N}$ von 50 ÷ 63 wachsen lassen usw. Mit der zehnten Übersetzung gelangen wir zur Nennlast $(1{,}26)^{10} = 10$ kW [1]).

---

[1]) Es besteht die Beziehung $\alpha^x = 10$, wo x die Zahl der Übersetzungen. α die Schwankung von $n_\mathfrak{N}$ bedeutet.

So sind die Zahlen für 1÷10 kW in der Spalte II der Tabelle entstanden. Mit Rücksicht auf die praktische Ausführung der Verzahnung von b und c schreitet die Übersetzung nicht immer genau in dem gewünschten Verhältnis 1,26 fort.

Zähler für 10÷12,6 kW werden ausgeführt wie die für 1÷1,26 kW, nur erhalten sie Zifferblatt $\boxed{00000}$, und die Umdrehungszahl je kWh und Drehzahl je kW betragen den zehnten Teil. Man kann die Tabelle nach oben und nach unten erweitern und dann die Daten für beliebige Nennlasten daraus entnehmen.

Es sei über die Berechnung einer Triebtabelle wie der vorstehenden noch folgendes bemerkt: Wie wir sehen, ist durch die Schwankung α von $n_\mathfrak{R}$, die man zulassen will, die Anzahl x der Übersetzungen und deren Verhältnis gegeben. Wählt man $\alpha = 1,26$, so muß man 10 Übersetzungen γ benutzen, die im Verhältnis 1,26 anwachsen. Wenn man nun eine der Übersetzungen, z. B. die größte (γ_{max}) annimmt, sind alle übrigen bestimmt. Die Übersetzung γ_{max} darf man nicht zu groß nehmen, damit das Zählwerk bei dem größten zwischen zwei Ablesungen vorkommenden Verbrauch noch nicht durchläuft. Denn es muß, wenn der Zählerableser am Ende des einen Monats z. B. 35,0 kWh, am Ende des nächsten 47,2 kWh abliest, die Gewißheit bestehen, daß der Abnehmer 12,2 kWh und nicht 10 012,2 kWh verbraucht hat. Wir wollen annehmen, daß das Zählwerk erst bei etwa 500 stündiger Betriebszeit mit Nennlast durchlaufen darf, und die größte vorkommende Nenndrehzahl $n_\mathfrak{R} = 126$ beträgt[1]) (bei Magnetmotorzählern). Für das fünfstellige Zifferblatt ist

$$500 \cdot 60 \cdot 126 \cdot \gamma_{max} \cdot 10 = 100\,000,$$

woraus

$$\gamma_{max} = 1:378;$$

in unserer Triebtabelle ist 1:375 benutzt.

Damit sind alle γ gegeben.

---

[1]) Unsere Triebtabelle soll nicht nur für G-Zähler, sondern für alle Zählerarten benutzt werden. Von diesen laufen die Induktionszähler am langsamsten, die Magnetmotorzähler am schnellsten. Wir wollen die maximalen Drehzahlen bei Nennlast bei ersteren zu 44, bei letzteren zu 126 annehmen. Es ergibt sich dann bei unserer Annahme als niedrigste Drehzahl $\frac{44}{1,26} = 35$ bzw. $\frac{126}{1,26} = 100$.

Nach Gleichung 14 entsprechen bei $\gamma = 1:3000$ und $c = 0{,}1$ den Drehzahlen 100 und 126 die Nennlasten 2 bzw. 2,50 kW, den Drehzahlen 35 und 44 die Nennlasten 0,7 bzw. 0,88 kW. So sind die Spalten I und III unserer Triebtabelle entstanden, die die Grenzen der Verwendung der Übersetzungen bei unseren Induktionszählern und unseren Magnetmotorzählern angeben.

14. Eichung. a) Nachprüfung. Ein G-Zähler mit der Aufschrift „10 A, 120 V, 3000 Ankerumdrehungen je kWh" sei nach Abb. 1, S. 9 in eine Anlage eingeschaltet und soll nachgeprüft werden; man schaltet an den in Abb. 1 mit J und K bezeichneten Stellen einen Strom- bzw. Spannungsmesser ein. Es werde dann mit diesen Instrumenten gemessen $J = 9{,}50\,A$, $K = 119{,}0\,V$, und der Anker mache dabei $u = 50$ Umdrehungen in $t = 61{,}0\,s$; es ergibt sich hieraus die Umdrehungszahl je kWs

$$a = \frac{u}{\dfrac{JK}{1000}t} = \frac{50}{\dfrac{9{,}5 \cdot 119}{1000} \cdot 61} = 0{,}725\,.$$

Der Sollwert beträgt

$$a_\mathfrak{S} = \frac{3000}{3600} = 0{,}833\,,$$

also hat der Zähler den Fehler

$$\varDelta = \left(\frac{0{,}725}{0{,}833} - 1\right)100 = -13{,}0\%\,.$$

Die Angaben des Zählers hat man mit $C' = \dfrac{0{,}833}{0{,}725} = 1{,}150$ zu multiplizieren, um den wirklichen Verbrauch zu erhalten

b) Einstellung. Bei der Einstellung im Eichraum der Fabrik wird nach Abb. 12 der Ankerkreis von den Stromspulen getrennt und ersterer durch eine Spannungsbatterie (B_V) für ganz geringe Stromstärke, die letzteren durch zwei Zellen einer Batterie (B_A), welche den Nennstrom des Zählers abgeben kann, gespeist. Hierdurch beträgt der

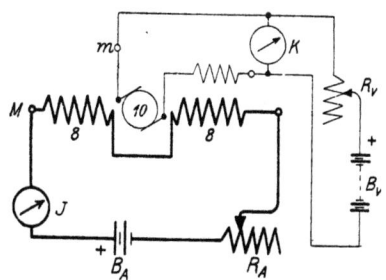

Abb. 12. Eichschaltung eines G-Zählers.

Leistungsverbrauch bei der Eichung, der Anschaffungspreis für die Stromquellen und Regulatoren nur wenige Prozent von dem, der bei Eichungen in betriebsmäßiger Schaltung (Abb. 1) vorhanden wäre. Die Eichbretter sind mit sehr feiner Regulierung versehen. Es soll ein Zähler mit der gleichen Aufschrift: „10 A, 120 V, 3000 Ankerumdrehungen je kWh", also $a_\mathfrak{E} = 0{,}833$ eingestellt werden; damit er richtig zeigt, muß

$$\frac{u}{Nt} = 0{,}833 \quad \text{oder} \quad t = \frac{u}{0{,}833\,N}$$

Sekunden sein.

Es wird zuerst nach den Instrumenten

$$K = 120{,}0\ V \qquad J = 10{,}0\ A$$

mittels der Regulatoren R_V und R_A genau einreguliert ($N = 1{,}2$ kW) und der Bremsmagnet verstellt, bis der Anker $u = 60$ Umdrehungen in

$$t = \frac{60}{0{,}833 \cdot 1{,}2} = 60{,}0\ s$$

macht. Dann wird Zehntellast, also

$$K = 120{,}0\ V \qquad J = 1{,}0\ A$$

eingestellt und mittels Hilfsspule

$$u = 6 \quad \text{in} \quad t = 60{,}0\ s\,^1)$$

herbeigeführt, endlich wird die Stromspule ausgeschaltet, K auf 144 V erhöht und die Hemmfahne so gebogen, daß der Anker nicht durchläuft (s. auch S. 23).

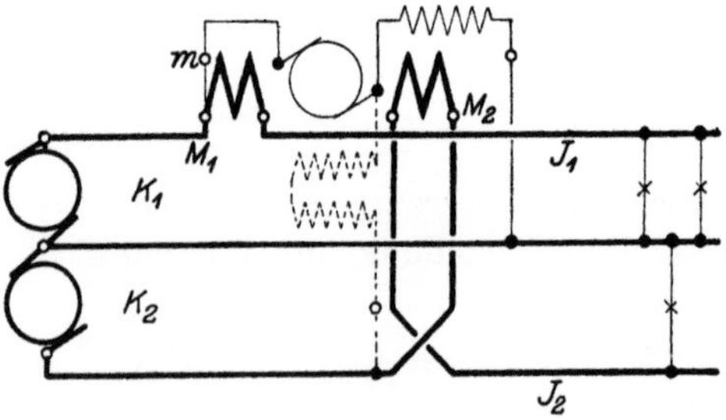

15. Dreileiterzähler.

Ein G-Zähler nach Abb. 2 kann auch zur Messung des Verbrauchs in Dreileiteranlagen benutzt werden. Von den beiden Stromspulen wird dazu die eine in den $+$-, die andere in den $-$-Leiter eingeschaltet (Abb. 13).

Abb. 13. Dreileiter-G-Zähler.
Der Ankerkreis kann für Null-Leiter- oder Außenleiter-Anschluß eingerichtet werden.

---

[1]) Oft gibt man bei Zehntellast einen +-Fehler von $2 \div 3\%$, man würde also unseren Zähler auf $t \approx 58{,}5\ s$ einstellen.

14. Eichung. — 15. Dreileiterzähler.

Der Spannungskreis des Zählers wird z. B. bei den Anlagen mit $2 \times 110\,V$ entweder für $110\,V$ eingerichtet und an Außen- und Nulleiter angeschlossen (ausgezogen eingezeichnet), oder er wird für $220\,V$ eingerichtet — erhält also nach III, 13 B den doppelten Widerstand — und wird zwischen die Außenleiter angeschlossen (gestrichelt gezeichnet). Der Leistungsverbrauch im Spannungskreis ist bei der gestrichelten Schaltung der doppelte wie bei der ausgezogenen.

Die zu messende Leistung der Dreileiteranlage ist

$$J_1 K_1 + J_2 K_2. \tag{15}$$

Es wären also für die exakte Messung desselben eigentlich zwei an K_1 und K_2 anzuschließende Spannungskreise nötig. Die Stromspulen haben gleiche Windungszahlen und gleichen Abstand von dem Anker, üben also bei gleichem Strom dasselbe Drehmoment aus.

Die Angaben des Zählers in Abb. 13 sind daher

$$K_1 \cdot (J_1 + J_2) \tag{16}$$

bzw.

$$\frac{K_1 + K_2}{2}(J_1 + J_2) \tag{17}$$

proportional, je nachdem man dem Spannungskreis die ausgezogene oder gestrichelte Schaltung gibt. Falls $K_1 = K_2 = K$, was praktisch gewöhnlich zutrifft, werden die drei Ausdrücke 15, 16, 17 einander gleich, und es kann daher der Zähler, obwohl er nur einen Spannungskreis hat, den Verbrauch richtig messen, und zwar sowohl in der ausgezogenen als auch in der gestrichelten Schaltung. Ist dagegen K_1 und K_2 verschieden, so können Fehler entstehen.

Ist z. B. $K_1 = 110,0\,V$, $K_2 = 115,0\,V$, $J_1 = 10,0\,A$, $J_2 = 2,0\,A$, so ist die zu messende Leistung nach Gleichung 15

$$N = 1100 + 230 = 1330\,W,$$

während der Zähler in Abb. 13 je nach der Ankerschaltung

$$110\,(10 + 2) = 1320\,W \quad \text{oder} \quad \frac{110 + 115}{2} \cdot (10 + 2) = 1350\,W$$

mißt.

$$\varDelta = -\frac{10}{1330} \cdot 100 = -0{,}75\%$$

bzw.

$$\Delta = +\frac{20}{1330} \cdot 100 = +1{,}5\%\,.$$

Ist die Nennstromstärke des Zählers in Abb. 13 $10\,A$ und die Nennspannung zwischen Null- und Außenleiter $110\,V$, so ist seine Nennlast, gleichgültig, wie sein Spannungskreis geschaltet ist, $\frac{10\cdot 220}{1000} = 2{,}2$ kW, und er erhält daher nach unserer Triebtabelle die Übersetzung $\gamma = 1:1500$ und das Zifferblatt $\boxed{0000{,}0}$. Bei seiner Einstellung im Eichraum wird nach Abb. 12 geschaltet, wobei an den Spannungskreis, je nachdem er für die ausgezogene oder gestrichelte Schaltung eingerichtet ist, 110 oder $220\,V$ angelegt werden. Die Ankerdrehzahl wird dabei gemäß Tabelle auf $2{,}2 \cdot 25 = 55$ eingestellt, wenn in den beiden in Reihe geschalteten Stromspulen $10\,A$ fließen.

Dreileiterzähler werden gewöhnlich dadurch gekennzeichnet, daß man vor den Nennstrom den Faktor 2 setzt; wir geben daher dem oben betrachteten Zähler die Aufschrift $2 \times 10\,A\ 110\,V\,{}^+_0$ oder $2 \times 10\,A\ 220\,V\pm$, je nachdem er für die ausgezogene oder gestrichelte Schaltung eingerichtet ist.

16. Schutzblech. Dieses besteht aus Eisen von möglichst geringer Remanenz und ist zwischen Stromspulen und Bremsmagnet angeordnet (Teil 13, Abb. 1 und 2); es soll verhindern:

1. daß die Kraftlinien der Stromspulen zu dem Bremsmagneten gelangen und diesen — besonders bei Kurzschlüssen in der Anlage — schwächen;

2. daß die Kraftlinien des Bremsmagneten auf den Anker einwirken und die Angaben des G-Zählers von der Polarität der Leitung, in die er eingeschaltet ist, abhängig machen.

Zu Punkt 2 sei folgendes bemerkt:

Die Verbindung der Wicklungen mit den Klemmen wurde in der Werkstätte so gewählt, daß der G-Zähler vorwärts läuft, wenn man im Eichraum beide Klemmen M und m mit den positiven Polen der Batterien verbindet (Abb. 12). Es muß dann der Zähler vorwärtslaufen, wenn man ihn nach Abb. 1 einschaltet, also m und M mit der von der Maschine kommenden Leitung verbindet; es ist dabei gleichgültig, ob die durch den Zähler geführte Leitung die Plus- oder Minusleitung ist, indem beim Umkehren der Polarität sich J und J' gleichzeitig umkehren, die Drehrichtung also dieselbe bleibt.

Sendet der Bremsmagnet ein Streufeld in den Anker und wurde der Zähler in der Schaltung Abb. 12 geeicht (M und m an den Pluspolen) und addierte sich dabei der Streufluß zu $\mathfrak{H}_J$, so wird der Zähler bei kleiner Belastung etwas zu wenig zeigen, wenn er in die Minusleitung der Anlage eingeschaltet wird, indem jetzt der Streufluß und $\mathfrak{H}_J$ entgegengesetzte Richtung haben.

Es ist natürlich wünschenswert[1]), die Zähler ohne Rücksicht auf die Polarität nach der einfachen Regel, daß M und m miteinander verbunden und der Maschine zugekehrt sein müssen (Abb. 1), einschalten zu können, und man sucht deshalb durch das Schutzblech den Streufluß des Bremsmagneten von dem Anker fernzuhalten.

Es hat allerdings das Schutzblech eine gewisse Remanenz, und es wird daher ein Zähler, der mit positiver Stromrichtung geeicht — also mit Nennstrom eingeschaltet — war, wenn man ihn danach mit negativer Stromrichtung mit geringer Last prüft, zuwenig zeigen. Dieser Fehler wird aber verschwinden, wenn man mehrmals Nennstrom in negativer Richtung durch den Zähler schickt.

IV. Der Magnetmotorzähler. (A-Zähler.)

1. Einleitung und Grundgleichungen. Die Magnetmotorzähler sind Amperestundenzähler. Wir wollen sie „A-Zähler" nennen; sie sind nur für Gleichstrom brauchbar. Abb. 14 gibt die messenden Teile und die Schaltung, Abb. 15 die ausgeführte Konstruktion eines A-Zählers (A 3 der SSW)[2]). In beiden Abbildungen hat der

---

[1]) Bei Zweileiteranlagen, die an ein Dreileiternetz mit geerdetem Nulleiter angeschlossen sind, muß der Zähler stets in den Außenleiter — also da man solche Anlagen auf die beiden Hälften des Netzes verteilt — bald in den Plus-, bald in den Minusleiter geschaltet werden; denn der Abnehmer kann zwischen Außenleiter und Erde (Wasserleitung) Lampen brennen, die vom Zähler nicht gemessen werden, wenn seine Stromspule im Nulleiter liegt.

[2]) Bürsten und Zuleitungen zu diesen sind der Deutlichkeit halber schematisch dargestellt; die wirklich verwendete Bürste ist rechts abgebildet; sie wird in den in der Abb. 15 sichtbaren Winkel eingesetzt. Zählwerk sowie Grundplatte und Gehäuse sind weggelassen.

IV. A-Zähler.

A-Zähler einen Scheibenanker mit 3 Spulen von je s Windungen. Die Bürsten 12 liegen an einem Nebenwiderstand (Shunt) R_s mit kleinem Temperaturkoeffizient; der weitaus größte Teil J_s des Verbrauchsstromes J geht durch den Nebenwiderstand und verursacht in demselben den Spannungsabfall $K_J = J_s R_s$, ein kleiner Bruchteil J_a durch den Anker. Die Stahlmagnete 7, deren Fluß Φ_M in Abb. 14 links von vorne nach hinten, rechts umgekehrt läuft, wirken auf die stromdurchflossenen Ankerspulen drehend, auf die Aluminiumscheibe 5 bei der Drehung bremsend ein.

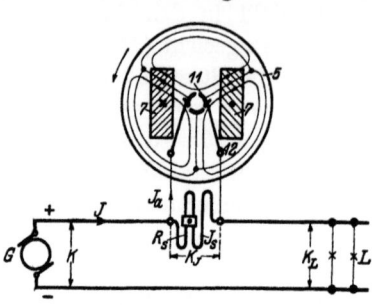

Abb. 14. Messende Teile und Schaltbild eines A-Zählers.

Wir wollen uns die Wirkung des A-Zählers an Hand einiger Gleichungen klarmachen.

Im stationären Zustand ist das mittlere Drehmoment $(D = C_1 \Phi_M s J_a)$ gleich dem bremsenden Moment $(B = C_2 \Phi_M^2 n)$; die Reibung vernachlässigen wir:

$$C_1 \Phi_M s J_a = C_2 \Phi_M^2 n$$

oder

$$n = \frac{C_1 s}{C_2 \Phi_M} \cdot J_a; \tag{1}$$

ferner ist $E_a = C_3 \Phi_M s n$

und

$$J_a = \frac{K_J - E_a}{R_a} = \frac{K_J - C_3 \Phi_M s n}{R_a}, \tag{2}$$

wenn E_a die Gegen-EMK und R_a den Ohmschen Widerstand des Ankers bedeutet.

Eliminiert man n aus den Gleichungen 1 und 2, so erhält man

$$J_a = \frac{K_J}{\dfrac{C_1 C_3}{C_2} \cdot s^2 + R_a} = \frac{K_J}{R_a'}.$$

Man sieht, daß die Gegen-EMK des Ankers so wirkt, als wenn R_a auf einen von der Belastung des Zählers unabhängigen Wert R_a'

1. Einleitung und Grundgleichungen.

(scheinbarer Widerstand) gestiegen wäre. E_a stört im Gegensatz zum G-Zähler die Proportionalität nicht.

Wenn man in Gleichung 1 J_a durch $\dfrac{K_J}{R_a'}$ und K_J durch $\dfrac{R_s R_a'}{R_s + R_a'} \cdot J$ ersetzt, erhält man:

$$n = \frac{C_1 s R_s}{C_2 \Phi_M (R_s + R_a')} \cdot J = \frac{C_4 J}{\Phi_M}. \tag{3}$$

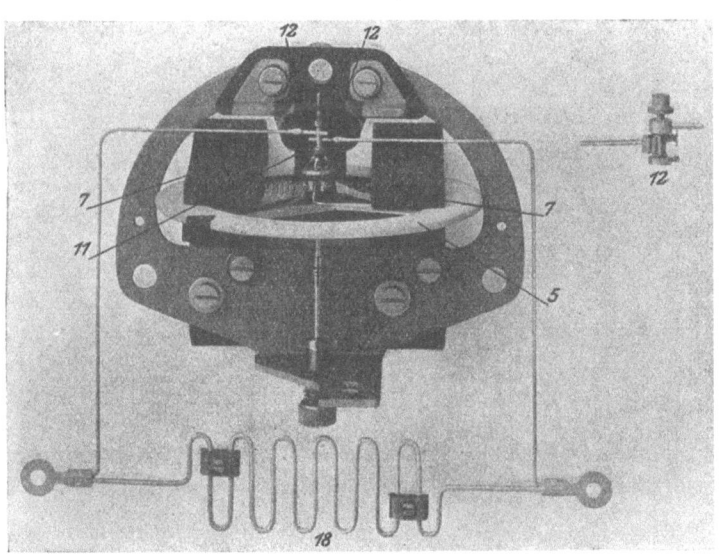

Abb. 15. A 3 der SSW.

Man ersieht aus Gleichung 3,

a) daß die Drehzahl des Ankers dem Verbrauchsstrom J, also die Anzahl seiner Umdrehungen den in der Anlage verbrauchten Amperestunden proportional ist;

b) daß die Drehzahl dem Fluß des Stahlmagneten umgekehrt proportional ist[1]).

Wir wollen die obigen Betrachtungen an einem Beispiel erläutern. An einem A-Zähler für $J_\mathfrak{N} = 5\ A$ mit einem Ankerwider-

---

[1]) Bei G-Zählern war sie, da $b \infty \Phi_M^2$, dem Quadrat des Flusses umgekehrt proportional (s. S. 15); wenn also Φ_M um 1% kleiner wird („Nachlassen" der Magnete), läuft der A-Zähler um 1%, der G-Zähler um 2% schneller.

stand $R_a = 10{,}23\ \Omega$ wurde beim Verbrauchsstrom $J = J_\Re = 5\ A$ (s. Abb. 14) gemessen:

Drehzahl . . . . . $n = 120$
Spannungsabfall $K_J = 1{,}033\ V$[1]).

Dann wurde ein Strommesser in den Ankerkreis geschaltet und J gesteigert, bis die Drehzahl wieder 120 betrug; der abgelesene Strom entspricht dann dem Ankerstrom beim Verbrauchsstrom $J = 5\ A$; es ergab sich:

$$J_a = 0{,}0847\ A \approx 0{,}085\ A\ .$$

Daraus folgt: Strom im Nebenwiderstand

$$J_s = J - J_a = 5{,}0 - 0{,}085 = 4{,}915\ A\ .$$

Der Widerstand des Nebenwiderstandes

$$R_s = \frac{K_J}{J_s} = \frac{1{,}033}{4{,}915} = 0{,}210\ \Omega\ .$$

Beim gleichen K_J wäre der Ankerstrom im Stillstand

$$J_{a0} = \frac{K_J}{R_a} = \frac{1{,}033}{10{,}23} = 0{,}1010\ A\ .$$

Die Ursache, daß der Strom bei umlaufendem Anker geringer, ist die Gegen-EMK des Ankers. Diese ist bei $n = 120$:

$$E_a = K_J - R_a J_a = 1{,}033 - 10{,}23 \cdot 0{,}0847 = 0{,}166\ V.$$

Der scheinbare Widerstand des umlaufenden Ankers ist

$$R_a' = \frac{K_J}{J_a} = \frac{1{,}033}{0{,}0847} = 12{,}20\ \Omega\ .$$

Ferner ist:

$$\frac{E_a}{K_J} = \frac{0{,}166}{1{,}033} = 0{,}161\ .$$

Die EMK beträgt 16,1% der Bürstenspannung. Die scheinbare Widerstandserhöhung durch die Gegen-EMK beträgt:

$$R_E = R_a' - R_a = 12{,}20 - 10{,}23 = 1{,}97\ \Omega\ .$$

---

[1]) K_J wurde an einem zu R_s parallel gelegten Spannungsmesser von sehr hohem Widerstand, dessen Stromverbrauch also gegen $5\,A$ vernachlässigbar war, abgelesen.

1. Einleitung und Grundgleichungen. — 2. Drehmoment.

Die EMK des Ankers schwankt während einer Umdrehung, denn ihr Momentanwert hängt von der Lage der Spulen zu den Magneten in diesem Moment ab; auch der Ankerstrom schwankt.

Bei vorstehenden Betrachtungen bedeuten alle Größen die Mittelwerte, wie sie durch die praktischen Instrumente angezeigt werden.

2. Drehmoment. Der Verlauf des Drehmomentes eines G-Zählers ist durch die Kurve D_g (Abb. 5) dargestellt. Die entsprechende Kurve für A-Zähler weist in der Regel größere Sprünge und Zacken auf und ist deshalb schwer vollständig aufzunehmen[1]). Außerdem ist bei umlaufendem Zähler, weil dabei der Anker infolge der elektromotorischen Gegenkraft weniger Strom aufnimmt als bei Stillstand, das Drehmoment geringer als das am stillstehenden Zähler mit dem Federdynamometer gemessene. Das mittlere Drehmoment D kann nach v. Krukowski wie folgt in einfacher Weise bestimmt werden:

Ist bei einem Scheibenradius von r cm die mittlere Umfangskraft P Gramm (Gewicht) $= 981\, P$ Dyn[2]), beträgt dabei die Drehzahl des Zählers n, also die Umdrehungszahl je sec $n/60$, so ist die mechanische Leistung ($=$ Arbeit je sec $=$ Kraft $\times$ Weg je sec)

$$N = 981\, P\, r\, 2\pi \frac{n}{60}\ \text{Erg je sec.}$$

---

[1]) Eine Vorrichtung dazu hat Alberti angegeben (ETZ 1916, Heft 22, S. 285).

[2]) Die Anziehungskraft, die die Erde auf das Grammstück eines Gewichtssatzes ausübt, heißt im technischen Maßsystem „1 Gramm". Im absoluten Maßsystem heißt sie 981 „Dyn", falls an dem betreffenden Ort die Erdbeschleunigung $981\, \frac{\text{cm}}{\text{sec}^2}$ beträgt; denn 1 Dyn ist als die Kraft definiert, die dem Grammstück (Masse 1 Gramm) die Beschleunigung $1\, \frac{\text{cm}}{\text{sec}^2}$ erteilt. Die absolute Einheit der Arbeit heißt 1 „Erg"; sie wird geleistet, wenn die Kraft 1 Dyn in ihrer Richtung den Weg 1 cm zurücklegt. 1 Erg ist, wie sich leicht zeigen läßt, der 10^7. Teil einer Wattsekunde (Ws).

Die in der Technik üblichen Einheiten stehen also mit den absoluten in folgendem Zusammenhang:

1) Kraft: 1 g (Gewicht) $= 981$ Dyn, 1 kg $= 981 \cdot 10^3$ Dyn;

2) Arbeit: 1 kgm $= 981 \cdot 10^3 \cdot 10^2$ Erg $= \dfrac{981 \cdot 10^3 \cdot 10^2}{10^7} = 9{,}81\ Ws$;

3) Drehmoment: 1 cmg $= 981$ cm Dyn.

Berücksichtigen wir, daß $Pr = D$, das mittlere Drehmoment des Zählers, ferner daß 1 Erg je sec $= 10^{-7}$ Watt ist, so erhalten wir:

$$N = D \cdot 981 \cdot 2\pi \frac{n}{60} \cdot 10^{-7} = D n \cdot 1{,}027 \cdot 10^{-5} \text{ Watt}.$$

Diese Leistung ist der in Form elektrischer Energie dem Anker zugeführten

$$N = E_a J_a$$

gleich.

Wir erhalten also

$$D n \cdot 1{,}027 \cdot 10^{-5} = E_a J_a$$

oder

$$D = \frac{E_a J_a}{n} \cdot 9{,}73 \cdot 10^4 \text{ cmg}.$$

Für unser Beispiel erhalten wir

$$D = \frac{0{,}166 \cdot 0{,}0847}{120} \cdot 9{,}73 \cdot 10^4 = 11{,}4 \text{ cmg}.$$

Das mittlere Drehmoment im Stillstand ist im Verhältnis $J_{a0} : J_a$ größer, es beträgt also in unserem Fall $11{,}4 \frac{0{,}1010}{0{,}0847} = 13{,}6$ cmg.

Bei A-Zählern lassen sich, da die Magnete sehr kräftige Felder erzeugen, Drehmomente dieser Größenordnung unschwer hervorbringen. Andererseits sind, da die A-Zähler meistens ohne Reibungsausgleich benutzt werden, so hohe Drehmomente zur Verminderung des Abfallens der Lastkurve bei kleineren Belastungen wünschenswert. Die Dämpfung läßt sich praktisch nicht in gleichem Maße steigern, so daß bei Nennstrom A-Zähler mit höheren Drehzahlen arbeiten als G-Zähler.

3. Lastkurve. Wir wollen für unseren Zähler für $J_\mathfrak{N} = 5$ A, $n_\mathfrak{N} = 120$ und $D_\mathfrak{N} = 11{,}4$ cmg die Lastkurve ermitteln. Dabei nehmen wir an, daß das Moment r der Reibung die in Tabelle S. 18 angegebene Größe hat. Der Fehler $\varDelta$ gegenüber dem reibungslosen Zähler ist, nach III, 6, Gleichung 11

$$\varDelta = -\frac{r}{D} \cdot 100\%.$$

3. Lastkurve. — 4. Hilfskraft.

Es ergeben sich die in folgender Tabelle angegebenen Werte von Δ:

J Amp.	$\eta = \dfrac{J}{J_{\mathfrak{R}}}$	$D = \eta D_{\mathfrak{R}}$ $= \eta \cdot 11{,}4$	$n \approx \eta\, n_{\mathfrak{R}}$	r cmg	$\Delta = -\dfrac{r}{D}\cdot 100$ %	$\Delta' = \Delta + 4{,}0$ %
5,0	1,0	11,4	120	0,116	—1,0	+3,0
2,5	0,5	5,7	60	0,0745	—1,3	+2,7
1,25	0,25	2,85	30	0,061	—2,15	+1,85
0,5	0,1	1,14	12	0,055	—4,8	—0,8
0,25	0,05	0,57	6	0,053	—9,3	—5,3

Würden wir zur Verminderung der Fehler den Widerstand R_s, also auch K_J durch Einstellen des Schiebers am Nebenwiderstand so ändern, daß der Zähler bei Nennstrom einen Fehler von $\Delta' = +3\%$ zeigt, so werden die sämtlichen Fehler um etwa $+4\%$ geändert, und es ergeben sich die in der Tabelle mit Δ' bezeichneten Werte[1]).

4. Hilfskraft. Wir können aber auch den A-Zähler leicht mit einer Hilfskraft behufs Ausgleich der Reibung versehen, indem wir dauernd einen schwachen Strom J_h durch den Anker senden. Es beträgt im obigen Beispiel der Ankerstrom bei Zehntellast $0{,}0085\,A$. Wir wollen einen Hilfsstrom von $J_h = 0{,}00085\,A$ hervorbringen, welcher also imstande wäre, ein Abfallen der Lastkurve von etwa 10% zwischen Nennlast und Zehntellast auszugleichen. Wir schalten dazu den Zähler nach Abb. 16.

Die Betriebsspannung betrage $120\,V$.

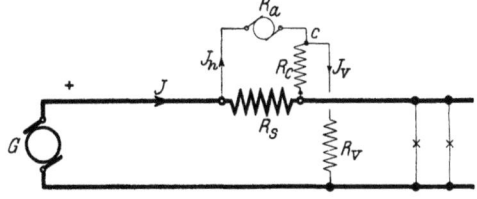

Abb. 16. A-Zähler mit Reibungsausgleich mittels Hilfsstrom.

Der Strom J_V, dessen Größe praktisch nur durch R_V bedingt wird, verzweigt sich über den Anker (Strom J_h) und über $R_c + R_s$ (Strom $J_V - J_h$). Wir können uns die beiden Zweigströme ganz unabhängig von den Strömen J_a und J_s fließend denken.

Es ist
$$(J_V - J_h)(R_s + R_c) = J_h R_a'. \qquad (4)$$

---
[1]) Bei der obigen Betrachtung ist eine kleine Vernachlässigung gemacht: es wurde stillschweigend der scheinbare Ankerwiderstand R_a' als konstant angenommen; in Wirklichkeit fällt infolge des durch die Reibung verursachten Drehzahlabfalles die Gegen-EMK und dadurch R_a' etwas. Die Minusfehler sind daher etwas kleiner als die in der Tabelle.

Treffen wir noch die Bestimmung, daß der ständige Leistungsverbrauch durch J_V nur 0,4 W betragen darf, so ist

$$J_V = \frac{0,4}{120} = 3{,}33 \cdot 10^{-3} A = 3{,}33 \, mA$$

und

$$R_V = \frac{120}{3{,}33} \cdot 10^3 = 36\,000 \, \Omega.$$

$R_s + R_c$ bestimmt sich entsprechend Gleichung 4 aus

$$(3{,}33 \cdot 10^{-3} - 0{,}85 \cdot 10^{-3})(R_s + R_c) = 0{,}85 \cdot 10^{-3} \cdot 12{,}2$$

zu

$$R_s + R_c = 4{,}17 \, \Omega.$$

R_s kann zu etwa 0,27 Ω angenommen werden (s. weiter unten), so daß $R_c = 3{,}9 \, \Omega$ zu wählen ist.

Gewöhnlich ist der Punkt c als Kontakt ausgebildet und auf R_c verschiebbar; verschieben wir ihn aus der gezeichneten Stellung nach unten, so können wir J_h auf den erforderlichen Wert verringern. Um Leerlauf zu verhindern, wird der Zähler mit einer Hemmfahne versehen.

R_c wirkt so, als wenn der Anker einen höheren Widerstand hätte, verringert also das Drehmoment[1]).

Hätten wir einen größeren, dauernden Leistungsverbrauch (größeres J_V) zugelassen, so wären wir mit kleinerem R_c ausgekommen.

Hätten wir R_c nicht vorgeschaltet, so würde, da R'_a groß gegen R_s, fast der ganze Strom J_V durch R_s und nur ein sehr kleiner Bruchteil wirksam durch den Anker gehen.

5. Verbesserung der Lastkurve durch Verminderung der Drehzahl bei hoher Last. Die Lastkurve soll eine zur Abszissenachse parallele Gerade sein. Um dies zu erreichen, haben wir bis jetzt mittels einer Hilfskraft die unteren Punkte gehoben. Wir können jedoch auch die oberen Punkte senken und zu dem Zweck gemäß Gleichung 3

$$n = \frac{C_4 J}{\Phi_M}$$

bei hoher Last entweder C_4 verkleinern oder Φ_M vergrößern.

---

[1]) A-Zählern nach Abb. 16 gibt man daher etwas größeren Spannungsabfall, der Nebenwiderstand ist im Verhältnis $\dfrac{R'_a + R_c}{R'_a}$ größer zu wählen als bei Zählern ohne Hilfskraft.

5. Verbesserung der Lastkurve. — 6. Temperatur.

Damit der unter 3. betrachtete Zähler bei Nennlast und bei Zwanzigstellast (Tabelle S. 45) denselben Fehler bekommt — den man dann durch Verstellen des Schiebers am Nebenwiderstand auf Null bringen kann —, muß bei Nennlast entweder C_4 um etwa $9{,}3 - 1{,}0 = 8{,}3$ kleiner oder Φ_M um etwa $8{,}3\%$ größer sein als bei Zwanzigstellast. C_4 kann verändert werden, wenn die Kollektorschlitze nicht nach einer der Ankerachse parallelen Geraden, sondern gekrümmt verlaufen und die Bürstenstellung vom Verbrauchsstrom J abhängig ist, und zwar so, daß bei Zwanzigstelstrom die Kommutierung an der richtigen Stelle, bei Nennstrom an einer falschen Stelle stattfindet, so daß das Drehmoment verhältnismäßig zu klein ist. Wenn man die Kollektorschlitze nach einer geeigneten Kurve verlaufen läßt kann man der Lastkurve die gewünschte Gestalt geben.

Φ_M kann man verändern, indem man den Verbrauchsstrom J um die Stahlmagnete leitet, und zwar so, daß die Magnete verstärkt werden. Es ist jedoch praktisch nicht möglich, Φ_M im ganzen Meßbereich des Zählers so zu ändern, wie es nötig wäre, um die Lastkurve in eine zur Abszissenachse parallele Gerade zu verwandeln.

6. Temperatur. Die Bremsscheibe besteht aus Aluminium, die Ankerwicklung aus Kupfer, der Nebenwiderstand aus Konstantan (Temperaturkoeffizient rd. Null). Steigt die Temperatur z. B. um $10°$, so fällt C_2 in Gleichung 3 um 4%. Wenn der Zähler von der Temperatur unabhängig sein soll, muß also $R_s + R_a'$ dabei um 4% steigen. Letzteres ist nicht genau der Fall, denn R_s und der Teil (R_E) von R_a', welcher von der Gegen-EMK herrührt, bleiben ungeändert, und nur der Ohmsche Widerstand der Wicklung erhöht sich um 4%. Der Zähler läuft daher bei steigender Temperatur etwas zu schnell. In unserem Beispiel mit $R_s = 0{,}21\ \Omega$, $R_a = 10{,}23\ \Omega$, $R_E = 1{,}97\ \Omega$ ist das Verhältnis

$$\frac{0{,}21 + 10{,}23 + 1{,}97}{(0{,}21 + 10{,}23 \cdot 1{,}04 + 1{,}97) : 1{,}04} = 1{,}0065,$$

d. h. der Zähler zeigt bei $10°$ Temperaturerhöhung einen Plusfehler von $0{,}65\%$. Bei Zählern für kleinere Nennstromstärken, bei welchen R_s höhere Werte hat (s. IV, 7), und bei Zählern mit höherer Gegen-EMK sind die Temperaturfehler größer.

Zu diesem Fehler kommt noch der durch Fallen des Bremsflusses bei steigender Temperatur verursachte hinzu (s. III, 10).

7. Zähler für verschiedene Nennströme. Um A-Zähler für verschiedene Stromstärken einzurichten, wird nur der Widerstand R_s geändert, und zwar so, daß der Spannungsverlust bei allen Nennstromstärken etwa derselbe ist. Es ist also der Abfall K_J im Zähler bei A-Zählern — im Gegensatz zu G-Zählern — für alle Nennstromstärken etwa derselbe.

Die für die verschiedenen Zähler in Frage kommenden Zählwerke betrachten wir unter „Eichung".

8. Eichung. Ein A-Zähler für $5\,A$ soll geeicht werden
a) als Amperestundenzähler.

Wir benutzen Spalte III der Triebtabelle (S. 33), indem wir überall „Ampere" statt „Kilowatt" und „Ah" statt „kWh" gesetzt denken; geben also dem Zähler das Zifferblatt 0000,0, die Übersetzung $\gamma = 1:1500$ und die Aufschrift: 1500 Ankerumdrehungen je Ah ($a_\mathfrak{G} = 1500:3600 = 0{,}417$) und verstellen die Schieber am Nebenwiderstand, bis der Anker z. B. bei $5\,A$ 100 Umdrehungen in

$$t = \frac{100}{5 \cdot 0{,}417} = 48{,}0\,s$$

macht (siehe III, 14b).

b) Obiger Zähler soll den Verbrauch einer Anlage, deren Betriebsspannung konstant $120\,V$ beträgt, messen und für diese Spannung direkt in kWh geeicht sein.

Die Nennlast beträgt

$$\frac{120 \cdot 5}{1000} = 0{,}6\,\text{kW}.$$

Er erhält daher die Übersetzung

$$\gamma = \frac{1}{1200},$$

das Zifferblatt 000,00 und die Aufschriften „12 000 Ankerumdrehungen je kWh" ($a_\mathfrak{G} = 3{,}33$) und „Kilowattstunden bei $120\,V$" unter den Zählwerksfenstern. Man stellt die Schieber so ein, daß der Anker z. B. bei $5\,A$ 100 Umdrehungen in

$$t = \frac{100}{0{,}6 \cdot 3{,}33} = 50{,}0\,s$$

macht.

V. Grundlagen der Wechselstromtechnik.

1. Darstellung von Wechselstromgrößen. Wir wollen uns, ehe wir zu den Induktionszählern und Meßwandlern übergehen, mit den Grundlagen der Wechselstromtechnik, deren Kenntnis für das Verständnis des Weiteren erforderlich ist, befassen. Unsere Betrachtungen beschränken sich dabei auf sinusförmig verlaufende Wechselstromgrößen.

Der zeitliche Verlauf eines solchen Wechselstromes J_1 ist durch die Sinuslinie *1* in Abb. 17 b veranschaulicht. Die Abszissen bedeuten

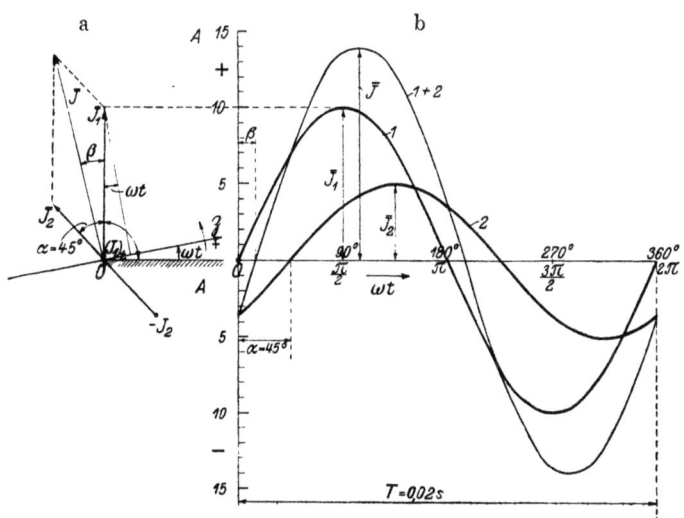

Abb. 17. Darstellung der Wechselströme J_1 und J_2 sowie deren Summe J im Vektor- und Liniendiagramm.

die Zeit t in Sekunden oder den Winkel ωt, der t proportional ist, und von dem wir gleich sprechen werden; die ganze Sinuswelle wird in T sec (T = Dauer einer Periode in Sekunden) durchlaufen; $f = \dfrac{1}{T}$ (sekundliche Periodenzahl) heißt „Frequenz". Der Zeit T entspricht der Winkel $\omega t = 360°$ oder $\omega t = 2\pi$, je nachdem wir ihn in Grad oder Bogenmaß ausdrücken wollen. $\overline{J}_1$ heißt „Scheitelwert".

Die Ordinaten bedeuten die „Momentanwerte" $(J_1)_t$ der Stromstärke in den einzelnen Zeitmomenten t; sie lassen sich durch die Gleichung

$$(J_1)_t = \overline{J}_1 \sin\left(360°\frac{t}{T}\right) = \overline{J}_1 \sin 2\pi \frac{t}{T} = \overline{J}_1 \sin \omega t$$

ausdrücken. Hierin bedeutet t die Zeit in Sekunden. Unser Strom nimmt also, wenn z. B. $\overline{J}_1 = 10\,A$ und $T = 0{,}02$ sec (Frequenz $f = 50$), zu den Zeiten t die in folgender Tabelle angegebenen Werte an.

t	$\omega t = 360°\dfrac{t}{T}$ $= 360°\dfrac{t}{0{,}02}$ Grad	$(J_1)_t = \overline{J}_1 \sin\omega t$ $= 10 \sin 360 \dfrac{t}{0{,}02}$ Amp.
0	0	0
0,0025 sec $= \dfrac{T}{8}$	45	+ 7,07
0,005 sec $= \dfrac{T}{4}$	90	+10
0,01 sec $= \dfrac{T}{2}$	180	0
0,015 sec $= \dfrac{3\,T}{4}$	270	−10
0,02 sec $= T$	360	0

Graphisch kann unser Strom $(J_1)_t$ auch im Diagramm Abb. 17a als Projektion von $\overline{J}_1$ auf die „Zeitachse" $\mathfrak{Z}$ dargestellt werden, welche sich in Pfeilrichtung um O dreht, in der Zeit T eine Umdrehung macht und mit der Anfangslage OA den Winkel ωt bildet. Denn $\sphericalangle \overline{J}_1 OA$ ist ein Rechter[1]), folglich ist diese Projektion gleich $\overline{J}_1 \sin \omega t$. $\mathfrak{Z}$ hat eine positive und eine negative Seite; fällt die Projektion auf letztere, was bei J_1 für $t = \dfrac{T}{2} \div T$ der Fall ist, so ist $(J_1)_t$ negativ. Oft werden wir in den folgenden Diagrammen die Zeitachse nicht einzeichnen; wir nehmen dann immer an, daß sie wie in Abb. 17a (entgegengesetzt dem Uhrzeiger) umläuft.

---

[1]) Rechte Winkel deuten wir mit einem Bogen ohne Bezeichnung an.

Gibt man in Abb. 17a der Zeitachse nacheinander verschiedene Lagen und trägt die Winkel ωt als Abszissen, die Projektionen von $\overline{J_1}$ als Ordinaten auf, so erhält man die Sinuslinie *1* in Abb. 17b; Abb. 17a heißt „Vektordiagramm"; Abb. 17b „Liniendiagramm". Hat man einen zweiten Strom

$$(J_2)_t = \overline{J}_2 \sin(\omega t - \alpha)$$

und ist z. B. $\alpha = 45° = \dfrac{2\pi}{8}$ und $\overline{J}_2 = 5A$, so muß dieser Strom, wie in Abb. 17a und 17b geschehen, dargestellt werden. J_2 ist gegen J_1 „in der Phase verschoben" und erreicht den Wert Null, wenn $\omega t = 45° = 2\pi : 8$ ist. Der Strom J_2 „eilt gegen J_1 nach" („bleibt gegen J_1 zurück") um 45° oder um $1/8$ Periode. Von allen Größen (Vektoren), die in der Abb. 17a links von der Vertikalen $O\overline{J}_1$ liegen, sagen wir, sie „eilen J_1 nach"; von den rechts liegenden sagen wir, sie „eilen J_1 vor".

Ist $\alpha = 0$, so tritt der Wert Null und der positive Scheitelwert bei J_2 in demselben Zeitmoment ein wie bei J_1, sie sind „in Phase", „phasengleich"; dann hat in jedem Zeitmoment t das Verhältnis $\dfrac{(J_1)_t}{(J_2)_t}$ denselben Wert, nämlich $\dfrac{\overline{J}_1}{\overline{J}_2}$.

Soll die Summe unserer beiden Ströme, also

$$(J)_t = (J_1)_t + (J_2)_t = \overline{J}_1 \sin \omega t + \overline{J}_2 \sin(\omega t - \alpha)$$

gebildet werden, so kann dies in Abb. 17b durch Addition der Ordinaten geschehen; wir erhalten wieder eine Sinuslinie $1 + 2$ mit dem Scheitelwert $\overline{J}$, welche J_1 um $\beta < \alpha$ nacheilt. Im Vektordiagramm finden wir $\overline{J}$ und β viel einfacher: wir haben nur $\overline{J}_2$ und $\overline{J}_1$ wie Kräfte zusammenzusetzen; $\overline{J}$ ist die Resultante („geometrische Summe") von $\overline{J}_1$ und $\overline{J}_2$. Man überzeugt sich leicht, daß wir für $\overline{J}$ und β in Abb. 17a dieselben Werte erhalten wie in Abb. 17b, nämlich $\overline{J} = 14{,}0 \, A$; $\beta = 14°\,40'$.

Soll J_2 von J_1 subtrahiert werden, so setzt man das umgeklappte J_2, als $-J_2$ eingezeichnet, mit J_1 zusammen.

2. Effektivwerte. Wenn ein Gleichstrom von der Stromstärke J durch einen Widerstand R fließt, so wird darin die Leistung

$$N = J^2 R$$

V. Grundlagen der Wechselstromtechnik.

verbraucht; für Wechselstrom ist

$$N = M(J_t^2) \cdot R.$$

Man nennt daher bei Wechselstrom

$$J = \sqrt{M(J_t^2)}$$

den „Effektivwert" der Stromstärke. $M(J_t^2)$ ist der Mittelwert der Quadrate von J während einer Periode. Es ist ohne weiteres klar, daß bei dem sich fortwährend ändernden Wechselstrom — an Stelle von J^2 bei Gleichstrom — der Mittelwert von J^2 in der Gleichung für N auftreten muß. Man kann $M(J_t^2)$ wie folgt bestimmen: Man quadriert die Ordinaten von J im Liniendiagramm, planimetriert die Fläche, die diese J^2-Kurve und die Abszissenachse einschließen[1]), und zeichnet über derselben Grundlinie T ein Rechteck gleichen Inhalts; dessen Höhe ist der Mittelwert der Quadrate von J während einer Periode. Bei einer Sinuslinie wird man dabei stets finden, daß

$$M(J_t^2) = \tfrac{1}{2} \overline{J}^2$$

ist[2]), also

$$J = \frac{\overline{J}}{\sqrt{2}}. \tag{1}$$

Unser Strom J_1 mit dem Scheitelwert $10\,A$ hat den Effektivwert

$$J_1 = \frac{10}{\sqrt{2}} = 7{,}07\,A,$$

und er leistet in einem Widerstand von z. B. $R = 5\,\Omega$

$$N = (7{,}07)^2 \cdot 5 = 250 \text{ Watt.}$$

Ganz analoge Betrachtungen, wie sie hier für den Strom angestellt werden, gelten für die Spannung. Die Strom- und Spannungsmesser zeigen stets die Effektivwerte an, und diese sind gemeint, wenn man sagt: in einer Wechselstromanlage herrschen soundsoviel Volt oder es fließen soundsoviel Ampere.

---

[1]) Die J^2-Kurve hat dieselbe Form wie die N_t-Kurve in Abb. 24a.

[2]) Beweis: $M(J_t^2) = \dfrac{1}{T}\displaystyle\int_0^T (\overline{J}\sin\omega t)^2\,dt = \dfrac{1}{2}\overline{J}^2$.

2. Effektivwerte. — 3. Induzierte EMK.

Deshalb ist es bequemer, im Vektordiagramm bei den Strömen und Spannungen statt der Scheitelwerte die Effektivwerte einzuzeichnen. Zulässig ist dies natürlich, da sich beide nur durch den Faktor $\sqrt{2}$ — also gewissermaßen nur durch den Maßstab — unterscheiden. Wir werden in den folgenden Diagrammen für die Flüsse und Feldstärken die Scheitelwerte, für die anderen Größen die Effektivwerte einzeichnen.

In den Formeln und Diagrammen bedeuten E, J, K Effektivwerte, $\bar{E}$, $\bar{J}$, $\bar{K}$, $\bar{\Phi}$, $\bar{\mathfrak{B}}$, $\bar{\mathfrak{H}}$, $\bar{\mathfrak{F}}$ Scheitelwerte. Ist einer Größe oder einem Ausdruck der Index t angefügt, so bedeuten die Buchstaben nicht Effektivwerte, sondern Momentanwerte im Zeitmoment t[1]).

3. Induzierte EMK. Ein Wechselstrom J erzeugt in einer eisenlosen Spule einen Fluß Φ, welcher in jedem Moment dem Strom J proportional ist. Dieselbe Sinuslinie stellt also, wenn man die positiven Richtungen von Φ und J so wählt, daß ein positives J ein positives Φ erzeugt[2]), bei geeigneter Wahl der Maßstäbe den Strom J oder den Fluß Φ dar. Der Wechselfluß $\Phi_t = \bar{\Phi} \sin \omega t$, der die Spule durchsetzt, induziert in jeder Windung eine EMK E_t, welche bekanntlich in jedem Moment der Änderung $\Delta \Phi$ des Flusses dividiert durch die Zeit Δt (Sekunden), in welcher sie sich vollzieht, also dem Quotient $\dfrac{\Delta \Phi_t}{\Delta t}$ (Geschwindigkeit der Änderungen des Flusses) gleich ist.

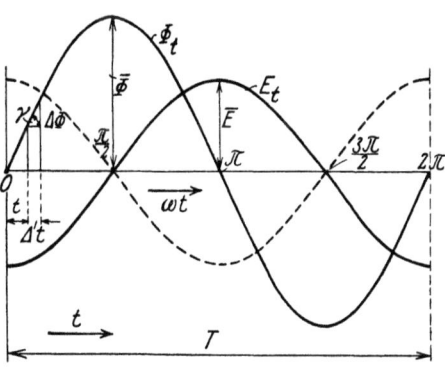

Abb. 18. Der Fluß Φ erzeugt die um eine viertel Periode zurückbleibende EMK E.

Die EMK, die zur Zeit t (Abb. 18) induziert wird, ist also

$$E_t = \frac{\Delta \Phi_t}{\Delta t} = \operatorname{tg} \gamma .\qquad(2)$$

---

[1]) Siehe F. N. 1, S. 1; bei den magnetischen Größen kommen nur die Scheitel- und Momentanwerte vor.

[2]) Das ist z. B. in Abb. 26, S. 68, geschehen; die Pfeile bedeuten die positiven Richtungen. Wenn ein Strom in den Spulen in Pfeilrichtung fließt, erzeugt er einen Fluß in Pfeilrichtung.

tg γ ist die „Steigung" der Sinuslinie in dem betreffenden Punkt. Wir sehen, daß E an der Stelle 0 ein Maximum $(\overline{E})$, an der Stelle $\frac{\pi}{2}$ Null sein muß, weil tg γ an der Stelle 0 ein Maximum, an der Stelle $\frac{\pi}{2}$ Null ist. Wenn wir an sehr vielen Punkten die Steigung bestimmen und als Ordinate auftragen, so bekommen wir als Verlauf von E wieder eine Sinuslinie (E_t). Dies geht auch aus F. N. 1 hervor.

Die EMK, die wir, da sie durch den in der Spule selbst fließenden Strom induziert wird, als „EMK der Selbstinduktion" bezeichnen, verläuft also nach Kurve E_t; man könnte im Zweifel sein, ob E nach der ausgezogenen oder nach der umgeklappten (gestrichelten) Kurve verläuft. Nach folgender Überlegung muß man sich für die ausgezogene Kurve entscheiden: im Punkt 0 wächst J in positiver Richtung; an dieser Stelle muß E negativ sein, denn nach dem Lenzschen Gesetz ist die EMK der Selbstinduktion stets so gerichtet, daß sie den Änderungen des Stromes entgegenwirkt. Die induzierte EMK E bleibt also gegen J und, wenn man die positive Richtung von Φ, wie oben gesagt, wählt, auch gegen Φ um $1/4$ Periode zurück[1]).

Der Effektivwert der induzierten EMK (im absoluten Maßsystem) ist gemäß F. N. 1

$$E = \frac{\omega}{\sqrt{2}} \overline{\Phi} = 4{,}44 \, \overline{\Phi} f$$

---

[1]) Ist $\Delta \Phi$ positiv, so ist E_t negativ; man hätte also die Gleichung 2 schreiben müssen

$$E_t = -\frac{\Delta \Phi_t}{\Delta t}.$$

Dann wäre auch die Richtung von E_t berücksichtigt; behufs Berechnung von E_t nehmen wir die Änderungen Δt und $\Delta \Phi$ unendlich klein:

$$E_t = -\frac{d \Phi_t}{d t} = -\frac{d}{d t}(\overline{\Phi} \sin \omega t) = -\omega \overline{\Phi} \cos \omega t = \omega \, \overline{\Phi} \sin(\omega t - 90°),$$

d. h. die Sinuswelle der EMK bleibt gegen die des Flusses um 90° zurück, was wir oben schon durch eine einfache Überlegung festgestellt hatten. Ferner ist der Scheitelwert $\overline{E} = \omega \, \overline{\Phi}$, der Effektivwert

$$E = \frac{\overline{E}}{\sqrt{2}} = \frac{\omega}{\sqrt{2}} \overline{\Phi} = 4{,}44 \, \overline{\Phi} f.$$

3. Induzierte EMK.

oder wenn wir annehmen, daß die Spule s Windungen hat und daß der Fluß Φ sämtliche Windungen durchsetzt, und wenn wir E in Volt[1]) ausdrücken:

$$E = \frac{\omega}{\sqrt{2}} \overline{\Phi} s \, 10^{-8} = 4{,}44 \, \overline{\Phi} f s \, 10^{-8} \text{ Volt.} \tag{3}$$

Wir können die induzierte EMK statt durch Φ und s auch durch den „Selbstinduktionskoeffizienten der Spule" und den Strom J ausdrücken: Bekanntlich ist der Fluß Φ gleich der MMK (magnetomotorischen Kraft) $\mathfrak{F}$ dividiert durch den magnetischen Widerstand $\mathfrak{R}$[2]):

$$\overline{\Phi} = \frac{\overline{\mathfrak{F}}}{\mathfrak{R}} = \frac{4 \pi s \overline{J}}{10 \mathfrak{R}} \tag{4}$$

oder da nach Gleichung 1 $\overline{J} = J \sqrt{2}$, so ist

$$\overline{\Phi} = \frac{4 \pi s J \sqrt{2}}{10 \mathfrak{R}}. \tag{5}$$

Setzen wir diesen Wert von $\overline{\Phi}$ in die Gleichung 3 ein, so erhalten wir

$$E = \frac{\omega}{\sqrt{2}} \cdot \frac{4 \pi s J \sqrt{2}}{10 \mathfrak{R}} s \cdot 10^{-8} = \omega J \frac{4 \pi s^2}{10 \mathfrak{R}} \cdot 10^{-8}. \tag{6}$$

Setzen wir

$$\frac{4 \pi s^2}{10 \mathfrak{R}} 10^{-8} = L, \tag{7}$$

so geht die Gleichung 6 über in

$$E = J \omega L = J X,$$

wobei

$$X = \omega L$$

ist. L ist der Selbstinduktionskoeffizient der Spule, und zwar in „Henry" gemessen. Er ist, wie aus Gleichung 7 und 4 folgt,

---

[1]) 1 Volt = 10^8 absolute (elektromagnetische) Einheiten,

[2]) $\mathfrak{R} = \frac{l}{\mu\, q}$, wo die Länge l und der Querschnitt q des magnetischen Pfades in cm bzw. cm² zu messen ist; für Luft ist die Permeabilität $\mu = 1$. Die MMK ist $\frac{4 \pi s \overline{J}}{10}$, wobei $\overline{J}$ in Ampere zu messen ist; der Faktor $\frac{4\pi}{10}$ rührt vom Maßsystem her. $\overline{\Phi}$ in cgs-Einheiten (Maxwell) gemessen.

definiert als der Fluß (Scheitelwert), der bei dem Strom $\bar{J} = 1\,A$ (Scheitelwert) die Spule durchsetzt, multipliziert mit der Windungszahl s der Spule und 10^{-8}, also

$$L = \frac{\Phi \cdot s}{J} 10^{-8}.$$

L hängt von $\Re$, also von der Gestalt der Spule ab und ist s^2 proportional (Gleichung 7). L hat also den vierfachen Wert, wenn man dieselbe Spule mit der doppelten Windungszahl (halber Drahtquerschnitt) bewickelt. X heißt Blindwiderstand (Reaktanz) und wird in Ohm gemessen.

4. Ohmsches und Kirchhoffsches Gesetz. Die Berechnung der Größen E, K, J geschieht auch bei Wechselstrom mittels des Ohmschen und Kirchhoffschen Gesetzes. Diese Gesetze gelten für die Momentanwerte ohne weiteres, für Scheitel- und Effektivwerte, wenn man die Addition und Subtraktion „geometrisch" („vektoriell") ausführt.

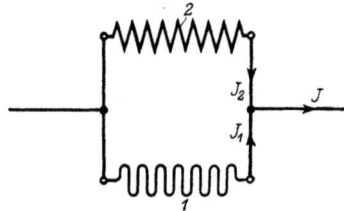

Abb. 19. Stromverzweigung ($J = J_1 + J_2$)$_t$.

a) Liegt z. B. die Stromverzweigung Abb. 19 vor, fließen in den Zweigen *1* und *2* unsere Ströme J_1 und J_2 und soll der Strom J in dem unverzweigten Leiter ermittelt werden, so ist nach dem ersten Kirchhoffschen Gesetz

$$(J_1 + J_2 - J = 0)_t$$

oder

$$(J = J_1 + J_2)_t.$$

Die Buchstaben in der Klammer bedeuten den Wert der Größen im gleichen Zeitmoment t. Der Strom im unverzweigten Leiter ist also dargestellt durch die Sinuslinie J in Abb. 17b, sein Scheitelwert — nach Größe und Phase — durch den Vektor $\bar{J}$ in Abb. 17a, der dadurch entstand, daß wir $\bar{J}_1$ und $\bar{J}_2$ wie Kräfte zusammensetzten, sie „geometrisch" („vektoriell") addierten.

Wir können sagen:

Das Ohmsche und die Kirchhoffschen Gesetze gelten auch für die Scheitelwerte — und daher auch für die sich von diesen

4. Ohmsches und Kirchhoffsches Gesetz.

nur durch den Maßstab unterscheidenden Effektivwerte —, wenn man die durch diese Gesetze vorgeschriebenen Additionen und Subtraktionen geometrisch vornimmt. Wir können schreiben

$$[J = J_1 + J_2],$$

wo die eckige Klammer eine geometrische Addition und die Buchstaben Effektivwerte bedeuten.

b) Fließen, wie in Abb. 59, S. 126, drei Ströme J_1, J_a, J_c in einem Punkt zusammen, so ist nach dem ersten Kirchhoffschen Gesetz in jedem Moment t

also $(J_1 + J_c - J_a = 0)_t$,

oder $[J_1 + J_c - J_a = 0]$

$[J_1 = J_a - J_c]$

für den Effektivwert.

Nach dieser Gleichung wurde in Abb. 62, S. 128 J_1 konstruiert.

5. Stromkreis mit Selbstinduktion und Ohmschen Widerstand; Magnetisierungs-Blindstrom. Wir legen eine eisenlose Spule mit dem Selbstinduktionskoeffizienten L Henry und dem Widerstand R Ohm an eine Maschine und wollen die Klemmenspannung K bestimmen, die notwendig ist, um den Strom J durch die Spule zu treiben. Es wirken zwei EMKe, die der Maschine, die wir, wenn der Abfall in der Wicklung der Maschine klein ist, gleich der Klemmenspannung K setzen können, und die der Selbstinduktion $E = J\omega L = JX$ der Spule. Es ist nach dem Ohmschen Gesetz der Strom in jedem Moment t gleich der Summe der EMKe in diesem Moment t dividiert durch den Widerstand:

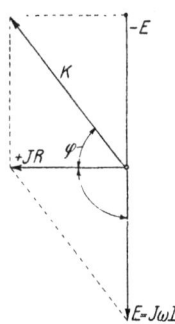

$$\left(J = \frac{K + E}{R}\right)_t, \quad (8)$$

also

$(K = JR - E)_t$

oder gemäß V, 4 für Effektivwerte

$[K = JR - E]. \quad (9)$

Abb. 20. Vektordiagramm einer Spule mit dem Widerstande R und dem Selbstinduktionskoeffizienten L.

Wir tragen JR und um 90° nacheilend $E = J\omega L$ auf (Abb. 20), setzen $-E$, also das umgeklappte E, mit JR zusammen und finden so K; J bleibt gegen K um den

Winkel φ zurück; aus dem Diagramm findet man:

$$\operatorname{tg}\varphi = \frac{E}{JR} = \frac{J\omega L}{JR} = \frac{\omega L}{R} = \frac{X}{R} \qquad (10)$$

und

oder

$$K = \sqrt{(JR)^2 + (J\omega L)^2} = J\sqrt{R^2 + \omega^2 L^2} = J\sqrt{R^2 + X^2}$$

$$J = \frac{K}{\sqrt{R^2 + \omega^2 L^2}} = \frac{K}{\sqrt{R^2 + X^2}}; \qquad (11)$$

$$Z = \sqrt{R^2 + \omega^2 L^2} = \sqrt{R^2 + X^2}$$

heißt „Scheinwiderstand" („Impedanz"). φ bezeichnen wir hier, wo J gegen K nacheilt, als positiv.

Wie Gleichung 8 zeigt, ist J mit $K + E$ in Phase, denn J ist Null, wenn $K + E$ Null ist; es kann also J nicht mit K in Phase sein. Schließt man statt der Spule einen induktionslosen Widerstand an, so ist $E = 0$; J wird Null, wenn K Null ist, J ist in Phase mit K, und es ist

$$\left(J = \frac{K}{R}\right)_t \quad \text{und} \quad J = \frac{K}{R}.$$

Statt mittels der Gleichung 9 kann man K auch durch folgende Überlegung finden: K muß — ähnlich wie bei der Ladung eines Akkumulators — eine Komponente enthalten, welche gleich dem Ohmschen Abfall JR ist, und eine zweite, welche die Gegen-EMK E aufhebt, ihr also entgegengesetzt gleich ist; man hat daher E umzuklappen und mit JR zusammenzusetzen.

Wir können aus den Gleichungen 10 und 11 noch folgende Schlüsse ziehen:

Bewickelt man dieselbe Spule mit der doppelten Windungszahl (halber Drahtquerschnitt), so steigt, wie wir sahen, sowohl R wie L auf das Vierfache; J fällt also auf ein Viertel, φ bleibt ungeändert. (Gleichung 11 und 10.)

Ist bei einer Spule (Drossel) R gegen ωL — also der Ohmsche Abfall gegen den induktiven — sehr klein, so ist bei gleichem K der Strom J und also auch der ihm proportionale und mit ihm phasengleiche Fluß Φ proportional $\dfrac{1}{\omega}$, also $\dfrac{1}{f}$ (Gleichung 11).

φ wird um so größer, je größer die induzierte EMK $E = J\omega L = JX$ gegen den Ohmschen Abfall JR, d. h. je größer X gegen R ist

5. Stromkreis mit Selbstinduktion und Ohmschen Widerstand.

(Gleichung 10); ist R vernachlässigbar klein gegen X, so treten mit großer Annäherung folgende Verhältnisse auf:

Der Ohmsche Abfall wird Null, der Klemmenspannung K wird durch die EMK E das Gleichgewicht gehalten; φ wird $90°$, J und Φ bleiben gegen K um $90°$ zurück, der Leistungsverbrauch der Drossel wird Null. Der Strom J wird nur dazu verwendet, die Drosselspule zu magnetisieren, und zwar so stark, daß ihr Fluß Φ eine EMK gleich der Klemmenspannung K induziert. Der Strom J, den unsere Drosselspule aufnimmt, ist reiner „Blindstrom", und zwar nacheilender oder „Magnetisierungsblindstrom"; unsere Drossel ist ein reiner „Blindwiderstand".

Ist umgekehrt X sehr klein gegen R, so hat man einen induktionslosen Widerstand („Wirkwiderstand"): J ist in Phase mit K, es fließt reiner Wattstrom (Wirkstrom), welcher dem Widerstand die Leistung $J^2 R = \dfrac{K^2}{R}$ zuführt.

Die Drosselspulen der Praxis liegen zwischen diesen beiden Grenzfällen[1]). Man kann bei einer solchen Drosselspule mit dem Widerstand R und dem Selbstinduktionskoeffizienten L, wie wir dies oben getan haben (Abb. 20), die Spannung K in zwei Komponenten parallel und senkrecht zu J zerlegen, sich also die Drossel durch einen Wirkwiderstand R und einen Blindwiderstand $X = \omega L$ ersetzt denken, welche in Reihe geschaltet sind. Man kann aber auch wie in Abb. 76, S. 146, den Strom J in zwei Komponenten parallel und senkrecht zu K zerlegen, also in $J_w = J \cdot \cos\varphi$ (Wattkomponente, Wattstrom, Wirkstrom) und $J_b = J \cdot \sin\varphi$ [2]) (Blindstrom), also die Drossel mit R und X ersetzen durch einen Wirkwiderstand R' und einen Blindwiderstand X', welche parallel geschaltet sind. Ersterer nimmt nur Wirkstrom, letzterer nur nacheilenden oder Magnetisierungsblindstrom auf. Eine Spule, deren Widerstand und Selbstinduktionskoeffizient, z. B. mit der Brücke, zu $R = 8\,\Omega$, $L = 0{,}051\,H$ bestimmt wurde, sei an eine Maschine mit $K = 120\,V$, $f = 50$ angeschlossen ($X = 314 \cdot 0{,}051 = 16\,\Omega$). Es tritt nach

---

[1]) Bei ihnen kann, da R nie Null werden kann, der Leistungsverlust nie vollständig Null und φ nie genau $90°$ werden.

[2]) Da wir φ bei nacheilendem Strom als positiv bezeichnen, erhält der nacheilende (Magnetisierungs-)Blindstrom das positive Vorzeichen.

Gleichung 11 der Strom

$$J = \frac{120}{\sqrt{8^2 + 16^2}} = 6{,}71 \, A$$

auf, und es ist

$\operatorname{tg}\varphi = 16 : 8 = 2 \quad \varphi = 63{,}5° \quad \cos\varphi = 0{,}446 \quad \sin\varphi = 0{,}895$,
$J_w = 6{,}71 \cdot 0{,}446 = 3 \, A \quad J_b = 6{,}71 \cdot 0{,}895 = 6 \, A$.

Die Spule kann ersetzt werden durch einen Wirkwiderstand von $R' = 120 : 3 = 40 \, \Omega$ und einen Blindwiderstand von $X' = 120 : 6 = 20 \, \Omega$, welche **parallel** geschaltet sind.

Drosselspulen mit Eisen arbeiten wie ein leerlaufender Transformator (s. V, 8).

6. Stromkreis mit Kapazität. Ein Kondensator besteht im Prinzip aus zwei leitenden Platten (Belegen), die durch eine Isolierschicht (Dielektrikum), z. B. Luft, voneinander getrennt sind. Bei einem solchen Kondensator (Abb. 21) werde die Platte *1* an den positiven, die Platte *2* an den negativen Pol eines Gleichstromgenerators G von der Klemmenspannung K angelegt. Dabei strömt durch den Leiter *3* auf Platte *1* eine positive Elektrizitätsmenge $+Q$. Ebenso strömt durch *4* auf *2* die gleiche negative Elektrizitätsmenge $-Q$; den Vorgang im Leiter *4* kann man sich auch so vorstellen, als ob in ihm die positive Ladung $+Q$ in der umgekehrten Richtung fließen würde,

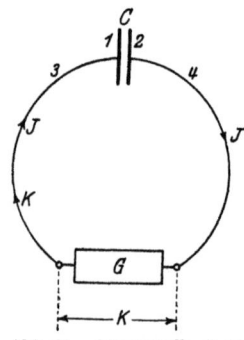

Abb. 21. Stromquelle G angeschlossen an Kondensator C.

so daß in den Leitungen *3* und *4* ein Strom J (Ladestrom) in der Pfeilrichtung fließt. Die „Ladung" Q hat den Wert

$$Q = CK.$$

Die Größe C, welche von den Abmessungen des Kondensators sowie von der Art des Dielektrikums (seiner „Dielektrizitätskonstante") abhängt, heißt die Kapazität des Kondensators.

Wird K um $\varDelta K$ erhöht, indem man z. B. den Generator stärker erregt, so erhält der Kondensator die Ladung

$$Q + \varDelta Q = C(K + \varDelta K) = CK + C \cdot \varDelta K.$$

Es strömt also die positive Elektrizitätsmenge

$$\varDelta Q = C \cdot \varDelta K$$

6. Stromkreis und Kapazität.

auf die Platte *1* hin und von der Platte *2* ab. Ist die Änderung von ΔK eine gleichmäßige und vollzieht sie sich in der Zeit Δt, so wird die Elektrizitätsmenge $+\Delta Q$ in der Zeit Δt durch die Leiter *3* und *4* in Pfeilrichtung befördert, es tritt die in diesem Fall konstante Stromstärke (= Elektrizitätsmenge in der Zeiteinheit)

$$J = \frac{\Delta Q}{\Delta t} = C \frac{\Delta K}{\Delta t} \qquad (12)$$

auf. Verringert man die Spannung wieder auf den Wert K, so entlädt sich der Kondensator etwas, indem die Elektrizitätsmengen $+\Delta Q$ in den Drähten *3* und *4* entgegen den Pfeilen fließen.

Wir legen nun einen Kondensator statt an eine Gleichstromquelle an eine solche für Wechselstrom mit der Klemmenspannung K (Abb. 22) an, und zwar zur Zeit $t = 0$. Die Pfeile in Abb. 21 bedeuten hier die positiven Richtungen. Von $t = 0$ bis $t = \frac{T}{4}$ ist K positiv und wächst an. Es fließt ein Strom J in Pfeilrichtung, K und J sind positiv. J ist nach Gleichung 12 der Steigung $\frac{\Delta K_t}{\Delta t}$ der Sinuslinie K_t proportional, verläuft also nach einer gegen K_t um 90° verschobenen Sinuslinie. Diese muß, da J für $t = 0$ bis $t = \frac{T}{4}$ positiv ist, die gezeichnete Lage haben: **Der Strom J des Kondensators ist ein Wechselstrom und eilt der Spannung K am Kondensator um 90° vor.** Wir bezeichnen dabei φ als negativ: $\varphi = -90°$ [1]). Der Kondensator

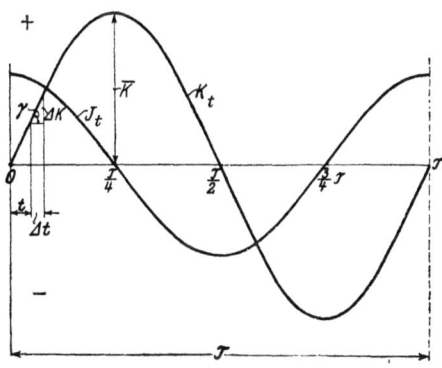

Abb. 22. Klemmenspannung K und Strom J eines Kondensators.

---

[1]) Der voreilende (Kapazitäts-)Blindstrom erhält das negative Vorzeichen.

nimmt voreilenden oder Kapazitätsblindstrom auf. Die Größe des Stromes ist

$$J = K\omega C\ {}^{1}),$$

wo J und K Effektivwerte bedeuten.

Der Strom, den ein Kondensator aufnimmt, ist also direkt proportional dem Produkte ωC. Demgegenüber ist, wie wir sahen, bei einer Selbstinduktionsspule mit zu vernachlässigendem Ohmschen Widerstand der Strom umgekehrt proportional dem Produkte ωL.

Wenn wir im vorstehenden t in Sekunden, K in Volt und C in Farad ausdrücken, so ergibt sich die Stromstärke J in Ampere und die Ladung Q in Amperesekunden (Coulomb).

Ein Kondensator hat also die Kapazität 1 Farad (F), wenn er bei $K = 1$ Volt die Ladung $Q = 1$ Coulomb ($= 1$ Amp. sec) aufnimmt. Farad ist eine sehr große Einheit, die praktischen Kapazitäten werden daher meist in Mikrofarad $1\ \mu F = 10^{-6} F$ gemessen.

Bei einer Selbstinduktionsspule (R sehr klein) eilt der Strom gegen die Klemmenspannung um 90° nach, während er beim Kondensator um 90° voreilt. Wird eine solche Selbstinduktionsspule und ein Kondensator in Parallelschaltung an eine Wechselstrommaschine angeschlossen, so sind die Ströme in den beiden Zweigen gegeneinander um 180° verschoben, und die Maschine hat nur die Differenz der beiden Ströme zu liefern. Bei bestimmten Werten von L, C und ω, und zwar, wenn $\dfrac{1}{\omega L} = \omega C$, sind die beiden Zweigströme einander gleich, und der Gesamtstrom (Maschinenstrom) ist Null („Stromresonanz").

Ist eine Selbstinduktionsspule und ein Kondensator in Reihe geschaltet, so eilt gegen den gemeinschaftlichen Strom die Klemmenspannung an der Selbstinduktionsspule um 90° vor, die Klemmenspannung am Kondensator aber um 90° nach. Die Gesamtspannung (Klemmenspannung der Maschine) ist also

---

[1]) Beweis: $K = \overline{K} \sin \omega t$,

$$J_t = C\frac{dK_t}{dt} = C\frac{d}{dt}(\overline{K}\sin\omega t) = \omega C\overline{K}\cos\omega t = \omega C\overline{K}\sin(\omega t + 90°),$$

d. h. J eilt, wie wir schon oben sahen, gegen K um 90° vor, und es ist:

$$\overline{J} = \overline{K}\omega C \qquad J = K\omega C.$$

gleich der Differenz der beiden Einzelspannungen und wird Null, wenn zwischen C, L und ω der eben erwähnte Zusammenhang besteht („Spannungsresonanz").

7. Leistung des Wechselstroms und ihre Messung; Blind- und Scheinleistung. Die Leistung im Stromkreis MLy (Abb. 23) im Zeitmoment t ist
$$N_t = K_t J_t,$$
wo K_t und J_t Klemmenspannung und Strom in diesem Moment t bedeuten; die Leistung N des Wechselstroms ist der Mittelwert von N_t während einer Periode und ist also gleich dem Mittelwert des Produktes $K_t J_t$:
$$N = M(K_t J_t).$$

N kann mit Hilfe eines dynamometrischen Wattmeters gemessen werden.

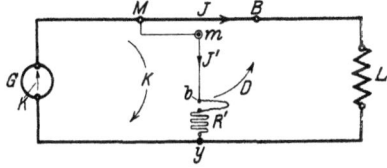

Abb. 23. Leistungsmessung.

Ein solches ist in Abb. 23 durch MB, mb, R' schematisch dargestellt.

Der feste Stromleiter MB wirke auf einen beweglichen mb, der um m drehbar und andererseits durch eine biegsame Leitung über den sehr großen induktionslosen Widerstand R' mit y verbunden ist. Es ist dann J' mit K in Phase
$$J'_t = \frac{K_t}{R'}.$$

Zwei gekreuzte Leiter suchen sich bekanntlich parallel zu stellen, und zwar so, daß ihre Ströme gleiche Richtung haben. Sind also J' und J im Moment t beide positiv (Pfeilrichtung) oder beide negativ, so erfährt mb in diesem Moment ein Drehmoment D_t in Pfeilrichtung. Es ist wie beim G-Zähler
$$D_t = C_1 J'_t \mathfrak{H}_J{_t}$$
oder
$$D_t = C_2 \frac{K_t}{R'} J_t = C_0 N_t,$$
da J' mit K und ebenso das Feld $\mathfrak{H}_J$ des Leiters MB mit J proportional und phasengleich ist.

Das Drehmoment unseres dynamometrischen Wattmeters ist also in jedem Moment der Leistung N_t, das mittlere Drehmoment D der Leistung N des Wechselstroms proportional
$$D = C_0 N.$$

Besteht der Stromverbraucher L (Abb. 23) aus Glühlampen, so ist J mit K in Phase. J hat stets dieselbe Richtung (Vorzeichen) wie K; $N_t = K_t J_t$ und ebenso D_t ist stets positiv. Diesen Fall veranschaulicht Abb. 24 a, wo der Verlauf von K_t und J_t und des Produktes N_t derselben während einer Periode aufgezeichnet ist. Wenn man die von der N_t-Kurve und der Abszissenachse

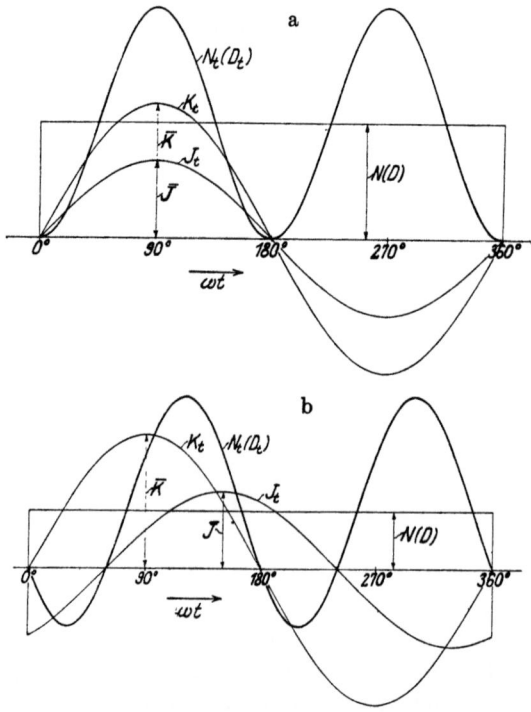

Abb. 24. Verlauf der Leistung N_t und des Drehmomentes D_t und ihre Mittelwerte N und D während einer Periode; a) bei $\varphi = 0$, b) bei $\varphi = +60°$.

eingeschlossene Fläche planimetriert und letztere in ein Rechteck verwandelt, so ist dessen Höhe der Mittelwert von N_t während einer Periode, d. h. die Leistung N des Wechselstroms. Die Größen D_t und D unterscheiden sich von N_t bzw. N nur durch den Maßstab; sie sind daher eingeklammert daneben geschrieben. Besteht dagegen L aus einer Drosselspule, bei der J z. B. um $\varphi = 60°$ gegen K zurückbleibt (Abb. 24b), so haben K und J von $\omega t = 0° \div 60°$ und ebenso von $\omega t = 180° \div 240°$ entgegengesetzte

7. Leistung des Wechselstroms und ihre Messung.

Richtung. N_t und D_t sind dabei negativ. Der Stromverbraucher gibt in diesen Zeiträumen Leistung, die in Form magnetischer Energie in ihm aufgespeichert war, an die Stromquelle zurück. Der unterhalb der Abszisse liegende Flächenteil entspricht negativer Leistung und ist bei Bildung der mittleren Ordinate N von dem oberhalb liegenden abzuziehen. Bei $\varphi = 90°$ sind die oberhalb und unterhalb liegenden Flächen einander gleich; N wird Null. —

Die beweglichen Systeme der Meßinstrumente können zufolge ihrer Masse (Trägheit) bei Wechselstrom den schnellen Schwankungen des Drehmomentes (Abb. 24) nicht folgen; der Ausschlag entspricht dem mittleren Drehmoment. Es gibt also der Ausschlag α des dynamometrischen Wattmeters, wenn es vorher mit Gleichstrom geeicht und dabei an seiner Skala das Produkt KJ angeschrieben wurde, bei Wechselstrom die mittlere Leistung:

$$N = \alpha.$$

Bedingung ist, daß R' so groß ist, daß trotz der Selbstinduktion der Spannungsspule (in den praktischen Instrumenten wird statt des Leiters mb eine Spule verwendet) J' mit K, ferner $\mathfrak{H}_J$ mit J in Phase ist; es ist dann bei induktionsfreier Belastung J' mit $\mathfrak{H}_J$ phasengleich. —

Es gilt ferner bekanntlich die Beziehung

$$N = KJ\cos\varphi\,{}^1),$$

wo φ der Phasenverschiebungswinkel zwischen K und J in Abb. 23 ist. Diese Gleichung für N wird verständlich durch folgende Überlegung: Wir können uns nach Abb. 76, S. 146 den gegen K phasenverschobenen Strom J in zwei Komponenten zerlegt denken, $J_w = J\cos\varphi$, die in Phase mit K liegt (Wirkstrom, Wattstrom) und $J_b = J\sin\varphi$, die dazu senkrecht steht (Blindstrom, wattloser Strom, siehe auch S. 59). Für die Leistung kommt nur die in die

---

[1]) Beweis: $K_t = \overline{K}\sin\omega t;\ J_t = \overline{J}\sin(\omega t - \varphi)$,
$N = M(K_t J_t) = \overline{K}\overline{J}M(\sin\omega t \cdot \sin(\omega t - \varphi))$
$= \frac{1}{2}\overline{K}\overline{J}M(\cos\varphi - \cos(2\omega t - \varphi)) = \frac{1}{2}\overline{K}\overline{J}\cos\varphi = KJ\cos\varphi.$

Der Mittelwert des Kosinus, erstreckt über eine oder mehrere ganze Wellen, ist Null, die über und unter der Abszissenachse liegenden Flächenteile sind nämlich einander gleich (vgl. Abb. 18); deshalb fällt das zweite Glied der letzten dicken Klammer fort.

Richtung von K fallende Komponente in Betracht, daher $N = KJ_w = KJ\cos\varphi$. Dagegen überträgt die auf K senkrecht stehende Komponente keine Leistung[1]); daher heißt $N_b = KJ_b = KJ\sin\varphi$ „Blindleistung"[2]); $N_s = KJ$ heißt „Scheinleistung". Zur Unterscheidung von N_b und N_s heißt N auch „Wirkleistung". Die (Wirk-)Leistung wird in Watt (W), die Blindleistung in Blindwatt (bW), die Scheinleistung in Voltampere (VA) oder in der 1000mal größeren Einheit (kW, bkW, kVA) gemessen.

Werden z. B. 10 A entnommen aus einem Netz mit $K = 100 V$, und zwar a) bei $\varphi = 0$, b) bei $\varphi = +60°$ (Drosselspule), c) bei $\varphi = -90°$ (Kondensator), so ist

	J_w	J_b	N	N_b	N_s
a	10 A	0,00 A	1,0 kW	0,00 bkW	1,0 kVA
b	5 „	+ 8,66 „	0,5 „	+0,866 „	1,0 „
c	0 „	−10,00 „	0,0 „	−1,0 „	1,0 „

Es bestehen die Beziehungen:

$$J^2 = J_w^2 + J_b^2; \qquad N_s^2 = \sqrt{N^2 + N_b^2}:$$

Wirk- und Blindleistung senkrecht zusammengesetzt geben die Scheinleistung. Ferner

$$\operatorname{tg}\varphi = \frac{J_b}{J_w} = \frac{N_b}{N}$$

$$\cos\varphi = \frac{J_w}{J} = \frac{N}{N_s} = \frac{N}{KJ},$$

$\cos\varphi$ heißt „Leistungsfaktor". —

Wir stellen noch folgende Betrachtung an:

Abb. 25 zeigt das Diagramm unseres Wattmeters Abb. 23. J' ist in Phase mit K, $\mathfrak{H}_J$ und der von $\mathfrak{H}_J$ erzeugte Fluß Φ_J in Phase mit J; weiter ist $J' \backsim K$ und $\overline{\Phi}_J \backsim J$. Man kann also in der Gleichung

$$D \backsim N = KJ\cos\varphi$$

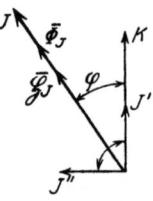

Abb. 25. Diagramm des Wattmeters; beim Wirkwattmeter ist der Spannungsstrom (J') mit K in Phase, beim Blindwattmeter ist er um 90° verschoben (J'').

---

[1]) Ganz ähnlich ist es in der Mechanik: Für die Leistung kommt nur die in die Richtung des Weges fallende Komponente der Kraft in Betracht.

[2]) Die Blindleistung erhält bei nacheilendem Strom das positive, bei voreilendem das negative Vorzeichen (siehe F. N. 2, S. 59 und F. N. 1, S. 61).

K durch J', J durch Φ_J und φ durch $\sphericalangle J'/\overline{\Phi}_J$ oder $\sphericalangle J'/J$ ersetzen und erhält so

$$D \backsim J'J \cos J'/J \backsim J'\,\overline{\Phi}_J \cos J'/\overline{\Phi}_J\,. \tag{13}$$

Man kann daher ganz allgemein folgenden wichtigen Satz aussprechen: Ein Wechselstrom J oder ein Wechselfluß Φ_J übt auf einen Strom J' eine mittlere Kraft aus, die dem Produkt $J' \cdot J$ oder $J' \cdot \overline{\Phi}_J$ und dem Kosinus zwischen J' und J bzw. J' und Φ_J proportional ist. Wir werden hiervon bei den Induktionszählern Gebrauch machen. Außerdem sehen wir daraus, wie unser dynamometrisches Gerät (Abb. 23) eingerichtet werden müßte, damit es die eben definierte Blindleistung N_b mißt (Blindwattmeter, Blindleistungsmesser). Man hätte der Spannungsspule — statt des induktionslosen Widerstandes R', wodurch das Gerät zum Wirkwattmeter wird — eine Drosselspule vorzuschalten, deren Ohmscher Widerstand gegen ihre Selbstinduktion vernachlässigbar klein ist; dann bleibt der Spannungsstrom J'' (Abb. 25) um $90°$ gegen K zurück, und der Ausschlag α ist[1]):

$$\alpha \backsim KJ \cos(90° - \varphi) = KJ \sin\varphi = N_b\,.$$

Das Blindwattmeter schlägt nach der einen oder anderen Seite aus, je nachdem der Blindstrom nacheilend ($\varphi > 0$) oder voreilend ist ($\varphi < 0$); bei $\varphi = 0$ gibt es natürlich keinen Ausschlag. Dagegen kann unser dynamometrisches Gerät nicht so eingerichtet werden, daß es die Scheinleistung N_s für **jedes** φ mißt, denn wie aus dem eben aufgestellten Satz hervorgeht, hängt der Ausschlag von dem Produkt KJ, aber außerdem von dem $\sphericalangle K/J$ ab. Der Ausschlag ist also bei demselben KJ, d. h. derselben Scheinleistung, bei verschiedener Verschiebung φ verschieden.

8. Diagramm des Transformators („Wandlers").

Der Eisenkern 3 (Abb. 26) trägt die primäre und sekundäre Wicklung 1 und 2 mit den Windungszahlen s_1 und s_2 und den Ohmschen

---

[1]) Da nach Gleichung 11, S. 58 $J'' = \dfrac{K}{\omega L}$, wäre bei unserem Blindwattmeter α umgekehrt proportional der Frequenz. Es zeigt also große Fehler, wenn die Frequenz bei der Messung nicht genau dieselbe ist wie bei der Eichung und ist deshalb für praktische Messungen ungeeignet. Man stellt daher in der Praxis die 90°-Verschiebung des Spannungsstromes J'' auf andere Weise her.

Widerständen R_1 bzw. R_2. Ströme J, EMKe E, Klemmenspannungen K und Flüsse Φ bezeichnen wir als positiv, wenn sie die eingezeichnete Pfeilrichtung haben.

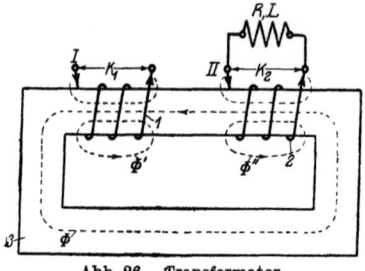

Abb. 26. Transformator.

Sämtliche primären und sekundären Größen sind also in derselben Richtung positiv gerechnet, ferner ist die positive Richtung für die Flüsse Φ so gewählt, daß positive Ströme Flüsse positiver Richtung erzeugen. Beides ist Bedingung für die Richtigkeit der Diagramme und der Schlußfolgerungen.

Bei Aufstellung des Diagramms Abb. 27 gehen wir von dem beide Spulen durchsetzenden magnetischen Fluß Φ aus, den wir hier konstant halten wollen. Wir betrachten zuerst den unbelasteten Transformator, denken uns also in Abb. 26 den Stromverbraucher (R, L) abgeschaltet. Wir nehmen zunächst an, daß im Eisenkern keine Verluste auftreten. Alsdann ist zur Erzeugung von Φ eine dem magnetischen Widerstand $\Re$ des Eisenkerns entsprechende Amperewindungszahl $J_m s_1$, also ein Magnetisierungsstrom J_m, in der Primärspule nötig, der mit Φ in Phase ist. Wir zeichnen daher im Diagramm J_m mit Φ zusammenfallend. Φ induziert in den

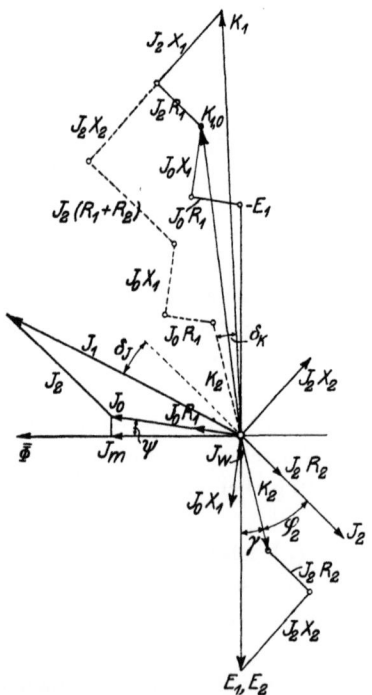

Abb. 27. Diagramm des Transformators.

Wicklungen die EMKe E_1 und E_2, welche um 90° gegen Φ in der Phase zurückbleiben und sich wie die Windungszahlen verhalten.

8. Diagramm des Transformators.

Nach Gleichung 3, S. 55 ist:

$$E_1 = 4{,}44\,\overline{\Phi}\,f\,s_1\,10^{-8}\,\text{Volt}$$
$$E_2 = 4{,}44\,\overline{\Phi}\,f\,s_2\,10^{-8}\,\text{Volt}.$$

E_1 und E_2 haben stets gleiche Richtung; wenn also E_1 in der Pfeilrichtung verläuft, ist dies auch bei E_2 der Fall. Jetzt berücksichtigen wir den Leistungsverlust N_0, der im Eisenkern beim Pulsieren des Wechselfeldes durch Hysteresis und Wirbelströme auftritt, in folgender Weise: Wir denken uns eine in Abb. 26 nicht gezeichnete Wicklung auf dem Eisenkern angebracht. Sie sei über den ganzen Kern gleichmäßig verteilt und habe s_1 Windungen. Wir schließen sie durch einen induktionslosen Widerstand von solcher Größe, daß der entstehende Strom J_w in diesem Stromkreis den Leistungsverlust N_0 hervorbringt:

$$J_w E_1 = N_0,$$

wobei E_1 die in dieser Wicklung durch Φ induzierte EMK ist[1]). J_w bleibt gegen Φ um $90°$ zurück. Damit der Fluß Φ, den wir ja konstant halten wollen, durch das Auftreten von J_w nicht verändert wird, muß zu J_m eine Komponente, die J_w entgegengesetzt gleich ist, hinzugefügt werden. Es muß also jetzt in der Primärwicklung der Strom J_0 fließen, und der Fluß Φ hat gegen J_0 die Nacheilung ψ, wobei

$$\operatorname{tg}\psi = \frac{J_w}{J_m}.$$

Es gilt ganz allgemein: Der Fluß, welchen ein in einer Spule fließender Wechselstrom erzeugt, bleibt gegen letzteren in der Phase zurück, falls der Fluß „belastet" ist, d. h. falls in dem Pfad des Flusses Leistungsverluste durch Hysteresis oder Wirbelströme entstehen. Der Fluß ist mit dem in der Spule fließenden Strom nur dann genau in Phase, wenn er ausschließlich in Luft verläuft und nirgends Metallmassen oder Sekundärwicklungen durchsetzt[2]).

---

[1]) Der vorliegende Transformator mit dem Eisenverlust N_0 wird also ersetzt durch einen genau gleichen Transformator, der keine Eisenverluste, dafür aber eine Wicklung mit der Windungszahl s_1 und dem Strom $J_w = \dfrac{N_0}{E_1}$ besitzt.

[2]) Den Strom in der Spule kann man sich also in zwei zueinander senkrechte Komponenten zerlegt denken, deren eine (J_w) den Sekundär-

V. Grundlagen der Wechselstromtechnik.

Wenn J_0 in der Primärspule fließt, tritt ein Streufluß Φ_0' auf, welcher nur von den Primärwindungen umschlungen, also von diesen erregt wird. Φ_0' verläuft im Gegensatz zu Φ meist in Luft. Das hat zur Folge, daß Φ_0' den primären Amperewindungen proportional und praktisch nicht „belastet", also mit J_0 in Phase ist.

Φ_0' induziert in der Primärwicklung eine um 90° zurückbleibende EMK

$$E' = 4{,}44\,\overline{\Phi}_0'\,f\,s_1 \cdot 10^{-8}\;\text{Volt}$$

oder gemäß S. 55:

$$E' = J_0 X_1\;\text{Volt}.$$

X_1 heißt „primärer Streublindwiderstand" (pr. Streureaktanz). Die Streuung wirkt wie eine der Primärspule vorgeschaltete Selbstinduktionsspule (Drossel) mit dem Blindwiderstand X_1: unser Transformator kann ersetzt werden durch einen sonst gleichen Transformator ohne primäre Streuung, dem primär eine geeignete Drossel vorgeschaltet ist.

Um J_0 durch den Ohmschen Widerstand R_1 der Primärspule zu treiben, müßte ein an die Primärklemmen angeschlossener Generator die mit J_0 in Phase befindliche Spannung $J_0 R_1$ aufbringen; außerdem muß er Spannungskomponenten liefern, welche den von Φ und Φ_0' in der Primärwicklung induzierten EMKen E_1 und $J_0 X_1$ das Gleichgewicht halten, ihnen also entgegengesetzt gleich sind. Man hat daher E_1 und $J_0 X_1$ aus ihrer positiven Richtung (Pfeilspitze) um 180° zu drehen („umzuklappen") und mit $J_0 R_1$ zusammenzusetzen. So gelangt man zur primären Klemmenspannung $K_{1,0}$ bei Leerlauf[1]). Die sekundäre Klemmenspannung ist bei offenem Sekundärkreis gleich der EMK E_2:

$$K_{2,0} = E_2.$$

---

strom ausgleicht, deren andere (J_m) den Fluß erzeugt und mit ihm in Phase ist.

Der Winkel ψ ist zufolge der letzten Gleichung um so größer, je stärker der Fluß belastet, und um so kleiner, je größer der magnetische Widerstand ist. Wenn zwei magnetische Kreise den gleichen magnetischen Widerstand haben, so hat derjenige das größere ψ, der am stärksten belastet ist, von gleichbelasteten Kreisen hat der das größere ψ, dessen magnetischer Widerstand am kleinsten ist.

[1]) $[K_{1,0} = -E_1 - J_0 X_1 + J_0 R_1]$ siehe Gleichung 9, S. 57.

8. Diagramm des Transformators.

Wir wollen annehmen, daß die sekundäre Windungszahl die gleiche ist wie die primäre,

$$s_1 = s_2$$

(dann ist auch $E_1 = E_2$) und schließen nun die sekundären Klemmen durch einen Stromverbraucher vom Widerstand R und dem Selbstinduktionskoeffizienten L, so daß der im Diagramm gezeichnete Sekundärstrom J_2 nach Phase und Größe auftritt. Damit Φ dabei unverändert bleibt, muß der Primärstrom J_1 fließen, der dadurch erhalten wird, daß man das um 180° gedrehte J_2 an J_0 ansetzt. J_1, J_2 und J_w haben J_m als Resultante. Sie bringen also tatsächlich zusammen den Fluß Φ hervor[1]). J_2 erzeugt in der Sekundärwicklung einen mit J_2 in Phase befindlichen sekundären Streufluß Φ'', welcher die EMK (Streuspannung) $J_2 X_2$ darin induziert[2]). Außerdem entsteht in der Sekundärwicklung der Ohmsche Spannungsabfall $J_2 R_2$. Die sekundäre Klemmenspannung K_2 ist gemäß der Gleichung

$$[E_2 + J_2 X_2 - J_2 R_2 = K_2]\ ^3) \tag{14}$$

konstruiert. K_2 hat gegen J_2 die Voreilung φ_2. Der in der Primärwicklung fließende, dem Sekundärstrom J_2 entgegengesetzte gleiche Strom („primärer Nutzstrom") bringt in ersterer den Spannungsabfall $J_2 R_1$ und den Streuabfall $J_2 X_1$ hervor. Wenn man diese an $K_{1,0}$ ansetzt, gelangt man zur primären Klemmenspannung K_1, die man anlegen muß, wenn der Transformator sekundär mit dem gezeichneten Strom J_2 belastet ist[4]).

Man gelangt auf folgende Weise von K_2 direkt zu K_1: Man setzt $J_2 R_2$ und $J_2 X_2$ an K_2 an und erhält E_2, klappt es, da $E_1 = E_2$, um und setzt daran $J_0 R_1$, $J_0 X_1$, $J_2 R_1$ und $J_2 X_1$; statt dessen kann man auch K_2 umklappen und daran $J_0 R_1$ und $J_0 X_1$ und daran $J_2(R_1 + R_2)$ und $J_2(X_1 + X_2)$ ansetzen. Dieser Weg, den wir beim Diagramm des Spannungswandlers einschlagen werden, ist im Diagramm gestrichelt eingezeichnet. —

---

[1]) $[J_1 = J_m - J_w - J_2]$. — Sind die Windungszahlen nicht gleich, so hat man statt der Ströme die Amperewindungen zusammenzusetzen.

[2]) Man könnte sich die sekundäre Streuung beseitigt und dafür eine geeignete Drossel in den sekundären Stromkreis eingeschaltet denken.

[3]) Summe der EMKe vermindert um den Spannungsverlust gibt die Klemmenspannung.

[4]) $[K_1 = -E_1 - J_0 X_1 + J_0 R_1 + J_2 X_1 - J_2 R_1]$
oder $[K_1 = -E_1 - J_1 X_1 + J_1 R_1]$ da $[J_1 = J_0 - J_2]$.

Falls die Abfälle in den Wicklungen gegen K_1 und K_2 sehr klein sind, fallen K_1 und K_2 mit E_1 und E_2 nahezu in dieselbe Gerade und haben nahezu die gleiche Größe wie E_1 bzw. E_2; K_1 und K_2 sind dann bei gleicher Windungszahl nahezu gleich groß[1]), bei ungleicher Windungszahl verhalten sie sich dann annähernd wie die Windungszahlen. Es ist die Übersetzung

$$U_K = \frac{K_1}{K_2} \approx \frac{E_1}{E_2} = \frac{s_1}{s_2}.$$

Immer ist, wenn wir kapazitive Last ausschließen, infolge der Abfälle bei gleicher Windungszahl K_1 etwas größer als K_2.

Ebenso ist wegen des Leerlaufstromes J_0, wenn wir wieder kapazitive Last ausschließen, bei gleicher Windungszahl J_1 stets etwas größer als J_2 (s. Abb. 27); wenn jedoch J_0 sehr klein gegen J_2 ist, fallen J_1 und J_2 nahezu in dieselbe Gerade und sind nahezu gleich groß; bei ungleichen Windungszahlen sind die primären und sekundären Amperewindungen nahezu gleich groß:

$$J_2 s_2 \approx J_1 s_1$$

oder

$$U_J = \frac{J_1}{J_2} \approx \frac{s_2}{s_1}.$$

Die Ströme verhalten sich umgekehrt wie die Windungszahlen.

K_1 und K_2 sind entgegengesetzt gerichtet; wenn also in Abb. 26 K_1 von I aus in die Primärwicklung hineingerichtet ist (K_1 positiv), ist K_2 aus der Sekundärwicklung heraus auf II zu gerichtet (K_2 negativ). Dasselbe gilt von den Strömen J_1 und J_2. Die Verschiebung beträgt jedoch nicht genau 180°, sondern ist, wie oben gesagt, zufolge der Abfälle bzw. des Leerlaufstromes davon etwas verschieden. Die umgeklappten sekundären Größen bilden mit den primären die kleinen Winkel δ_J bzw. δ_K (Abb. 27), die wir bei den Meßwandlern „Fehlwinkel" nennen werden. Die Übersetzungen U_K und U_J ändern sich mit der Belastung, ebenso δ_K und δ_J.

---

[1]) In Abb. 27 sind allerdings K_2 und K_1 sehr verschieden; dies kommt daher, daß wir der Deutlichkeit des Diagrammes wegen die Abfälle übertrieben groß angenommen haben. Man ersieht aber aus der Abbildung (ausgezogene Linie), daß, falls $J_2 R_2$ und $J_2 X_2$ sehr klein sind, K_2 mit E_2 praktisch zusammenfällt und ebenso K_1 mit $-E_1$, falls die primären Abfälle sehr klein sind. Dasselbe ergibt sich aus Gleichung 14 und F. N. 4, S. 71.

8. Diagramm des Transformators.

Bei Meßwandlern muß bei den verschiedenen Belastungen die Übersetzung möglichst konstant und der Fehlwinkel stets nahezu Null sein; dazu hat man bei Spannungswandlern die Abfälle, bei Stromwandlern den Leerlaufstrom klein zu halten. Bei den Leistungswandlern sind die Spannungsabfälle klein (bei Nennstrom $1 \div 2\%$ der Nennspannung in jeder Wicklung), und wir wollen sie hier vernachlässigen, so daß also K_1, K_2, E_1, E_2 nahezu in eine Gerade fallen und K_1 und K_2 mit J_m Winkel von $90°$ bilden. Ferner ist J_w klein gegen J_m, also ψ in Abb. 27 klein und daher $\sphericalangle K_1/J_0 = 90° - \psi \approx 90°$: der Wandler nimmt bei Leerlauf fast nur Magnetisierungsblindstrom auf. Belastet man jetzt mit Glühlampen, so ist der Sekundärstrom J_2 mit K_2, der umgeklappte Sekundärstrom mit K_1 in Phase. Der Primärstrom J_1 setzt sich also aus zwei Komponenten zusammen, die eine (J_0) eilt gegen K_1 um rd. $90°$ nach, die andere ist bei Glühlampenbelastung mit K_1 in Phase. Je stärker man belastet, desto kleiner wird daher die Verschiebung φ_1 zwischen K_1 und J_1; ähnlich verhalten sich die Asynchronmotoren: bei Leerlauf und geringer Belastung tritt ein kleiner („schlechter") $\cos\varphi$ auf, wodurch für die Elektrizitätswerke die unter VIII, 1 geschilderten Nachteile entstehen. —

Wir wollen mit Rücksicht auf spätere Betrachtungen noch feststellen, wie sich J_m und J_w ändern, wenn man Φ oder f ändert. Es ist

$$\frac{N_0}{E_1} = J_w = J_h + J_f,$$

dabei bedeutet J_w den „Wattstrom", der in der Primärspule fließen muß, um den Leistungsverlust N_0 im Eisen zu decken, und J_h und J_f die auf Hysteresis bzw. Wirbelströme entfallenden Teile von J_w. Die Wirbelströme sind der induzierten EMK also nach Gleichung 3, S. 55 dem Produkt $\overline{\Phi} f$ proportional: J_f steigt proportional mit Φ und mit f; dagegen steigt J_h, wie Messungen zeigen, gewöhnlich langsamer als Φ und ist von f unabhängig. J_w steigt also langsamer als f und gewöhnlich langsamer als Φ; bei legiertem Blech steigt im unteren Bereich (etwa $\overline{\mathfrak{B}} \lessgtr 1000$ Gauß) J_w sehr nahe proportional mit Φ.

Bekanntlich ist die Permeabilität μ des Eisens und daher dessen magnetischer Widerstand $\mathfrak{R}$ nicht konstant, sondern ändert sich mit der Induktion $\overline{\mathfrak{B}} = \dfrac{\overline{\Phi}}{q}$; J_m ist also (s. Gleichung 5) nicht proportional mit Φ. Wie der Blick auf eine Magnetisierungskurve zeigt, steigt bei kleinen Induktionen („geringer Sättigung") J_m langsamer, bei großen Induktionen („hoher Sättigung") schneller als Φ.

Enthält der magnetische Kreis einen Luftspalt, so wird diese Erscheinung sehr gemildert, weil der magnetische Widerstand der Luft konstant und gewöhnlich sehr groß ist gegen den veränderlichen des Eisens; man kann dann für viele Betrachtungen J_m mit Φ proportional annehmen.

μ — und daher $\mathfrak{R}$ — ist von f unabhängig; zur Erzeugung desselben Flusses Φ ist bei allen Frequenzen dasselbe J_m nötig.

VI. Der Induktionszähler.
(W-Zähler.)

1. Einleitung, Entstehung des Drehmomentes. Die Induktionszähler sind nur für Wechselstrom verwendbar, wir nennen sie

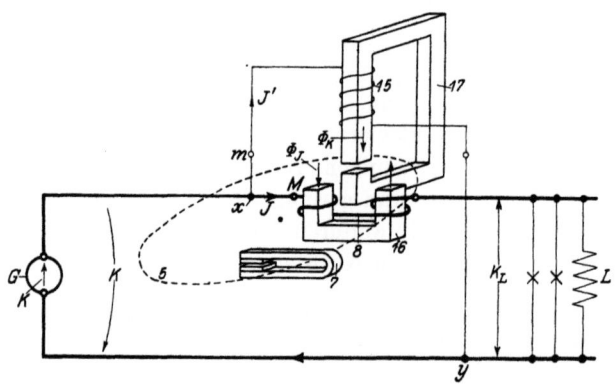

Abb. 28. Messende Teile und Schaltbild eines W-Zählers.

deshalb W-Zähler; Abb. 28 zeigt eine Anordnung der messenden Teile, wie sie bei W-Zählern öfter angewandt wird, sowie die Schaltung eines solchen. Die Aluminiumscheibe 5 dreht sich im Felde zweier Elektromagnete, des Spannungseisens *17*, dessen Wicklung *15* aus vielen dünnen Windungen besteht und an der Verbrauchsspannung K liegt, und des Stromeisens *16*, dessen Wicklung *8* (wenige, dicke Windungen) von dem Verbrauchsstrom J durchflossen ist; ferner wirkt auf die Ankerscheibe noch der Bremsmagnet *7*. Die Lagerung der Ankerachse und das von letzterer angetriebene Zählwerk ist weggelassen. Die Triebeisen (*16*, *17*) bestehen aus dünnen Eisenblechen.

Die Lage der einzelnen Vektoren ist im Diagramm Abb. 29 dargestellt. Dieses gilt für induktionslose Belastung (Glühlampen),

1. Einleitung, Entstehung des Drehmomentes.

wobei der Verbrauchsstrom J mit der Klemmenspannung K praktisch in Phase ist ($\varphi = 0$)[1]). Es ist daher K mit J in dieselbe Richtung fallend gezeichnet.

Der durch die Scheibe tretende Fluß Φ_J, „Stromtriebfluß" (Abb. 28), bleibt gegen J um den Winkel ψ_J zurück, da er durch die Verluste im Stromeisen und vor allem durch die in der Scheibe von ihm induzierten Ströme J_J belastet ist[2]).

Magnetisierend wirkt $J \cos \psi_J$, es kommt also nur diese Komponente des Verbrauchsstroms für die Erregung des Flusses Φ_J in Betracht.

Der Fluß Φ_K („Spannungstriebfluß"), der vom Spannungseisen durch die Scheibe tritt (Abb. 28), eilt der Spannung K um den Winkel χ nach.

Durch Mittel, die wir später kennenlernen, sei bewirkt, daß $\chi = 90.° + \psi_J$ ist, daß also Φ_K bei induktionsloser Last genau um 90° gegen Φ_J in der Phase zurückbleibt („Flußverschiebung" $\sigma_0 = 90°$, „90°-Verschiebung").

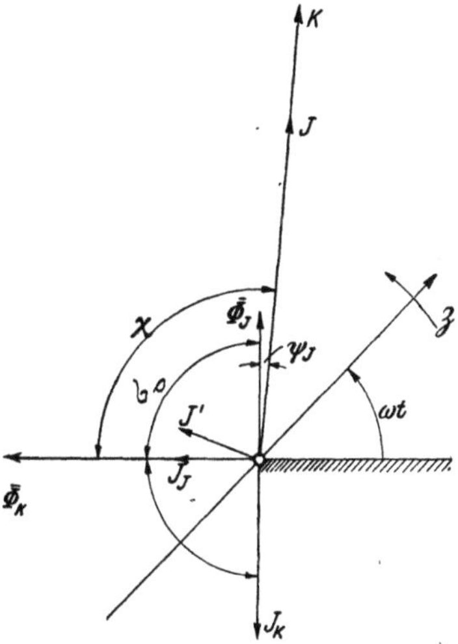

Abb. 29. Lage der Triebströme und Triebflüsse bei induktionsloser Belastung; $\sigma_0 = 90°$ (Winkel zwischen $\bar{\Phi}_J$ und $\bar{\Phi}_K$ bei $\varphi = 0$).

Der den Fluß Φ_K erzeugende Strom J' in der Spannungsspule eilt, da Φ_K belastet ist, Φ_K vor.

Die beiden Triebflüsse Φ_K und Φ_J (Wechselflüsse) induzieren in der Scheibe EMKe, die diesen Flüssen sowie der Frequenz f proportional sind und gegen die Flüsse um 90° nacheilen. Diese EMKe rufen in der Scheibe Triebströme J_K bzw. J_J hervor. Letztere sind den EMKen (also Φ_K bzw. Φ_J und f) sowie der Dicke ϑ und der Leitfähigkeit $\varkappa$ der Scheibe proportional:

$$J_K = C_1 \bar{\Phi}_K f \varkappa \vartheta \tag{1}$$

und

$$J_J = C_2 \bar{\Phi}_J f \varkappa \vartheta . \tag{2}$$

---

[1]) Siehe Diagramm des Stromeisens VI, 4, Abb. 38, S. 90.
[2]) Siehe V, 8, S. 69.

Die Triebströme J_K und J_J (Abb. 29) sind mit den EMKen in Phase, eilen daher gleichfalls den Flüssen um 90° nach (Streu-Blindwiderstand der Scheibe gleich Null angenommen)[1]).

Je einer der Triebströme ist in Abb. 30 und 31, welche die Scheibe nebst den Polspuren der Triebeisen (Abb. 28) zeigen, eingezeichnet.

Durch die Pfeile, ihre Spitzen (Punkte) und gefiederten Enden (Kreuze) sind die positiven Richtungen der Ströme und Flüsse gekennzeichnet. So bedeutet z. B. das Kreuz in dem linken Pol des Stromeisens, daß hier Φ_J als positiv betrachtet werden soll, wenn seine Kraftlinien von vorne nach hinten durch die Papierebene hindurchtreten.

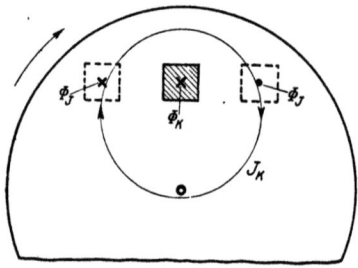
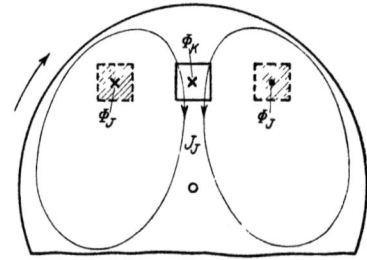

Abb. 30. Vom Spannungsfluß Φ_K induzierter Triebstrom J_K.

Abb. 31. Vom Stromfluß Φ_J induzierte Triebströme J_J.

Wie aus Abb. 30 und 31 ersichtlich, fließen die Ströme J_K in dem Fluß Φ_J und die Ströme J_J in dem Fluß Φ_K. Die Flüsse üben auf die Ströme Kräfte aus, indem sie die in ihrem Bereiche liegenden Stromfäden in der Scheibenebene seitlich zu verschieben suchen[2]). Wie Abb. 29 zeigt, haben Φ_J und J_K entgegengesetzte Richtung. Wenn also Φ_J im linken Pol (Abb. 30) nach hinten gerichtet ist, fließt J_K seinem Pfeil entgegen. Nach der „Korkzieher-" oder „Linke-Hand"-Regel sucht Φ_J die Ströme J_K nach rechts zu schieben. J_J und Φ_K haben gemäß Abb. 29 gleiche Richtung, wenn Φ_K in Abb. 31 nach hinten gerichtet ist, fließt J_J in Pfeilrichtung. J_J wird deshalb ebenfalls von Φ_K nach rechts geschoben. Beide Kräfte wirken in demselben Sinne. Die Scheibe sucht sich im Uhrzeigersinn (Pfeil

---

[1]) Siehe hierzu S. 79.
[2]) Die Wirkung ist ähnlich wie die des Stahlmagneten auf die Ströme in der Ankerwicklung im A-Zähler (Abb. 14).

1. Einleitung, Entstehung des Drehmomentes.

zu drehen. Man kann für die Drehrichtung folgende einfache Regel aufstellen: Die Bewegung der Scheibe erfolgt, falls beide Flüsse in derselben Richtung als positiv gerechnet werden, vom voreilenden zum nacheilenden Fluß, man hat also in den Abb. 30 und 31 den linken Strompol zu nehmen, weil bei ihm die positive Richtung dieselbe ist wie bei dem Spannungspol.

In Abb. 30 — und ebenso in Abb. 31 — wirkt ein Fluß auf einen Strom ein wie bei einem dynamometrischen Wattmeter. Die Phase von Φ_K ist so gewählt, daß bei $\varphi = 0$ die Ströme gleichzeitig mit den Flüssen ihr Maximum erreichen (Abb. 29). Die Drehmomente, die die Flüsse auf die Ströme ausüben, sind dabei ein Maximum. Tritt in der zu messenden Anlage durch Einschalten von Asynchronmotoren oder Drosselspulen (induktive Last, $\varphi > 0$) eine Nacheilung φ von J gegen K ein, so verschiebt sich J und daher Φ_J und J_J um φ in der Pfeilrichtung β[1]), während Φ_K und J_K ihre Lage behalten. Beide Drehmomente ändern sich daher (s. Gleichung 13, S. 67) im Verhältnis $\cos\varphi$ [2]). Wir können für die mittleren Drehmomente schreiben:

in Abb. 30 $D_1 = C_3 \overline{\Phi}_J J_K \cos\varphi$,

in Abb. 31 $D_2 = C_4 \overline{\Phi}_K J_J \cos\varphi$.

Das mittlere Gesamtdrehmoment ist also

$$D = D_1 + D_2 = C_3 \overline{\Phi}_J J_K \cos\varphi + C_4 \overline{\Phi}_K J_J \cos\varphi.$$

Unter Berücksichtigung der Gleichungen 1 und 2 ergibt sich

$$\left. \begin{array}{l} D = C_1 C_3 \overline{\Phi}_K \overline{\Phi}_J f \varkappa \vartheta \cos\varphi + C_2 C_4 \overline{\Phi}_K \overline{\Phi}_J f \varkappa \vartheta \cos\varphi \\ = C_5 \overline{\Phi}_K \overline{\Phi}_J f \varkappa \vartheta \cos\varphi = C_5 \overline{\Phi}_K \overline{\Phi}_J f \varkappa \vartheta \sin(90° - \varphi) \end{array} \right\} \quad (3)$$

oder, da nach Abb. 29 $90° - \varphi = \sphericalangle \overline{\Phi}_J / \overline{\Phi}_K = \sigma$:

$$D = C_5 \overline{\Phi}_K \overline{\Phi}_J f \varkappa \vartheta \sin\sigma = C_5 \overline{\Phi}_K \overline{\Phi}_J f \varkappa \vartheta \sin(\sigma_0 - \varphi), \quad (4)$$

wenn man mit σ_0 die gegenseitige Verschiebung der Flüsse Φ_J und Φ_K bei $\varphi = 0$ bezeichnet. Gleichung 4 bringt das allgemeine Gesetz der Induktionsgeräte zum Ausdruck: Bei einem gegebenen Gerät ist das Drehmoment proportional der Frequenz, den

---

[1]) Beim Einschalten eines Kondensators (kapazitive Last, $\varphi < 0$) würde sich J in entgegengesetzter Richtung verschieben.

[2]) Das Meßwerk des Induktionszählers ist zwei dynamometrischen Wattmetern äquivalent, deren Drehmomente, wie wir oben zeigten, sich addieren.

Flüssen und dem Sinus ihres Verschiebungswinkels σ. Von Gleichung 4 werden wir später Gebrauch machen. —

Wir setzen voraus, daß Φ_K proportional K und Φ_J proportional J ist. Wenn wir ferner einen fertig vorliegenden Zähler betrachten und diesen bei konstanter Frequenz betreiben, so ist f, $\varkappa$ und ϑ konstant, und die Gleichung 3 geht über in

$$D = d \cdot K \cdot J \cos \varphi = d \cdot N. \tag{5}$$

Das mittlere Drehmoment unseres W-Zählers, bei dem wir $\sigma_0 = 90°$ gewählt hatten, ist der Leistung im Stromkreis xLy (Abb. 28) proportional; bei $\sigma_0 = 90°$ sind für $\varphi = 90°$ die Flüsse phasengleich, das Drehmoment wird Null ebenso wie die Leistung N; für $\varphi = 0$ sind die Flüsse um $90°$ verschoben, das Drehmoment ist ein Maximum ebenso wie die Leistung[1]).

Wir wollen noch das Drehmoment des Induktionszählers in den einzelnen Zeitmomenten betrachten, und zwar zunächst für die Lage der Vektoren von Abb. 29 ($\sigma_0 = 90°$, $\varphi = 0$). Das Drehmoment D_1 (Abb. 30) ist in jedem Zeitmoment t:

$$(D_1)_t = (C_3 \bar{\Phi}_J J_K)_t.$$

Zur Zeit $t = \dfrac{T}{4}$ (Zeitachse $\mathfrak{Z}$ in Abb. 29 vertikal, $\omega t = 90°$) haben beide Faktoren und daher das Produkt den Maximalwert $\bar{D}_1$. Man kann schreiben:

$$(D_1)_t = \bar{D}_1 \sin^2 \omega t,$$

da die beiden Faktoren Φ_J und J_K sich wie $\sin \omega t$ ändern.

Das Drehmoment D_2 (Abb. 31) ist Null für $\omega t = 90°$, weil dafür Φ_K und J_J Null sind:

$$(D_2)_t = \bar{D}_2 \cos^2 \omega t.$$

Die Drehmomente der beiden Wattmeter, auf die man den Induktionszähler zurückführen kann, sind also zeitlich um eine Viertelperiode verschoben; wenn das eine Null ist, ist das andere ein Maximum.

---

[1]) Bei sehr vielen Untersuchungen — so auch bei der vorstehenden — kann man statt des W-Zählers mit den Verschiebungen ψ_J zwischen J und Φ_J und $\chi = 90° + \psi_J$ zwischen K und Φ_K einen idealen Zähler mit $\psi_J = 0$ und $\chi = 90°$ betrachten, indem die für den idealen Zähler gefundenen Resultate auch für den wirklichen Zähler gelten, die Überlegungen und Diagramme aber etwas einfacher sind.

1. Einleitung, Entstehung des Drehmomentes.

Das Gesamtdrehmoment zur Zeit t ist

$$D_t = \overline{D}_1 \sin^2 \omega t + \overline{D}_2 \cos^2 \omega t.$$

Rogowski hat das Drehmoment eines Induktionszählers aus den Abmessungen berechnet[1]); dabei zeigte sich, daß $\overline{D}_1 = \overline{D}_2$ ist. Es wird also nach der letzten Gleichung

$$D_t = \overline{D}_1 = \overline{D}_2.$$

Das Drehmoment ist, obwohl die Leistung N_t und somit auch das Drehmoment D_t eines dynamometrischen Wattmeters sich von Moment zu Moment ändert (s. Abb. 24a), zeitlich konstant; das — z. B. mittels Federdynamometer — meßbare mittlere Drehmoment D ist für $\varphi = 0$ dem Maximalwert des Einzeldrehmomentes $(\overline{D}_1, \overline{D}_2)$ gleich. Wie man leicht zeigen kann, ist nicht nur für $\varphi = 0$, sondern für beliebige φ das Drehmoment zeitlich konstant, und zwar

$$D_t = D = \overline{D}_1 \cos \varphi$$

($\overline{D}_1$ Höchstwert der Einzeldrehmomente bei $\varphi = 0$).

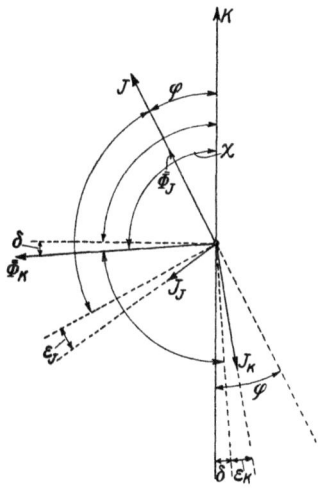

Abb. 32. Lage der Vektoren, wenn J_J und J_K um $90° + \varepsilon_J$ bzw. $90° + \varepsilon_K$ gegen $\overline{\Phi}_J$ bzw. $\overline{\Phi}_K$ zurückbleiben.

Bisher haben wir angenommen, daß die Ströme J_J und J_K um $90°$ gegen die Flüsse Φ_J und Φ_K verschoben seien. In Wirklichkeit trifft dies nicht genau zu, denn die Scheibe ist, wie die Sekundärwicklung jedes Transformators, mit Streuung behaftet, d. h. die Scheibenströme erzeugen Kraftlinien, welche nicht durch die Primärwicklung (Spannungs- oder Stromspule) hindurchgehen. Dies hat zur Folge, daß die Scheibenströme J_J und J_K um mehr als $90°$ (nämlich um $90° + \varepsilon_J$ bzw. $90° + \varepsilon_K$) gegen Φ_J bzw. Φ_K zurückbleiben[2]). Die Vektoren mögen die in Abb. 32 gezeich-

---

[1]) Siehe El. u. Maschinenb. 1911, Heft 45, S. 915.

[2]) ε_K dürfte bei $f = 50$ für Aluminiumscheiben von 1 mm Dicke rd. 3° betragen (s. v. Krukowski: Vorgänge in der Scheibe eines Induktionszählers und der Wechselstromkompensator als Hilfsmittel zu deren Erforschung, Berlin: Julius Springer, 1920). Nach Gleichung 10, S. 58, ist tg ε_K der Frequenz und $1:R$, also der Leitfähigkeit und Dicke der Scheibe proportional.

nete Lage haben. ($\psi_J = 0$, vgl. F. N. 1, S. 78). Da das mittlere Drehmoment jedes Wattmeters gleich Strom mal Fluß mal Kosinus ihres Verschiebungswinkels ist, können wir für das mittlere Drehmoment des W-Zählers schreiben:

$$\begin{aligned}D &= C_a \overline{\Phi}_K J_J \cos(\varphi + \varepsilon_J - \delta) + C_b \overline{\Phi}_J J_K \cos(\varphi - \varepsilon_K - \delta) \\ &= c_1 (\cos\varphi \cos(\varepsilon_J - \delta) - \sin\varphi \sin(\varepsilon_J - \delta)) \\ &\quad + c_2 (\cos\varphi \cos(\varepsilon_K + \delta) + \sin\varphi \sin(\varepsilon_K + \delta)) \\ &= \cos\varphi \, (c_1 \cos(\varepsilon_J - \delta) + c_2 \cos(\varepsilon_K + \delta)) \\ &\quad - \sin\varphi \, (c_1 \sin(\varepsilon_J - \delta) - c_2 \sin(\varepsilon_K + \delta)) \, .\end{aligned}$$

Wenn wir δ so wählen, daß die zweite große Klammer Null ist, so sind die Angaben des Zählers der Leistung proportional, er steht bei $\varphi = 90°$ still. Wenn wir also den Zähler so justieren, daß er bei $\varphi = 90°$ stillsteht, sind seine Angaben trotz des Streu-Blindwiderstandes der Scheibe der Leistung proportional.

Wir wollen im folgenden den Streu-Blindwiderstand der Scheibe vernachlässigen.

2. Dämpfung und Drehzahl. Bei der Drehung ruft der auf die Scheibe wirkende Stahlmagnet 7 (Abb. 28) ein bremsendes Moment B_M hervor. Wie wir im Abschnitt III, 3 gesehen haben, ist dasselbe dem Quadrate des Flusses Φ_M, der Dicke ϑ und der Leitfähigkeit $\varkappa$ der Scheibe, ferner der Drehzahl proportional:

$$B_M = C_1 \Phi_M^2 \vartheta \varkappa n = C_M \Phi_M^2 n = b_M n \, . \tag{6}$$

Außer dem Stahlmagneten wirken beim Induktionszähler noch dämpfend der Spannungsfluß Φ_K und der Stromfluß Φ_J. Es ergibt sich analog die „Spannungsdämpfung":

$$B_K = C_2 \overline{\Phi}_K^2 \vartheta \varkappa n = C_K \overline{\Phi}_K^2 n = b_K n \tag{7}$$

und die „Stromdämpfung":

$$B_J = C_3 \overline{\Phi}_J^2 \vartheta \varkappa n = C_J \overline{\Phi}_J^2 n = b_J n \, . \tag{8}$$

Das gesamte Bremsmoment ist also:

$$B = B_M + B_K + B_J \tag{9}$$

und der Bremsfaktor

$$b = b_M + b_K + b_J \, .$$

Die durch Φ_K und Φ_J in der Scheibe induzierten Bremsströme haben einen ähnlichen Verlauf wie die durch den Magneten hervorgerufenen (Abb. 6), nur sind es hier Wechselströme, beim Magneten dagegen Gleichströme.

2. Dämpfung und Drehzahl. — 3. Diagramm des Spannungskreises.

Da im stationären Zustande $B = D$ sein muß, so ergibt sich aus den Gleichungen 5 ÷ 9 unter der Voraussetzung, daß die Reibung gleich Null ist:

$$C_M \Phi_M^2 n + C_K \overline{\Phi}_K^2 n + C_J \overline{\Phi}_J^2 n = d \cdot KJ \cos\varphi.$$

Daraus folgt:

$$n = \frac{d \cdot KJ \cos\varphi}{C_M \Phi_M^2 + C_K \overline{\Phi}_K^2 + C_J \overline{\Phi}_J^2} = \frac{d \cdot KJ \cos\varphi}{b_M + b_K + b_J} = \frac{d}{b} \cdot KJ \cos\varphi. \quad (10)$$

Wir nehmen vorläufig an, daß die Betriebsspannung K, also auch b_K, konstant sei. Dann ist, wie man aus Gleichung 10 ersieht, die Drehzahl n proportional der zu messenden Leistung, falls b_J, welches sich mit Φ_J^2, also J^2 ändert, klein ist gegen $b_M + b_K$. Dieses läßt sich erreichen durch möglichst kleines b_J und dadurch, daß man den Zähler durch den Stahlmagneten möglichst stark abdämpft (großes b_M, kleine Drehzahl).

Man beachte, daß d, b_M, b_K, b_J sämtlich die Dicke ϑ und Leitfähigkeit $\varkappa$ der Scheibe als Faktoren enthalten, so daß n von ϑ und $\varkappa$ unabhängig ist.

3. Diagramm des Spannungskreises. Damit Φ_J gegen Φ_K bei induktionsloser Belastung um 90° verschoben ist ($\sigma_0 = 90°$), muß der Winkel χ (Abb. 29), um den Φ_K gegen K zurückbleibt, etwas mehr als 90°, nämlich $\chi = 90° + \psi_J$, betragen.

Abb. 33 zeigt nochmals das Spannungseisen des W-Zählers, *18* ist eine ebenfalls aus dünnen Eisenblechen bestehende magnetische Brücke, *19* eine Sekundärwicklung, welche über den regelbaren, induktionslosen Widerstand R geschlossen werden kann.

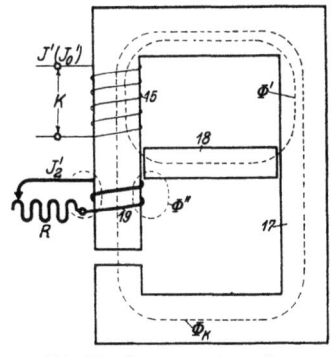

Abb. 33. Spannungseisen eines W-Zählers.

Wir wollen uns an dem Diagramm des Spannungskreises (Abb. 34) klarmachen, wie die „90°-Verschiebung" erreicht werden kann. Behufs einfacherer Behandlung im Diagramm nehmen wir an, daß die Sekundärspule *19* die gleiche Windungszahl s' wie die Spannungsspule *15* habe, obwohl in der Praxis ihre

Windungszahl bedeutend kleiner ist. Zunächst sei die Brücke noch nicht eingesetzt und der Sekundärkreis noch nicht geschlossen.

Das Diagramm des Spannungskreises entspricht dem des Transformators (s. V, 8). Wir wollen bei unseren Betrachtungen den Spannungstriebfluß Φ_K konstant halten. Der zur Erzeugung des Spannungstriebflusses Φ_K nötige Magnetisierungsstrom J'_m (Abb. 34) setzt sich mit dem umgeklappten Wattstrom J'_w, der in der Spannungsspule fließen muß, um die Hysteresis- und Wirbelstromverluste im Spannungseisen sowie die Scheibenströme J_K auszugleichen, zu J'_0 zusammen. Die Spannungsspule wird von dem Triebfluß Φ_K und dem nicht durch die Scheibe gehenden Streufluß Φ' durchsetzt, welche die Spannung E_K bzw. die Streuspannung
$$E' = J'_0 X' = 4{,}44\,\overline{\Phi}'\,s'\,f\,10^{-8}$$
darin induzieren; die Klemmenspannung K_0 erhält man, indem man (Abb. 34) an die umgeklappte Spannung E_K, also an $-E_K$, den Ohmschen Abfall $J'_0 R'$ in der Spule und die umgeklappte Streuspannung ansetzt[1]); der Streufluß geht, solange die Brücke noch nicht eingesetzt ist, auf einem erheblichen Teil seines Weges durch Luft und ist so annähernd in Phase mit dem Strom J'_0. Wir zeichnen daher der Einfachheit halber $J'_0 X'$ senkrecht zu $J'_0 R'$.

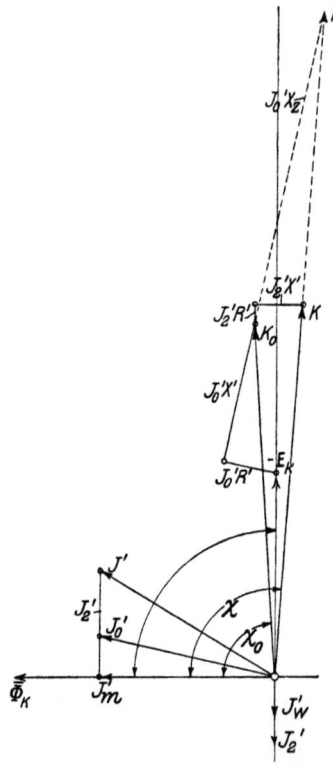

Abb. 34. Diagramm des Spannungskreises ($\overline{\Phi}_K = $ const.), 1 mm = 2,5 V, 1 mm = 1,5 mA, 1 mm = 200 Kraftlinien (Scheitelwert).

Man erkennt, daß der Winkel χ_0, um den die Klemmenspannung K_0 gegen den Triebfluß Φ_K voreilt, weniger als $90°$

---

[1]) $[K_0 = -E_K + J'_0 R' - J'_0 X']$; $-J'_0 X'$, das umgeklappte $J'_0 X'$, ist ebenso wie $-E_K$ nach oben gerichtet.

3. Diagramm des Spannungskreises.

beträgt. Der Ohmsche Abfall $J'_0 R'$ in der Spannungswicklung ist die Ursache davon. $J'_0 R'$ schiebt nämlich K_0 nach links, verkleinert also χ_0, während die Streuspannung $J'_0 X'$ auf Vergrößerung von χ_0 hinwirkt, da J'_0 infolge des Wattstromes J'_w eine Voreilung gegen Φ_K hat.

Wir schließen jetzt die Sekundärspule *19* über den Widerstand R; Φ_K, also J'_m und J'_w, halten wir konstant. Es entsteht ein Sekundärstrom J'_2. Infolge des sekundären Streuflusses Φ'', welcher dieselbe Wirkung hat, als wenn dem Widerstand R eine Drosselspule vorgeschaltet wäre, bleibt J'_2 gegen E_2 in der Spule *19* um einen kleinen Winkel zurück. Wir wollen aber, um die Betrachtung zu vereinfachen, annehmen, daß dieser infolge des Überwiegens des Ohmschen Abfalls vernachlässigbar klein sei, und zeichnen daher J'_2 um 90° nacheilend gegen Φ_K. Wir erhalten, indem wir die Abfälle, welche der J'_2 entsprechende Strom in der primären Wicklung hervorbringt, an K_0 ansetzen, die Klemmenspannung K; diese eilt, wenn wir J'_2 durch Regeln von R entsprechend einstellen, gegen Φ_K um den Winkel $\chi > 90°$ vor. Die beabsichtigte Wirkung (Verschiebung der Klemmenspannung nach rechts) wird durch die Streuspannung $J'_2 X'$, die J'_2 in der Primärwicklung erzeugt, hervorgebracht.

Wir erkennen, daß, da der Ohmsche Widerstand R' der Spannungsspule nie Null sein kann, eine Verschiebung $\chi \geqq 90°$ bei unserem Zähler nur bei gleichzeitigem Vorhandensein von Streuung und Wattstrom (J'_w, J'_2) möglich ist.

Dem Diagramm Abb. 34, welches für $f = 50$ und $\overline{\Phi}_K = 7000$ Kraftlinien gezeichnet ist, liegen folgende Daten des Spannungseisens zugrunde:

$s' = 4200$, $q' = 0{,}018$ mm² (Windungszahl und Drahtquerschnitt der Spannungsspule),

$R' = 500 \, \Omega$ (Widerstand der Spannungsspule),

$X' = 1260 \, \Omega$ (Streu-Blindwiderstand bei $f = 50$),

$J'_m = 0{,}0353 \, A$ bei $\overline{\Phi}_K = 7000$,

$J'_w = 0{,}0080 \, A$ bei $f = 50$ und $\overline{\Phi}_K = 7000$,

und daher

$$J'_0 = \sqrt{{J'_m}^2 + {J'_w}^2} = 0{,}0362 \, A$$

$$J'_0 X' = 0{,}0362 \cdot 1260 = 45{,}6 \, V,$$

VI. W-Zähler.

also
$$\bar{\Phi}' = \frac{45,6 \cdot 10^8}{4,44 \cdot 50 \cdot 4200} = 4900$$

$$\operatorname{tg} J_0' / \bar{\Phi}_K = \frac{J_w'}{J_m'} = \frac{0,008}{0,0353} = 0,23 \qquad \sphericalangle J_0' / \bar{\Phi}_K = 12,8°.$$

Diese Daten entsprechen dem Spannungseisen ohne magnetische Brücke und ohne Sekundärstrom ($\chi_0 \approx 86°$). —

Es ist im Diagramm[1]), nachdem wir die Sekundärspule geschlossen,

$$\chi = 94°.$$

Der Spannungsfluß hätte also die richtige Lage, falls ψ_J bei dem Zähler 4° beträgt[2]).

Weiter ergibt sich aus dem Diagramm

$$J_2' = 0,0127\,A \qquad K = 120\,V \qquad J' = 0,0413\,A \qquad \sphericalangle K/J' = 64°,$$

also der Leistungsverbrauch im Spannungskreis

$$N' = 120 \cdot 0,0413 \cos 64° = 2,18\,W.$$

Diese Daten entsprechen einem Zähler früherer Bauart[3]); er arbeitete also ohne magnetische Brücke, und die 90°-Verschiebung war durch Sekundärstrom in der Wicklung (19) hervorgebracht. Bei den neuzeitlichen Zählern (s. weiter unten) läßt man letztere weg und vergrößert durch eine magnetische Brücke (18) den Streufluß Φ', also den Streu-Blindwiderstand, und dadurch die Streuspannung. Vergrößert man in Abb. 34 den Streu-Blindwiderstand X' um X_z, so erreicht man eine Klemmenspannung K', die ebenfalls um $\chi = 94°$ gegen Φ_K voreilt[4]); K' ergibt sich aus dem Diagramm zu 214 V. Es ist dabei auch beim Einsetzen

---

[1]) Behufs Abmessung der einzelnen Größen ist es zweckmäßig, das Diagramm nochmals größer aufzuzeichnen. K und χ können auch aus den Gleichungen F. N. 3, S. 103 berechnet werden.

[2]) Bei den neuzeitlichen Zählern ist ψ_J gewöhnlich größer, liegt etwa zwischen 5° und 15° (s. VI, 4).

[3]) Bei neuzeitlichen Zählern ist Φ_K und N' viel kleiner (s. Tab. S. 86).

[4]) Bei der Eichung muß die Flußverschiebung $\sigma_0 = 90°$, also $\chi = 90° + \psi_J$, eingestellt werden; das geschieht entweder durch Regeln eines Vorwiderstandes der Spannungsspule (Änderung von R') oder bei Zählern mit Sekundärspule häufig durch Regeln von R (Abb. 33); Vergrößerung von R' und R verkleinert χ.

3. Diagramm des Spannungskreises.

der Brücke Φ' in Phase mit J'_0 angenommen. In Wirklichkeit bleibt der Streufluß Φ', da er jetzt wesentlich im Eisen verläuft, gegen J'_0 zurück; Strahl $J'_0(X' + X_z)$ wird dadurch etwas nach links gedreht; man benötigt daher in Wirklichkeit eine größere zusätzliche Streuspannung, als unser Diagramm ergibt: die nötige Streuspannung ist um so kleiner, je weniger der Streufluß belastet ist. Die Klemmenspannung ist für gleichen Triebfluß Φ_K und gleiche Windungszahl s' bei unserem Zähler mit Brücke mindestens im Verhältnis $\frac{214}{190}$ größer als bei dem mit Sekundärstrom. Wir können ihn auch für 120 V einrichten, indem wir ihm die Windungszahl $4200 \cdot \frac{120}{214} = 2355$ und den Drahtquerschnitt $0,018 \cdot \frac{214}{190} = 0,032$ mm^2 geben; Φ_K und N' bleibt bei dieser Umwicklung ungeändert (s. VI, 11 A). Bei dem Zähler mit Brücke erhält man also weniger Windungen und dickeren Draht; beides vermindert die Kosten der Spannungswicklung. —

Wollen wir einen Spannungstriebfluß $\overline{\Phi}_K = 14000$ erzeugen, welcher also doppelt so groß ist, so ist E_K und damit J'_2, J'_w[1]), J'_m und daher J' und der Ohmsche Abfall doppelt so groß; falls der magnetische Widerstand des Streupfades ungeändert bleibt[2]), ist auch Φ' und daher die Streuspannung doppelt so groß: das Diagramm (Abb. 34) gilt auch für $\overline{\Phi}_K = 14000$, wenn man der Längeneinheit sowohl für Ströme wie für Spannungen jetzt den doppelten Wert beimißt. Φ_K wächst proportional mit K, der Leistungsverbrauch N' mit K^2, also auch mit Φ_K^2.

Wir geben im folgenden noch das Diagramm (Abb. 35) und die Daten eines Zählers, dessen Verschiebung ohne Sekundär-

---

[1]) J'_w steigt etwas langsamer als Φ_K (s. S. 73). Falls jedoch der Leistungsverlust durch Hysteresis klein ist gegen den durch Sekundärströme (J'_2, J_K und die Wirbelströme im Spannungseisen) verursachten, wird der durch unsere Annahme $J'_w \sim \overline{\Phi}_K$ im Endresultat auftretende Fehler klein sein.

J'_m können wir, da das Spannungseisen einen Luftspalt enthält, $\overline{\Phi}_K$ proportional setzen (s. S. 74 oben).

[2]) Bei Zählern mit magnetischer Brücke (18) ist dies gewöhnlich nicht erfüllt; es steigt vielmehr der magnetische Widerstand $\mathfrak{R}'$ der Brücke mit steigendem Φ_K, indem die Brücke (18) kleineren Luftspalt und größere Sättigung besitzt als das Triebeisen; Φ' wächst langsamer als Φ_K; letzteres trifft auch für Zähler mit stark gesättigter Vorschaltdrossel zu (s. hierzu VI, 8).

VI. W-Zähler.

spule mittels magnetischer Brücke erzielt ist; ähnliche Verhältnisse findet man bei neuzeitlichen Zählern der Praxis[1]). $J_0'(X' + X_z) = E'$ (Streuspannung) ist die vom primären Streufluß $\overline{\varPhi}'$, E_K die vom Triebfluß $\overline{\varPhi}_K$, E die vom Gesamtfluß $[\overline{\varPhi} = \overline{\varPhi}_K + \overline{\varPhi}']$ induzierte Spannung. Es war: $s' = 6670$, $R' = 768\,\Omega$, $K = 120 V$, $f = 50$.

$\overline{\varPhi}_K$	$\overline{\varPhi}'$	$[\overline{\varPhi}=\overline{\varPhi}_K+\overline{\varPhi}']$	E_K Volt	E' Volt	E Volt	J_0' mA	$\sphericalangle J_0'/\overline{\varPhi}'$	$\chi = \sphericalangle K/\overline{\varPhi}_K$	$\sphericalangle K/J_0'$	N' Watt
1055	6840	7970	15,5	102,0	117,5	14,7	6° 56′	99° 13′	75° 26′	0,444

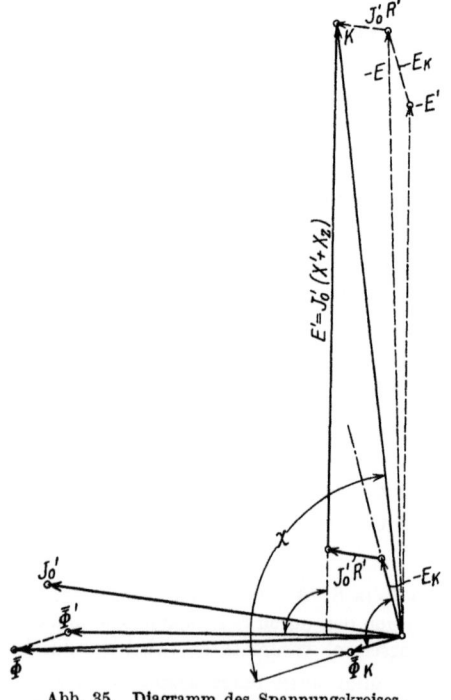

Abb. 35. Diagramm des Spannungskreises.
1 mm = 1,5 V, 1 mm = 0,3 mA, 1 mm = 150 Kraftlinien (Scheitelwert).

K, J_0' und E_K wurden mittels Wechselstromkompensators (s. XIII, 2) ihrer Größe und Phase nach gemessen, und zwar E_K an einer Hilfswicklung[2]) bekannter Windungszahl (s), die vor dem Spannungspol angebracht war; dann wurden K, J_0' und $-E_K$ entsprechend ihrer Phasenlage aufgezeichnet. Wenn man von K den Spannungsverlust $J_0'R'$ geometrisch abzieht, erhält man das umgeklappte E; wenn man weiter das umgeklappte E_K abzieht, erhält man die umgeklappte primäre Streuspannung. Zur Kontrolle wurde E auch direkt gemessen mittels einer unter

---

[1]) Der Aufbau des Spannungseisens war ähnlich wie in Abb. 33. Der Eisenquerschnitt war 1,69 cm², der der Brücke 0,96 cm². Daraus berechnet sich nach den Zahlen der Tabelle die Induktion $\overline{\mathfrak{B}}$ im unteren Teil, wo nur der Triebfluß $\varPhi_K$ durchgeht, zu 1055 : 1,69 = 624, im oberen Teil, wo der Gesamtfluß $\varPhi$ durchgeht, zu 7970 : 1,69 = 4716, in der Brücke zu 6840 : 0,96 = 7125; der Gesamtluftspalt der Brücke betrug 0,4 mm, der Luftspalt für die Scheibe 3 mm.

[2]) Die daran gemessene Spannung mal 6670 : s gibt E_K.

3. Diagramm des Spannungskreises.

der Spannungsspule 15 (Abb. 33) angebrachten Hilfswicklung. Die Flüsse $\overline{\Phi}_K$ und $\overline{\Phi}$ berechnet man aus E_K bzw. E nach Gleichung 3, S. 55; sie werden gegen ihre umgeklappten EMKe um 90° nacheilend eingezeichnet. Den Streufluß $\overline{\Phi}'$ erhält man, indem man $\overline{\Phi}_K$ von $\overline{\Phi}$ abzieht[1]).

Bei Blind-, Misch- und Scheinverbrauchzählern (s. VIII, 2, 3, 4) muß χ oft wesentlich kleiner sein als bei wV-Zählern. Wir wollen daher bei dem im Diagramm Abb. 34 behandelten Zähler (ohne Brücke und Sekundärstrom) $\chi = 40°$ herbeiführen unter Beibehaltung von $\overline{\Phi} = 7000$ und $f = 50$. Dazu müssen wir vor die Spannungsspule Widerstand schalten; um die Größe R_z desselben zu erhalten, hätten wir in Abb. 34 einen Strahl durch den Ursprung um $\chi = 40°$ gegen Φ_K voreilend einzuzeichnen und durch den Punkt K_0 eine Parallele zu J_0' zu ziehen, die diesen Strahl schneidet (Schnittpunkt K_0'); die Strecke $\overline{K_0 K_0'}$ ist gleich $J_0' \cdot R_z$, also

$$R_z = \frac{\overline{K_0 K_0'}}{J_0'}.$$

Die Klemmenspannung K_0' würde sich zu $240V$, $\overline{K_0 K_0'}$ zu $185V$ ergeben, also

$$R_z = \frac{185}{0{,}0362} = 5100\ \Omega.$$

Der Leistungsverbrauch im Spannungseisen wäre

$$N' = 240 \cdot 0{,}0362 \cos K_0'/J_0'$$

also
$$\sphericalangle K_0'/J_0' = 40° - \sphericalangle J_0'/\overline{\Phi}_K = 40° - 12{,}8° = 27{,}2°,$$

$$N' = 240 \cdot 0{,}0362 \cdot \cos 27{,}2° = 7{,}75\ W.$$

Um also bei $f = 50$ und bei $\chi = 40°$ den Spannungsfluß $\overline{\Phi}_K = 7000$ zu erzeugen, sind $7{,}75\,W$ erforderlich; die Klemmenspannung beträgt $240V$, der Gesamtwiderstand wäre $R'' = R' + R_z = 5600\,\Omega$. Soll bei $\chi = 40°$ ein Fluß $\overline{\Phi}_K = 7000$ bei $120\ V$ erzeugt werden, so ist die Spule umzuwickeln, sie erhält $s' = 4200 \cdot \frac{120}{240} = 2100$ Windungen und den Gesamtwiderstand $5600\,(\frac{120}{240})^2 = 1400\,\Omega$; N' bleibt dabei ungeändert (s. VI, 11). Je kleiner χ, desto größer wird — bei gleichem Φ_K — der Leistungsverbrauch N'.

---

[1]) Bei den meisten Induktionszählern wird der Spannungsfluß Φ_K seiner Größe und seiner Phase (χ) nach von dem Stromfluß ein wenig beeinflußt. Ihre Angaben sind daher bei induktiver und kapazitiver Belastung, ferner bei großem und kleinem Verbrauchsstrom J nicht genau dieselben. Nach Schering und Schmidt (Arch. f. Elektrotechn. 1923, S. 511) sind bei Zählern, die — wie der in Abb. 28 abgebildete — für den Strom- und Spannungsfluß getrennte Eisenwege besitzen, beide Beeinflussungen sehr klein; bei einem Zähler mit großenteils gemeinsamem Eisenweg der beiden Flüsse waren sie aber beträchtlich.

Den Verlauf zeigt Abb. 36; bei diesem Zähler könnte $\chi < 12{,}8°$ überhaupt nicht erreicht werden, da Φ_K bereits um $12{,}8°$ gegen J_0' zurückbleibt; die bei $\chi = 12{,}8°$ errichtete (strichpunktierte) Ordinate ist eine Asymptote der Kurve.

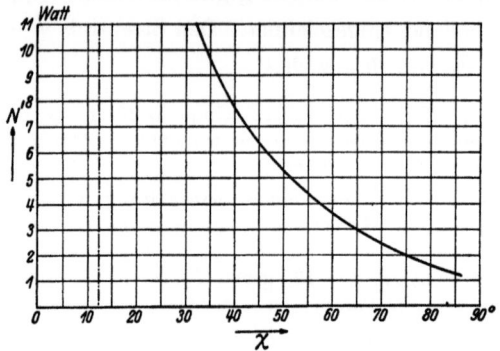

Abb. 36. Leistungsverbrauch N' beim Zähler nach Diagramm Abb. 34 in Abhängigkeit von χ; $\overline{\Phi_K} = 7000 = \text{const.}$; $f = 50$.

4. Diagramm des Stromeisens. Abb. 37 zeigt das Diagramm des Stromeisens eines neuzeitlichen 5 A-Zählers für $f = 50$. Die

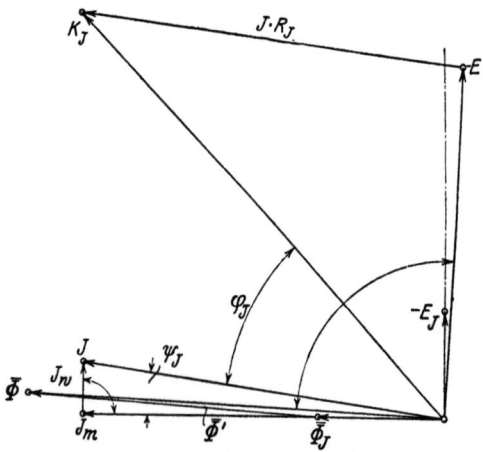

Abb. 37. Diagramm des Stromeisens. 1 mm = 0,004 V, 1 mm = 0,1 A, 1 mm = 40 Kraftlinien (Scheitelwert).

Gesamtwindungszahl der Stromspule ist $s_J = 36$, ihr Widerstand $R_J = 0{,}0416\,\Omega$. Gemessen wurde mit dem Wechselstromkompensator (XIII) nach Größe und Phase: $J = 5\,A$; die Klemmenspannung an der Spule $K_J = 0{,}290\,V$; die vom Stromtrieb-

4. Diagramm des Stromeisens.

fluß $\bar{\Phi}_J$ in einer vor dem Strompol angebrachten Hilfswicklung (Gesamtwindungszahl $s = 36$) induzierte EMK $E_J = 0{,}0546\,V$; J, K_J und das umgeklappte E_J wurden dann nach Größe und mit ihren gegenseitigen Phasenverschiebungen aufgetragen. Indem man $J \cdot R_J$ von K_J abzieht, erhält man die umgeklappte EMK, die vom Gesamtfluß $\bar{\Phi}$ in der Stromspule induziert wird $(-E)$[1]. Aus E_J und E berechnet man nach Gleichung 3, S. 55 die Flüsse $\bar{\Phi}_J = 685$ und $\bar{\Phi} = 2280$ und trägt sie 90° gegen ihre EMKe voreilend (gegen die umgeklappten EMKe um 90° nacheilend) ein. Die Verbindungslinie der Spitzen von $\bar{\Phi}$ und $\bar{\Phi}_J$ ist der Fluß $\bar{\Phi}'$, welcher nicht durch die Scheibe geht (Streufluß). Das Diagramm ergibt $\varphi_J = 38{,}8°$, $\mathrm{tg}\,\psi_J = \dfrac{J_w}{J_m} = \dfrac{0{,}668}{4{,}97} = 0{,}134$, $\psi_J = 7{,}7°$. Die von der Stromspule aufgenommene Leistung ist $N_J = 0{,}290 \cdot 5 \cdot \cos 38{,}8°$ $= 1{,}14\,W$. Davon geht $5^2 \cdot 0{,}0416 = 1{,}04\,W$ als Stromwärme in der Wicklung verloren, der Rest wird durch Hysteresis und Wirbelströme im Stromeisen und durch die Scheibenströme J_J vernichtet.

Da $\mathrm{tg}\,\psi_J = \dfrac{J_w}{J_m}$, wird ψ_J größer, wenn man oberhalb der Scheibe (Abb. 28) den Strompolen gegenüber ein magnetisches Schlußstück oder auf dem Stromeisen eine in sich geschlossene Sekundärwicklung anordnet (Verkleinerung des magnetischen Widerstandes und daher von J_m bzw. Vergrößerung von J_w)[2].

Die Spannung K vor dem Zähler (s. Abb. 28) ist die geometrische Summe der Lampenspannung K_L und des Abfalles K_J der Stromspule.

Abb. 38 zeigt die gegenseitige Lage von K_L, K_J und K bei induktionsloser Belastung; K_J ist der Deutlichkeit halber über-

---

[1] Zur Kontrolle wurde $\bar{\Phi}$ auch direkt gemessen mittels einer unter den Stromspulen (s, Abb. 28) angebrachten Hilfsspule mit 36 Windungen; es ergab sich ebenfalls $E = 0{,}182\,V$. Der Eisenquerschnitt des Stromeisens betrug 2,16 cm², die Induktion $\mathfrak{B}$ beträgt also an der Stelle, wo alle Kraftlinien durchgehen, $2280 : 2{,}16 = 1055$ Gauß.

[2] Wenn man die Sekundärwicklung über einen regelbaren Widerstand schließt, kann man ψ_J auf einen bestimmten Wert einregeln; auf diese Weise wird vielfach die Flußverschiebung $\sigma_0 = \chi - \psi_J$ bei der Eichung auf 90° eingestellt (s. VI, 12). Verkleinerung des Widerstandes vergrößert ψ_J und verkleinert σ_0.

trieben groß gewählt. Man sieht, daß auch bei Glühlampenbelastung infolge der Selbstinduktion der Stromspule der Strom J gegenüber der Spannung K vor dem Zähler eine kleine Nacheilung ζ hat. Da jedoch K_J nur etwa 1% von K_L beträgt, ist ζ vernachlässigbar klein. Es sei bemerkt, daß bei Glühlampenbelastung von K_J nur die Komponente $K \cos\varphi_J$ als Spannungsabfall in die Erscheinung tritt; denn man kann in der Gleichung

$$K \cos\zeta = K_L + K_J \cos\varphi_J,$$

die sich aus Abb. 38 ergibt, $\cos\zeta = 1$ setzen, und es ist daher bei $\varphi = 0$ der merkbare Spannungsabfall

$$K - K_L \approx K_J \cos\varphi_J.$$

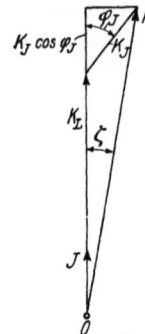

Abb. 38. Lage der Spannungen K_L, K_J und K (s. Abb. 28) bei induktionsloser Belastung.

$K_J \cos\varphi_J$ ist, da der Winkel bei E in Abb. 37 rd. 90° beträgt, annähernd gleich dem Ohmschen Abfall $J R_J$[1]).

5. Hilfskraft. Auch beim W-Zähler ist eine Hilfskraft zur Verbesserung der Lastkurve erforderlich (s. VI, 6). Eine solche läßt sich auf drei Arten mittels des Spannungsflusses in sehr bequemer Weise hervorbringen:

a) Wir ordnen nach Abb. 39 zwischen den Polen P und P' des Spannungseisens eine Kupferplatte C an[2]), welche einen Teil der Polfläche — wir wollen annehmen die Hälfte — bedeckt, oder legen um einen Teil des Polquerschnittes einen Kupferring herum. Infolge der höheren Belastung bleibt, wie aus der Abb. 40 zu ersehen ist, der Fluß $\varPhi_{II}$ im abgedeckten Teil gegen den Fluß $\varPhi_I$ um den Winkel $\alpha = \psi_{II} - \psi_I$ in der Phase zurück (s. F. N. 2, S. 69). ψ_I und ψ_{II} sind die Winkel zwischen den Flüssen und dem Strom J'. Der magnetische Widerstand $\mathfrak{R}$ ist für die Wege beider Flüsse gleich. Die Scheibe dreht sich nach rechts.

---

[1]) Bei stark induktiver oder kapazitiver Last dreht sich das kleine Dreieck in Abb. 38 um 90° nach links bzw. rechts; die merkbare Spannungsänderung beträgt dann $K_J \sin\varphi \approx E$, sie ist gleich dem induktiven Abfall in der Spule; im ersten Fall ein Spannungsabfall, im zweiten eine Spannungserhöhung ($K_L > K$).

[2]) S bedeutet die Zählerscheibe.

4. Diagramm des Stromeisens. — 5. Hilfskraft.

b) Der Luftspalt sei rechts kleiner als links (Abb. 41). Die Belastung beider Flüsse ist dieselbe, dagegen ist $\Re_I > \Re_{II}$. Daher ist $\operatorname{tg}\psi_I < \operatorname{tg}\psi_{II}$. Φ_{II} eilt Φ_I nach, die Scheibe dreht sich nach rechts.

c) Seitlich von dem Spannungseisen ist ein Eisenstift X angeordnet (Abb. 42). Die Scheibenströme J_K, welche gegen Φ_K

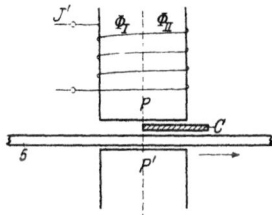

Abb. 39. Erzeugung eines Spannungstriebs mittels einer Kupferplatte C; der Fluß ist rechts stärker belastet als links.

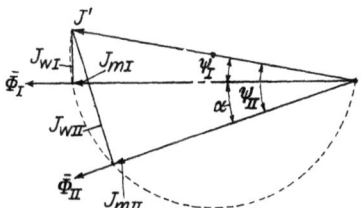

Abb. 40. Diagramm zu Abb. 39.

um etwas mehr als 90° zurückbleiben (vgl. Abb. 32), magnetisieren den Stift X; der Fluß Φ_{II} darin bleibt wegen der Verluste um einen kleinen Winkel gegen J_K zurück (Abb. 43). Die Scheibe dreht sich von Φ_K nach Φ_{II}, also nach X (Pfeilrichtung)[1]).

Die betrachteten Einrichtungen a), b) und c) müssen natürlich so ausgeführt werden, daß die Hilfskraft regelbar ist.

Bei a) und c) macht man deshalb die Kupferplatte C bzw. den Eisenstift X verstellbar, bei b) kann man den Gegenpol P' als drehbaren, schief abgeschnittenen Zylinder ausbilden. Die Kraft ist in dem keilförmigen Luftraum nach dem engsten Teil desselben hin gerichtet; durch Drehen

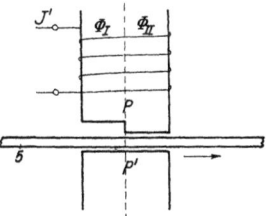

Abb. 41. Erzeugung eines Spannungstriebs mittels abgestuften Pols; der magnetische Widerstand ist auf der rechten Seite kleiner als auf der linken ($R_I > R_{II}$).

des Zylinders kann das Drehmoment von einem positiven Maximum über Null zu einem negativen Maximum geändert werden.

---

[1]) Was die Größe der Hilfskraft h anlangt, so ist bei a) und b) nach Gleichung 4, S. 77 $h \backsim \overline{\Phi}_I \overline{\Phi}_{II} \cdot f \sin\alpha \backsim \overline{\Phi}_K^2 \cdot f \sin\alpha$, da $\overline{\Phi}_I \backsim \overline{\Phi}_K$ und $\overline{\Phi}_{II} \backsim \overline{\Phi}_K$; bei c) ist $h \backsim \overline{\Phi}_K \overline{\Phi}_{II} \cdot f \sin\alpha \backsim \overline{\Phi}_K^2 \cdot f^2 \sin\alpha$, da $\overline{\Phi}_{II} \backsim J_K \backsim \overline{\Phi}_K \cdot f$ (s. Gleichung 1, S. 75).

Infolge ungenauer Fabrikation besitzen die Spannungseisen meist kleine Unsymmetrien, z. B. nicht parallele Polflächen usw., welche ähnlich wie die obigen Einrichtungen Triebe in der einen oder anderen Richtung hervorrufen, wenn nur das Spannungseisen eingeschaltet ist („Spannungs-Vor- oder -Rücktrieb"). Bisweilen sind diese Triebe so stark, daß sie den Zähler in Bewegung setzen („Spannungsleerlauf"). Ähnliche Unsymmetrien

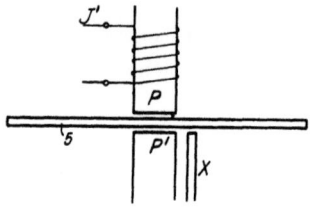
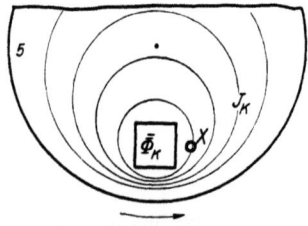

Abb. 42. Erzeugung eines Spannungstriebes mittels des Eisenstiftes X.

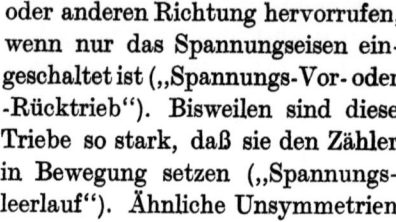
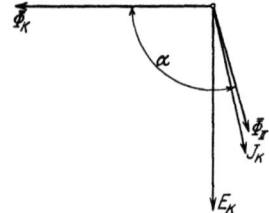

Abb. 43. Diagramm zu Abb. 42. (Φ_{II} Fluß im Stift X.)

kommen auch beim Stromeisen vor, wodurch dann Triebe auftreten, wenn das Stromeisen allein eingeschaltet ist („Strom-Vor- oder -Rücktrieb", „Stromleerlauf").

6. Lastkurve. Beim W-Zähler wird die Proportionalität zwischen der Drehzahl n und der zu zählenden Leistung N gestört

a) durch die Reibung;

b) dadurch, daß der Bremsfaktor b (s. S. 81) nicht konstant ist;

c) dadurch, daß der Stromtriebfluß Φ_J dem Verbrauchsstrom J nicht genau proportional ist;

d) dadurch, daß die Phase (χ) des Spannungsflusses Φ_K von J ein wenig beeinflußt wird (s. F. N. 1, S. 87) und daß ψ_J von J nicht ganz unabhängig ist, indem J_m und J_w einander nicht genau proportional sind (S. 73). Die Änderungen von χ und ψ_J sind jedoch bei neuzeitlichen Zählern sehr klein.

Zu den einzelnen Punkten sei folgendes bemerkt:

a) Die Reibung macht sich in derselben Weise bemerkbar, wie wir dies beim G-Zähler kennenlernten, jedoch ist ihr Betrag

5. Hilfskraft. — 6. Lastkurve.

nur etwa $1/3$ so groß, weil die Bürsten fehlen, der Anker leichter ist und durch den Spannungsfluß stets etwas erschüttert wird. Die durch die Reibung verursachten Fehler können wieder durch die Hilfskraft praktisch ausgeglichen werden.

b) Der Bremsfaktor $b = b_M + b_K + b_J$ ist nicht konstant, da b_J vom Verbrauchsstrom abhängt, und zwar, wie wir gesehen haben, steigt b_J mit Φ_J^2, also praktisch auch mit J^2. Die Stromdämpfung bewirkt ein Abfallen der Lastkurve bei hoher Last.

c) Infolge des Eisens, das man in den Stromspulen behufs Erhöhung des Drehmomentes verwendet, besteht zwischen Φ_J und J keine strenge Proportionalität. Man arbeitet mit geringer Eisensättigung, also im unteren Teil der Magnetisierungskurve, in der die Permeabilität μ mit der Induktion steigt, in der also Φ_J schneller wächst als J. Es steigt daher beim W-Zähler der Stromtriebfluß Φ_J und daher das Drehmoment D in der Regel schneller als der Verbrauchsstrom J.

Wir untersuchen nun an einem Beispiel den Einfluß der eben erwähnten Erscheinungen auf die Lastkurve und zeigen, wie diese verbessert werden kann. Wir nehmen dazu einen Zähler für $K_\Re = 120 V$, $J_\Re = 10 A$, $f_\Re = 50$. Es sei $K = K_\Re = $ const, $f = f_\Re = $ const und zunächst $\cos \varphi = 1$.

Für unseren Zähler sei für $J = 10 A$ der Bremsfaktor des Stromflusses $b_J = 0{,}0072$[1]), und das hemmende Moment r der Reibung habe die Werte der nebenstehenden Tabelle:

Ferner sei an dem stillstehenden Zähler das Drehmoment D für verschiedene J gemessen und dabei das in den Spalten I, II, III der fol-

Tabelle.

n	r cmg
60	0,0260
40	0,0215
30	0,0200
20	0,0185
10	0,0175
4	0,01745
2	0,01745

---

[1]) b_J kann nach Schmiedel (Elektrotechnik und Maschinenbau 1911, S. 955 und 978), durch Auslaufsversuche ermittelt werden. Man stellt einen solchen an (Bremsmagnet abgenommen), wenn keines der beiden Triebeisen erregt ist, und erhält so r in Abhängigkeit von n. Dann wiederholt man den Versuch, wenn das Stromeisen mit einer bestimmten Stromstärke J erregt ist und erhält jetzt $r + b_J n$ bei der Stromstärke J; den Verlauf von r und $r + b_J n$ zeichnet man in Abhängigkeit von n auf. Die Differenz, geteilt durch das zugehörige n, gibt b_J.

genden Tabelle verzeichnete Resultat erhalten worden; mit abnehmendem J fällt $\dfrac{D}{\eta}$ infolge der abnehmenden Permeabilität des Stromeisens.

Wenn wir den Wert des Drehmomentes $D = 7{,}32$[1]) bei $\eta' = 1$ als richtig annehmen, so ist der Sollwert des Drehmomentes bei der Belastung η' $D_\mathfrak{S} = 7{,}32 \cdot \eta'$; sein prozentualer Fehler

$$\varDelta_D = \left(\frac{D}{D_\mathfrak{S}} - 1\right) 100 = \left(\frac{D}{7{,}32 \cdot \eta'} - 1\right) 100\%$$

ist in Spalte IV eingetragen. Spalte V gibt das hemmende Moment r der Reibung in cmg, Spalte VI in Prozenten von $D_\mathfrak{S}$, wenn der Zähler bei $\eta' = 1$ die Drehzahl 40 hat.

Tabelle.

I	II	III	IV	V	VI	VII	cos $\varphi = 0{,}5$	
							VIII	IX
$\eta' = \dfrac{J}{J_\mathfrak{R}}$	D	$\dfrac{D}{\eta'}$	$\varDelta_D = \left(\dfrac{D}{7{,}32\,\eta'} - 1\right) 100$	r [2])	$\varDelta_r = \dfrac{r}{7{,}32\,\eta'} \cdot 100$	$\varDelta_d = -4{,}1\,\eta'^2$	r_{60} [3])	$\varDelta_{r_{60}} = \dfrac{r}{3{,}66\,\eta'} \cdot 100$
	cmg		%	cmg	%	%	cmg	%
1,50	11,05	7,37	+ 0,68	0,0260	— 0,24	— 9,24	0,02	— 0,37
1,00	7,32	7,32	0,0	0,0215	— 0,29	— 4,1	0,0185	— 0,51
0,75	5,45	7,27	— 0,68	0,0200	— 0,37	— 2,3	0,0179	— 0,65
0,50	3,60	7,20	— 1,64	0,0185	— 0,51	— 1,02	0,0175	— 0,96
0,25	1,75	7,02	— 4,1	0,0175	— 1,0	— 0,256	0,0175	— 1,91
0,10	0,68	6,81	— 6,95	0,01745	— 2,4	— 0,0041	0,0174	— 4,75
0,05	0,335	6,70	— 8,45	0,01745	— 4,8	0	0,0174	— 9,5
0,025	0,175	6,65	— 9,1	0,01745	— 9,6	0	0,0174	— 17,0

Letzteres führen wir durch Einstellung des Bremsmagneten herbei, es ist dann der Bremsfaktor b bei 10 A:

$$b = C_M \overline{\varPhi}_M^2 + C_K \overline{\varPhi}_K^2 + C_J \overline{\varPhi}_J^2 = 7{,}32 : 40 = 0{,}183\,.$$

Da bei $J = 10\,A$, wie oben angenommen,

$$b_J = C_J \overline{\varPhi}_J^2 = 0{,}0072$$

---

[1]) Bei neuzeitlichen Zählern gewöhnlich nur $3 \div 6$ cmg.
[2]) $n \approx 40 \cdot \eta'$.   [3]) $n \approx 20 \cdot \eta'$.

ist, muß

$$C_M \cdot \Phi_M^2 + C_K \cdot \overline{\Phi_K^2} = 0{,}183 - 0{,}0072 \approx 0{,}176$$

sein.

Die Stromdämpfung beträgt bei Nennstrom ($\eta' = 1$)

$$\frac{0{,}0072}{0{,}176} \cdot 100 = 4{,}1\%$$

der konstanten Dämpfung; bei der Belastung η', da wir hierbei Φ_J proportional J setzen können, $4{,}1 \cdot \eta'^2 \%$ (Spalte VII der Tabelle).

Unser Zähler verhält sich also gegen einen idealen Zähler, dessen Dämpfungsfaktor $0{,}176$, dessen Drehmoment $7{,}32\,\eta'$ und dessen Reibung und Stromdämpfung Null ist, so, als ob er infolge der veränderlichen Permeabilität und der Reibung ein um Δ_D bzw. $\Delta_r \%$ und infolge der Stromdämpfung annähernd[1]) so, als wenn er ein um $\Delta_d = -4{,}1\,\eta^2\,\%$ falsches Drehmoment hätte. Sein Gesamtfehler gegen den idealen Zähler beträgt praktisch

$$\Delta = \Delta_D + \Delta_r + \Delta_d.$$

Der Verlauf der Einzelfehler sowie des Gesamtfehlers Δ ist aus Abb. 44 bzw. 45 zu ersehen.

Wie man sieht, drückt die Stromdämpfung Δ_d die Lastkurve im oberen Bereich stark herunter. Das verhältnismäßig zu schnelle Ansteigen von Φ_J mit J, welches den umgekehrten Einfluß hat (Δ_D), ist daher im oberen Teil der Lastkurve erwünscht. Man kann das zu schnelle Anwachsen von Φ_J noch künstlich steigern, indem man zwischen den Polen des Stromeisens einen magnetischen Nebenschluß (magnetische Brücke) anordnet, der im oberen Teil der Lastkurve infolge zunehmender Sättigung seinen magnetischen Widerstand erhöht; dadurch wird von dem Gesamtfluß ein größerer Bruchteil als Triebfluß Φ_J durch die Scheibe geleitet, da ja (s. F. N. 1, S. 89) das Stromeisen selbst von der Sättigung noch sehr weit entfernt ist. Für die Wirkung des magnetischen Nebenschlusses ist wesentlich, daß der Widerstand des unverzweigten magnetischen Pfades nicht zu klein ist,

---

[1]) Siehe die Gleichungen am Schlusse dieses Unterabschnittes.

was durch Einschalten einer kleinen Luftstrecke in diesen erreicht werden kann[1]).

Außerdem treten bei entsprechender Anordnung aus dem magnetischen Nebenschluß selbst bei Beginn seiner Sättigung Kraftlinien aus, welche dem Spannungsfluß näher liegen und daher eine weitere Erhöhung des Drehmomentes im oberen Bereich der Lastkurve bewirken.

Um die Minusfehler bei kleiner Belastung zu beseitigen, fügen wir eine Hilfskraft h hinzu. Bei $^1/_{10}$-Last liegt $\varDelta$ in der Abbildung um fast 5 Einheiten (%) tiefer als bei Nennlast. Wir wollen h so

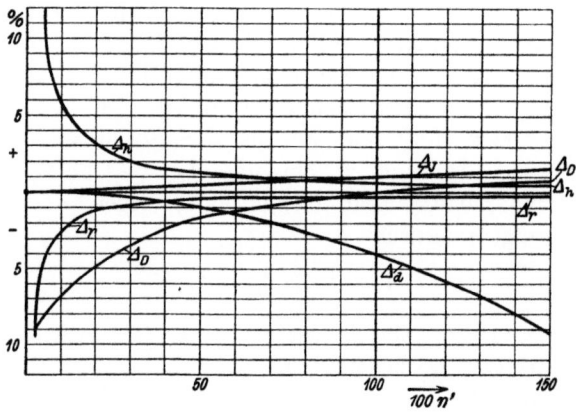

Abb. 44. Prozentualer Einfluß von Permeabilität ($\varDelta_D$), Reibung ($\varDelta_r$), Stromdämpfung ($\varDelta_d$), Hilfskraft ($\varDelta_h$), Stromvortrieb ($\varDelta_J$) auf die Lastkurve.

wählen, daß $\varDelta'$ bei $^1/_{10}$-Last um 5,5, also (s. III, 7) bei Nennlast um 0,55 Einheiten gehoben wird; dann ist der Fehler an beiden Punkten ungefähr der gleiche. Die Hilfskraft muß dazu sein:

$$h = \frac{7{,}32}{10} \cdot \frac{5{,}5}{100} = 0{,}0403 \text{ cmg.}$$

---

[1]) Man sieht leicht ein, daß der magnetische Nebenschluß nicht wirken kann, wenn der magnetische Potentialabfall in dem unverzweigten Pfad sehr klein ist. Es ist ebenso, wie wenn an eine große Batterie eine Glühlampe direkt angeschlossen ist: Ihr Strom wird nicht beeinflußt, wenn man eine zweite Glühlampe anschließt. Eine Beeinflussung der einen Glühlampe durch Zuschalten einer zweiten tritt nur ein, wenn zwischen den Glühlampen und der Batterie ein größerer Widerstand liegt.

6. Lastkurve.

Ihr prozentualer Einfluß

$$\varDelta_h = \frac{0{,}0403}{7{,}32\,\eta'} \cdot 100$$

sowie

$$\varDelta' = \varDelta + \varDelta_h$$

ist in Abb. 44 bzw. 45 eingezeichnet.

Bei $\eta < 0{,}1$ nimmt $\varDelta_h$, welches behufs Ausgleich bei Zehntellast infolge der zu geringen Permeabilität viel größer gewählt werden mußte, als es die Reibung allein verlangt, sehr hohe

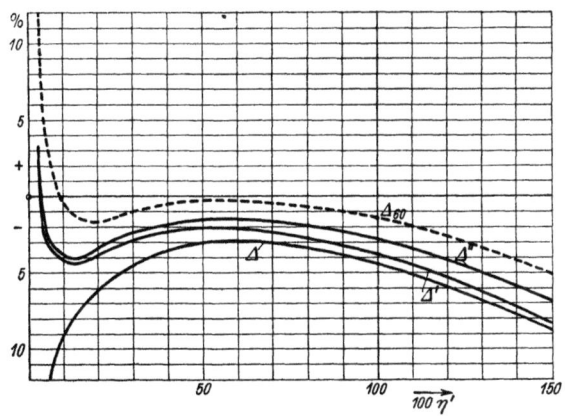

Abb. 45. Lastkurve.

$\varDelta''$ mit Hilfskraft und Stromvertrieb ⎫
$\varDelta'$,, ,, ohne ,, ⎬ $\cos\varphi = 1$
$\varDelta$ ohne ,, ,, ,, ⎭
$\varDelta_{60}$ mit ,, und ,, $\cos\varphi = 0{,}5$.

Werte an, während $\varDelta_D$ nur mehr sehr wenig sinkt. Es steigt daher $\varDelta'$ bei kleinen Lasten rasch an. Da $h > r$ ist, würde der Zähler leer laufen. Die W-Zähler müssen deshalb gleichfalls eine Hemmfahne erhalten (s. auch S. 22).

Um das von der Stromdämpfung herrührende Abfallen von $\varDelta'$ bei hohen Belastungen zu verringern, bringen wir einen Stromvortrieb D_J, der $\varPhi_J^2$, also η'^2 proportional ist (s. F. N. 1, S. 91), hervor, indem wir z. B. Einrichtungen, wie sie unter VI, 5 für das Spannungseisen beschrieben sind, am Stromeisen anordnen.

Wir wollen $\varDelta'$ bei Nennstrom um eine Einheit (%) heben; dann muß der Stromvortrieb bei Nennstrom 0,0732 cmg hervorbringen[1]). Er beträgt dann bei Zehntellast 0,000732 cmg und hebt also dort, wo $D_{\mathfrak{S}} = 0{,}732$, die $\mathit{\Delta}_D$-Kurve um 0,1 Einheiten (%). Es ist in Abb. 44 der Einfluß des Stromvortriebes $\mathit{\Delta}_J = \eta'$, in Abb. 45 der Fehler mit Stromvortrieb $\mathit{\Delta}'' = \mathit{\Delta}' + \mathit{\Delta}_J$ eingetragen.

Wir bestimmen nun die Lastkurve, wenn unser mit Hilfskraft und Stromvortrieb versehener Zähler in eine Anlage mit $\varphi = 60°$ Verschiebung ($\cos\varphi = 0{,}5$) eingeschaltet ist; wir nehmen dabei an, daß Φ_J und Φ_K bei $\cos\varphi = 1$ genau um $90°$ gegeneinander verschoben sind; es ist dann das Drehmoment bei jedem η' die Hälfte desjenigen bei $\cos\varphi = 1$.

Es ist
$$D_{\mathfrak{S},60} = 0{,}5 \cdot 7{,}32\,\eta' = 3{,}66\,\eta'$$
und daher
$$\mathit{\Delta}_{J,60} = 2\,\eta',$$
$$\mathit{\Delta}_{h,60} = 2\,\mathit{\Delta}_h.$$

$\mathit{\Delta}_{r,60}$ ist aus Spalte IX der Tabelle S. 94 zu entnehmen.
$\mathit{\Delta}_D$ ist dasselbe wie bei $\cos\varphi = 1$, ebenso $\mathit{\Delta}_d$.
Die Lastkurve $\mathit{\Delta}_{60}$ bei $\cos\varphi = 0{,}5$ ist in Abb. 45 eingezeichnet[2]).

Durch folgende Gleichungen gelangt man zu demselben Resultat wie durch vorstehende Überlegungen:

Für unseren Zähler mit der Hilfskraft h und dem Stromvortrieb $c_1 \cdot \eta'^2$ gilt die Gleichung
$$n = \frac{D - r + h + c_1\,\eta'^2}{0{,}176 + 0{,}0072 \cdot \eta'^2}$$
oder
$$n = 5{,}67\,\frac{D - r + h + c\,\eta'^2}{1 + 0{,}041 \cdot \eta'^2} \approx 5{,}67\,(D - r + h + c\,\eta'^2)(1 - 0{,}041\,\eta'^2)\ ^3).$$

Wir dürfen auch schreiben:
$$n = 5{,}67\,(D\,(1 - 0{,}041\,\eta'^2) - r + h + c\,\eta'^2),$$
indem wir das Produkt $(-r + h + c_1\,\eta'^2)\,0{,}041\,\eta'^2$ vernachlässigen; da $(-r + h + c_1\,\eta'^2)$ selbst nur eine Korrektion, ist der Fehler, wenn wir diese um einige Prozent falsch einsetzen, gering.

---

[1]) $D_J = c_1\,\eta'^2 = 0{,}0732\,\eta'^2$.

[2]) Man wird zweckmäßig χ etwas kleiner als $90° + \psi_J$ wählen, dann verschiebt sich $\mathit{\Delta}_{60}$ parallel mit sich etwas nach unten und kommt $\mathit{\Delta}''$ näher: Der Zähler hat bei $\cos\varphi = 1$ und $\cos\varphi = 0{,}5$ fast den gleichen Fehler; schließlich kann man natürlich durch Verstellen des Bremsmagneten beide Kurven parallel nach oben verschieben, so daß die Abweichungen gegen den idealen Zähler geringer werden.

[3]) Siehe S. 27, F. N. 1, Formel a).

6. Lastkurve. — 7. Falsche Phase des Spannungsflusses. 99

Für den idealen Zähler ist
$$n_\mathfrak{E} = 5{,}67 \cdot 7{,}32 \cdot \eta',$$
also die Abweichung unseres Zählers gegen diesen

$$\left.\begin{aligned}\varDelta'' &= \left(\frac{n}{n_\mathfrak{E}} - 1\right) \cdot 100 = \Big(\frac{D}{7{,}32 \cdot \eta'}(1 - 0{,}041 \cdot \eta'^2) - \frac{r}{7{,}32 \cdot \eta'} + \frac{h}{7{,}32 \cdot \eta'} \\ &\quad + \frac{c \cdot \eta'^2}{7{,}32 \cdot \eta'} - 1\Big) 100\,\%\end{aligned}\right\} \quad (11)$$

$$\varDelta'' = \left(\left(1 + \frac{\varDelta_D}{100}\right)(1 - 0{,}041\,\eta'^2) - \frac{r}{7{,}32 \cdot \eta'} + \frac{h}{7{,}32 \cdot \eta'} + \frac{c \cdot \eta'^2}{7{,}32 \cdot \eta'} - 1\right)100\,\%$$

$$\varDelta'' \approx \varDelta_D - 4{,}1 \cdot \eta'^2 - \frac{100 \cdot r}{7{,}32 \cdot \eta'} + \frac{100 \cdot h}{7{,}32 \cdot \eta'} + \frac{100 \cdot c \cdot \eta'}{7{,}32}\,{}^1)$$

$$\varDelta'' = \varDelta_D + \varDelta_d + \varDelta_r + \varDelta_h + \varDelta_J \quad \text{wie oben.}$$

Bei $\cos\varphi = 0{,}5$ ist $n_\mathfrak{E}$ und daher der Nenner der vier Brüche in Gleichung 11 halb so groß; der erste Bruch, und damit $\varDelta_D$ und $\varDelta_d$, behält seinen Wert, da bei $\cos\varphi = 0{,}5$ auch D auf die Hälfte sinkt; der zweite Bruch und damit $\varDelta_r$, ist etwas weniger als doppelt so groß, da r wegen der geringeren Drehzahl fällt; der dritte und vierte Bruch, und damit $\varDelta_h$ und $\varDelta_J$, ist doppelt so groß.

7. Falsche Phase des Spannungsflusses.
Damit W-Zähler bei jedem Leistungsfaktor ($\cos\varphi$) der zu messenden Anlage richtig zeigen, ist es nötig (s. S. 78), daß $\varPhi_K$ und $\varPhi_J$ bei $\varphi = 0$ eine gegenseitige Phasenverschiebung von 90° haben (Flußverschiebung $\sigma_0 = 90°$).

Es soll nun der Fehler $\varDelta$ ermittelt werden, wenn die Flußverschiebung um den Winkel δ falsch ist. Dazu wird bei einem genau richtig zeigenden Zähler (Drehzahl n) ohne jede sonstige Änderung die Verschiebung um δ verändert, also der Spannungsfluß aus der richtigen Lage $\varPhi_K$ (Abb. 46) in die falsche Lage $\varPhi'_K$ gebracht[2]) (Drehzahl n');

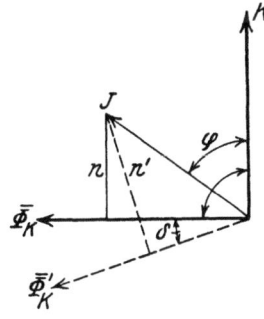

Abb. 46. Die Lote n und n' geben die Drehzahlen bei richtiger und falscher Phase des Spannungsflusses.

---

[1]) Siehe S. 27, F. N. 1, Formel c), jedoch ε_2 mit Minuszeichen.

[2]) Dies geschieht z. B., wenn der Zähler unter Zwischenschaltung eines Spannungswandlers angeschlossen wird, der einen Fehlwinkel δ hat (s. XII, 5).

n und n' werden durch die Lote vom Endpunkt von J auf Φ_K bzw. Φ_K' dargestellt, da die Drehzahl sin σ proportional ist. Die Gleichungen lauten:

$$\frac{n'}{n} = \frac{\sin(90° + \delta - \varphi)}{\sin(90° - \varphi)}$$

$$\varDelta_g = \left(\frac{n'}{n} - 1\right) 100 = (\cos\delta + \sin\delta\,\mathrm{tg}\,\varphi - 1)\,100\%.$$

Dabei ist φ und δ einschließlich Vorzeichen einzusetzen, $\varphi > 0$ bei **induktiver** Last, $\delta > 0$, wenn die Verschiebung zu groß ist; beides ist in der Abbildung angenommen.

In der Praxis ist δ klein; man kann daher gewöhnlich die Näherungsformel

$$\varDelta \approx 100\sin\delta\,\mathrm{tg}\,\varphi \approx 0{,}0291\,\delta^{(\prime)}\,\mathrm{tg}\,\varphi \% \ ^{1)}$$

benutzen. Für $\delta = +2°$ ist

bei $\varphi =$	0°	+10°	+30°	+60°	−60°
$\varDelta_g =$	−0,06	+0,55	+1,96	+5,98	−6,10%
$\varDelta =$	0	+0,62	+2,02	+6,04	−6,04%[2].

Der Einfluß der Fehlverschiebung δ ist also bei kleinem φ im Verbrauchsstromkreis gering und wächst rasch mit φ.

8. Abnormale Spannung. Wir nehmen zuerst an, daß Φ_K proportional K ist, dann hat — wenn wir zunächst nur hohe Be-

---

[1] In einem Kreis mit dem Radius Eins entspricht einem Winkel von $\delta^{(\prime)}$ Minuten die Bogenlänge

$$\frac{2\pi}{360 \cdot 60}\delta^{(\prime)} = 0{,}000291\,\delta^{(\prime)}.$$

Da nun die Lote, welche Sinus und Tangens bedeuten, bei sehr kleinen Winkeln praktisch gleich dem Bogen sind, ist

$$\sin\delta \approx \mathrm{tg}\,\delta \approx 0{,}000291\,\delta^{(\prime)}$$

oder

$$\delta^{(\prime)} \approx 3440\sin\delta \approx 3440\,\mathrm{tg}\,\delta,$$

wenn $\delta^{(\prime)}$ den Winkel ausgedrückt in Minuten bedeutet.

[2] Von $\varphi = 0$ bis $\varphi = +\frac{\delta}{2}$ gibt die Näherungsformel einen positiven Fehler, während er genau genommen ($\varDelta_g$) in diesem Bereich negativ und bei $\varphi = \frac{\delta}{2}$ Null ist; es sind nämlich bei $\varphi = \frac{\delta}{2}$ die auf Φ_K und Φ_K' gefällten Lote gleich lang.

8. Abnormale Spannung.

lastung in Betracht ziehen, bei welcher die Änderungen, die die Hilfskraft bei veränderlicher Spannung erfährt, keine Rolle spielen — das Drehmoment bei allen Spannungen den richtigen Wert, nicht aber die Drehzahl, weil der Bremsfaktor des Spannungsflusses $b_K = C_K \bar{\Phi}_K^2$ bei abnormaler Spannung einen anderen Wert hat als bei der Eichspannung. Ist z. B.

$$b_M = C_M \Phi_M^2 = 0{,}2$$

und bei Nennspannung ($K = K_\mathfrak{N}$)

$$b_K = C_K \bar{\Phi}_K^2 = 0{,}01$$

— also 5% von b_M —, so ist, wenn wir die Stromdämpfung gleich Null setzen, der Bremsfaktor bei der Spannung K

$$b = 0{,}2 + 0{,}01 \left(\frac{K}{K_\mathfrak{N}}\right)^2.$$

Die Dämpfung ist also bei einer um 10% zu hohen Spannung um

$$\left(\frac{0{,}2 + 0{,}01 \cdot (1{,}1)^2}{0{,}2 + 0{,}01} - 1\right) 100 \approx 1\%$$

zu groß, die Angaben des Zählers sind bei $K = 1{,}1\, K_\mathfrak{N}$ um 1% zu klein; die Eichgesetze mancher Länder verlangen, daß ein bei normaler Spannung richtig zeigender Zähler bei 10% Spannungsänderung höchstens 1% falsch zeigen darf. Um die Spannungsabhängigkeit klein zu halten, wählt man die Dämpfung durch den Stahlmagneten groß gegen diejenige des Spannungsflusses.

Es gibt aber noch folgendes Mittel, welches Bláthy vorschlug: Man dimensioniert den magnetischen Nebenschluß (Brücke *18*, Abb. 33) so, daß er bei Nennspannung stark gesättigt ist. Erhöht man jetzt die Betriebsspannung K im Verhältnis γ, so erhöht sich der Gesamtfluß $[\bar{\Phi}' + \bar{\Phi}_K]$ in demselben Verhältnis, dagegen ändert sich die Verteilung: der durch die Brücke gehende Streufluß steigt **weniger**, der Triebfluß, also auch das Drehmoment, steigt **mehr** als im Verhältnis γ. Bei höherer Spannung ist also das Drehmoment **verhältnismäßig zu groß**; die Dämpfung ist, wie wir oben sahen, auch zu groß. Man kann die Verhältnisse so wählen, daß sich beide Einflüsse aufheben, die Drehzahl steigt dann im Verhältnis γ: der Zähler zeigt auch bei höherer Spannung richtig.

Außerdem ändert sich die Hilfskraft h, wie aus F. N. 1, S. 91 hervorgeht, proportional Φ_K^2, also annähernd proportional K^2; die Zähler zeigen daher bei kleinen Lasten bei zu hoher Spannung Plusfehler und umgekehrt.

Bei allen Betrachtungen in diesem Unterabschnitt haben wir angenommen, daß χ ungeändert bleibt; trifft dieses nicht zu, so treten noch weitere Fehler, besonders bei induktiver Belastung auf.

9. Abnormale Frequenz.

Nach Gleichung 4, S. 77 ist das Drehmoment

$$D \sim \overline{\Phi}_K \, \overline{\Phi}_J \cdot f \sin \sigma = (\overline{\Phi}_K \cdot f) \, \overline{\Phi}_J \sin(\chi - \psi_J - \varphi).$$

Wir halten in einer Anlage die Spannung K, den Strom J und den Leistungsfaktor $\cos\varphi$ konstant und ändern f; dann sollte, da N ungeändert bleibt, D ungeändert bleiben. Dies ist aus verschiedenen Gründen nicht der Fall; die Verhältnisse liegen wie folgt: Da der Ohmsche Abfall in der Spannungsspule gegen die vom Gesamtfluß $[\overline{\Phi} = \overline{\Phi}_K + \overline{\Phi}']$ induzierte Spannung E klein und außerdem gegen E nahezu um $90°$ verschoben ist, unterscheidet sich (s. Abb. 35) die Klemmenspannung K von E zahlenmäßig nur wenig:

$$K \approx E = 4{,}44 \, \overline{\Phi} \cdot f s' \, 10^{-8}.$$

Bei konstantem K und veränderlichem f bleibt also das Produkt $\overline{\Phi} \cdot f$ annähernd konstant[1]), die Spaltung von Φ in Φ_K und Φ' geht aber in der Weise vor sich, daß bei demselben Φ der stärker belastete Fluß, also Φ_K, um so kleiner ausfällt, je größer f ist[2]); folglich fällt $\overline{\Phi}_K \cdot f$ mit steigender Frequenz. — Der Winkel χ steigt mit steigendem f, denn $\overline{\Phi}_K \cdot f$, also die induzierte EMK, bleibt konstant, und der Ohmsche Abfall fällt, und außerdem steigt

---

[1]) $\overline{\Phi} \cdot f$ steigt etwas mit steigendem f: denn, da $\overline{\Phi} \cdot f \approx $ const, also Φ und daher der Magnetisierungsstrom proportional $1:f$ ist, fällt der Ohmsche Abfall und steigt E, also $\overline{\Phi} \cdot f$, mit steigendem f.

[2]) Dies wird erklärlich aus Abb. 40, S. 91 und der Gleichung $\operatorname{tg} \psi = \dfrac{J_w}{J_m}$ (S. 69); J_m ist proportional dem magnetischen Widerstand $\Re$ und von f unabhängig. Wenn wir annehmen, daß die Hysteresisverluste klein sind gegen die durch die Sekundärströme verursachten (s. S. 73 und F. N. 1, S. 85), ist $J_w \sim \overline{\Phi} \cdot f$, also $\operatorname{tg}\psi \sim \overline{\Phi} \cdot f : \overline{\Phi} \cdot \Re \sim f$. Würden wir Abb. 40 nochmals zeichnen für eine 50 % höhere Frequenz, also für Winkel ψ_I und ψ_{II}, deren Tangenten um 50 % größer wären, so würden wir finden, daß $J_{mII} : J_{mI}$, also auch $\Phi_{II} : \Phi_I$, in der neuen Abbildung kleiner wäre als in Abb. 40.

9. Abnormale Frequenz.

X' und daher in Abb. 34 $J_2' X'$ proportional mit f[1]). Φ_J bleibt praktisch konstant, ψ_J ist der Frequenz proportional (s. F. N. 2, S. 102); endlich fällt die Spannungsdämpfung mit steigendem f, da Φ_K annähernd proportional $1:f$ ist.

Beispiel: Der Zähler von Abschnitt VI, 3, Abb. 34, bei dem die Verschiebung $\chi = 94°$ durch den Sekundärstrom J_2' erzielt wurde, sei bei $f = 50$ und 120 V genau geeicht; wir betreiben ihn jetzt mit 120 V bei $f = 100$. Wir wollen die einzelnen Fehler, die dabei auftreten, berechnen.

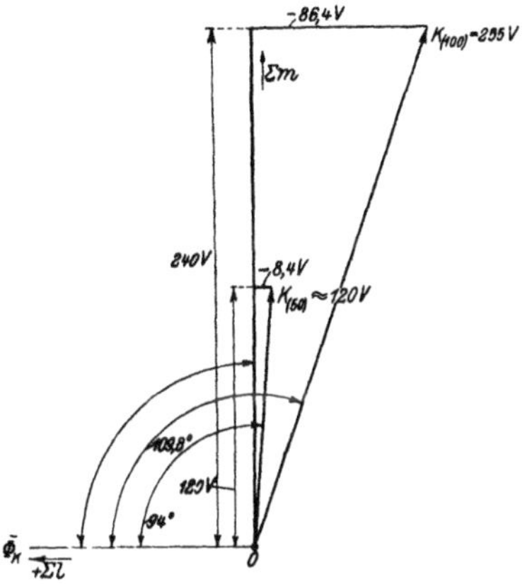

Wir bestimmen zuerst Φ_K und χ bei $K = 120\ V$ und $f = 100$.

Abb. 47. K und χ bei $f = 50$ und $f = 100$ ($\overline{\Phi}_K = 7000 = \text{const}$).

Wenn wir das ausgezogene Diagramm Abb. 34 (90°-Verschiebung durch Sekundärstrom erzielt) für $\overline{\Phi}_K = 7000$ und $f = 100$ zeichnen würden, wobei J_w'[2]) und J_2' sowie der Streu-Blindwiderstand der Spannungsspule doppelt so groß sind und Φ_K und J_m' ungeändert bleiben, würden wir

$$K = 255\ V \quad \text{und} \quad \chi = 109°50'$$

erhalten[3]), Abb. 47.

---

[1]) In Wirklichkeit etwas langsamer, da J_2' proportional $\overline{\Phi}_K \cdot f$ ist und daher mit steigendem f etwas fällt.

[2]) In Wirklichkeit wächst J_w' etwas langsamer (s. S. 73); falls jedoch der Leistungsverlust durch Hysteresis klein ist gegen den durch Sekundärströme (J_2', J_K und Wirbelströme im Spannungseisen) verursachten, wird der durch unsere Annahme J_w' proportional f im Endresultate auftretende Fehler klein sein.

[3]) Man kann auf folgende Weise K und χ für beliebige f bei $\overline{\Phi}_K = 7000$ = const berechnen:

Die Komponenten von K sind nach Abb. 34 und 47:
in horizontaler Richtung:

$$l_1 = J_m' \cdot R' = 0{,}0353 \cdot 500 = 17{,}65\ V,$$

$$l_2 = -(J_w' + J_2') X' = -(0{,}008 + 0{,}0128) \frac{f}{50} \cdot 1260 \frac{f}{50} = -0{,}0104 \cdot f^2,$$

$$l_1 + l_2 = 17{,}65 - 0{,}0104 f^2 = \Sigma l,$$

VI. W-Zähler.

Wir wollen annehmen, daß sich alle Größen des Spannungsdiagramms proportional K ändern, dann ergibt sich $\varPhi_K$ bei $f = 100$ und $K = 120$ zu

$$\overline{\varPhi}_{K(100)} = 7000 \cdot \frac{120}{255} = 3295 = \overline{\varPhi}_{K(50)} \cdot 0{,}471 \,.$$

Wir ermitteln nun die von den verschiedenen Einflüssen verursachten Fehler.

1. $\overline{\varPhi}_K \cdot f$ hat für $f = 100$ den Wert $3295 \cdot 100$ statt $7000 \cdot 50$, ist also bei $f = 100$ zu klein[1]). Der Zähler zeigt infolgedessen im Verhältnis

$$\gamma_1 = \frac{3295 \cdot 100}{7000 \cdot 50} = 0{,}942$$

zu wenig,

$$\varDelta_1 = -5{,}8\,\% \,.$$

in vertikaler Richtung:

$$m_1 = 4{,}44 \cdot \overline{\varPhi}_K f s' \cdot 10^{-8} = 4{,}44 \cdot 7000 \cdot 50 \cdot 4200 \cdot 10^{-8} \frac{f}{50} = 1{,}31 \cdot f,$$

$$m_2 = (J'_w + J'_2) \cdot R' = (0{,}008 + 0{,}0128) \frac{f}{50} \cdot 500 = 0{,}207 \cdot f,$$

$$m_3 = J'_m X' = 0{,}0353 \cdot 1260 \frac{f}{50} = 0{,}89 \cdot f,$$

$$m_1 + m_2 + m_3 = 2{,}4 f = \varSigma m$$

und $\quad K = \sqrt{(\varSigma l)^2 + (\varSigma m)^2}, \quad \mathrm{tg}\,(\chi - 90°) = -\varSigma l : \varSigma m \,.$

Es ist für $f = 50$:

$\varSigma l = -8{,}4\,V \qquad \varSigma m \approx 120\,V \qquad K = 120\,V \qquad \chi = 94°,$

für $f = 100$:

$\varSigma l = -86{,}4\,V \qquad \varSigma m = 240\,V \qquad K = 255\,V \qquad \chi = 109°\,50'.$

$\varSigma m$ wächst proportional f, wenn auch $\varSigma l$ proportional f wäre, hätte K und χ auch für $f = 100$ den richtigen Wert; $\varSigma l$ ist jedoch für $f = 100$ mehr als zehnmal so groß als für $f = 50$, deshalb ist K_{100} und χ_{100} zu groß, wodurch $\varDelta_1$ und der größte Teil von $\varDelta_3$ verursacht wird.

[1]) Wie eingangs gesagt, muß bei konstanter Klemmenspannung und steigender Frequenz die Spannung E, also $\overline{\varPhi} \cdot f$, etwas steigen. Man kann die Steigerung, die bei Erhöhung der Frequenz von 50 auf 100 bei $K = 120\,V = $ const auftritt, nach den Formeln der letzten Fußnote leicht berechnen: $E = \sqrt{(1{,}31 \cdot f + 0{,}89 \cdot f)^2 + (0{,}0104 \cdot f^2)^2} = f \cdot \sqrt{4{,}84 + 1{,}08 \cdot 10^{-4} \cdot f^2}$ (geometrische Summe aller induzierten Spannungen bei $\overline{\varPhi}_K = 7000$); daraus: $E_{(50)} = 113\,V$ (bei $K = 120\,V$), $E_{(100)} = 243{,}5\,V$ (bei $K = 255\,V$), auf $K = 120\,V$ umgerechnet: $243{,}5 \cdot \frac{120}{255} = 114{,}5\,V$; $\overline{\varPhi} \cdot f$ steigt also dabei um $1{,}3\,\%$.

9. Abnormale Frequenz.

2. Bei Frequenz 100 ist $\operatorname{tg}\psi_J$ und — annähernd ψ_J selbst — zweimal so groß als bei Frequenz 50 ($\psi_{J(50)} = 4°$, s. S. 84):

$$\psi_{J(100)} = 4° \cdot 2 = 8°.$$

J_m und daher Φ_J ist im Verhältnis

$$\gamma_2 = \frac{\cos 8°}{\cos 4°} = \frac{0{,}990}{0{,}998} = 0{,}992$$

zu klein,

$$\varDelta_2 = -0{,}8\%.$$

3. Die Verschiebung χ ist zu groß, $109° 50'$ statt $94°$, andererseits ist auch ψ_J zu groß ($8°$ statt $4°$), infolgedessen zeigt der Zähler im Verhältnis

$$\gamma_3 = \frac{\sin(109° 50' - \varphi - 8°)}{\sin(94° - \varphi - 4°)}$$

falsch; für

$\varphi = 0°$ $\cos\varphi = 1$ ist $\gamma_3 = 0{,}98$ $\varDelta_3 = -2\%$
$\varphi = 60°$ $\cos\varphi = 0{,}5$ $\gamma_3' = 1{,}33$ $\varDelta_3' = +33\%$.

4. Endlich ist bei Frequenz 100 Φ_K und damit die Dämpfung durch den Spannungsfluß geringer als bei Frequenz 50. Beträgt sie im letzteren Falle 5% der Dämpfung durch den Stahlmagneten, so zeigt — da wir für die Berechnung dieser Korrektion Φ_K umgekehrt proportional f setzen dürfen — der Zähler im Verhältnis

$$\gamma_4 = \frac{1}{1 + 0{,}05\left(\frac{50}{100}\right)^2} : \frac{1}{1 + 0{,}05} = 1{,}037$$

zu viel:

$$\varDelta_4 = +3{,}7\%.$$

(Man erkennt, daß, so weit wir auch f steigern mögen, $\varDelta_4$ höchstens $+5\%$ betragen kann, dagegen erreicht $\varDelta_4$ bei fallendem f sehr große negative Werte, z. B.: $\varDelta_4 = -20\%$ für $f = 20$.)

Der Gesamtfehler

$$\varDelta \approx \varDelta_1 + \varDelta_2 + \varDelta_3 + \varDelta_4 \,[1)]$$

beträgt

$-4{,}8\%$ bei $\cos\varphi = 1$
$+30{,}2\%$ bei $\cos\varphi = 0{,}5$.

[1)] Streng genommen ist $\varDelta = (\gamma_1 \gamma_2 \gamma_3 \gamma_4 - 1) \cdot 100$.

VI. W-Zähler.

Auf dieselbe Weise sind die Fehler auch für andere Frequenzen berechnet und in Abb. 48 eingetragen (Frequenzkurven).

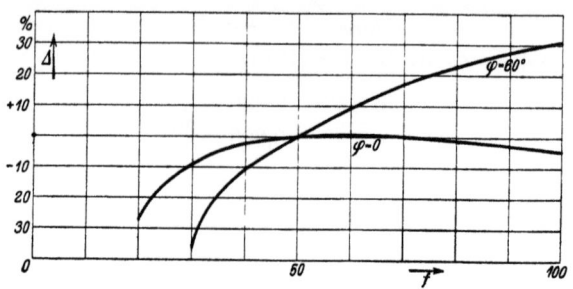

Abb. 48. Frequenzkurven.

Bei geringer Belastung treten außer den oben behandelten noch Änderungen dadurch auf, daß die Hilfskraft h bei konstanter Spannung K sich mit f ändert, und zwar fällt h mit steigendem f. Dies geht aus der F. N. 1, S. 91 hervor; denn wie wir sahen, ist z. B. $(\overline{\Phi}_K)_{100} < \frac{1}{2} (\overline{\Phi}_K)_{50}$; α steigt mit f, was bei den auf S. 91 beschriebenen Einrichtungen a) und b) auf eine Vergrößerung von h hinwirkt ($\alpha < 90°$), bei c) dagegen auf eine weitere Verkleinerung ($\alpha > 90°$). Die an Einrichtung a), b), c) gemessene Frequenzabhängigkeit ist in Abb. 49 dargestellt.

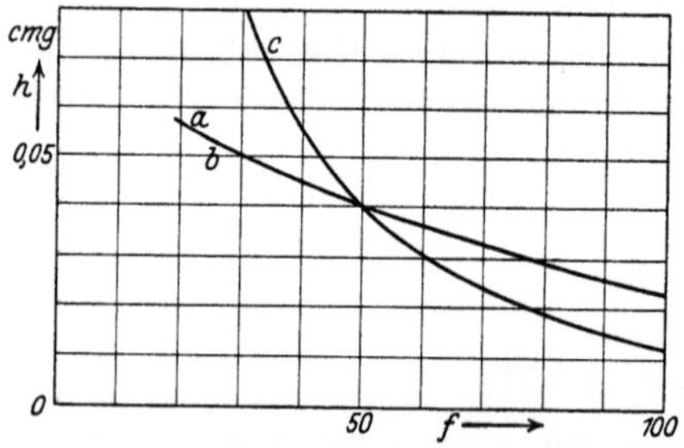

Die Eichgesetze mancher Länder verlangen, daß die Angaben der Zähler sich bei Frequenzänderungen von 5% bei $\eta' = 0{,}5$ oder $\eta' = 1$ um höchstens 1 bis 1,5% ändern.

Abb. 49. Frequenzabhängigkeit der Hilfskraft h bei den Einrichtungen a), b), c); K = const.

Es mag bemerkt werden, daß W-Zähler, welche geringe Frequenzabhängigkeit besitzen, mit sinusförmigem Strom geeicht, bei Wechselstrom von verzerrter Wellenform nur geringe Fehler zeigen werden, weil solcher stets in eine Anzahl Sinuswellen verschiedener Frequenz zerlegt werden kann.

10. Temperatur. Ändert sich die Temperatur, so ändert sich die Leitfähigkeit der Scheibe, und zwar sinkt dieselbe um etwa

0,4% für 1° Temperaturerhöhung; das Drehmoment sowie die bremsenden Momente ändern sich in demselben Verhältnis wie die Leitfähigkeit, die Drehzahl bliebe also unverändert (s. VI, 2, letzter Absatz), wenn Φ_M, Φ_K, Φ_J und die gegenseitige Verschiebung der letzteren unverändert bliebe.

Mit steigender Temperatur steigen die Flüsse Φ_J und Φ_K (vernachlässigbar!) und fallen die Winkel χ und ψ_J; dies kommt daher, daß R', J'_w und J'_2 sich mit der Temperatur ändern[1]). Ferner fällt der Fluß Φ_M des Bremsmagneten. Da χ mehr fällt als ψ_J, fällt $\sigma_0 = \chi - \psi_J$. Der Zähler zeigt daher bei höherer Temperatur bei kleinen Verschiebungen φ Plusfehler (Fallen von Φ_M) und bei sehr großen Minusfehler (Fallen von σ_0).

11. Zähler für verschiedene Nennlasten. Ein und dasselbe Modell kann durch entsprechende Bewicklung der Strom- und Spannungsspulen sowie durch Einsetzen entsprechender Zählwerke für verschiedene Nennströme und Nennspannungen eingerichtet werden. Wir wählen die Wicklungen wieder so, daß die verschiedenen Zähler bei Nennlast dasselbe Drehmoment haben.

A) Spannungsspulen. Wir denken uns durch eine unendlich dünne Isolationsschicht den Draht der Spannungsspule seiner ganzen Länge nach in zwei gleiche Hälften gespalten; diese sind jetzt parallel geschaltet, und es herrscht an ihren Enden, falls wir den Zähler mit Sekundärspule aus Abschnitt VI, 3 betrachten[2]), 120 V, und es fließt in jeder Hälfte $\frac{0{,}0413}{2} = 0{,}0206$ A. Wir schalten nun beide Hälften in Reihe und legen die Spannung 240 V an. Dadurch ändert sich offenbar an der Wirkung der Spule nichts, nach wie vor ist jede Hälfte von 0,0206 A durchflossen, und nach wie vor herrscht 120 V an den Enden jeder

---

[1]) Denn: da die Leitfähigkeit der Scheibe mit steigender Temperatur sinkt, wird ψ_J kleiner, $\cos \psi_J$ und somit $J_m = J \cos \psi_J$ und Φ_J größer (bei gleichem J). Daß χ bei höherer Temperatur zu klein und Φ_K (bei gleichem K) zu groß ist, kann man sich an den Formeln der F. N. 3, S. 103 wie folgt klarmachen:

Wir halten Φ_K konstant und steigern die Temperatur; es steigt dann R' und es fällt J'_w und J'_2, weil die Widerstände ihrer Bahnen steigen. Σm bleibt ungeändert, und Σl wird seinem absoluten Betrag nach kleiner: K und χ fallen. Erhöht man K wieder auf den alten Wert, so wird Φ_K größer als vorher.

[2]) $s' = 4200$; $q' = 0{,}018$; $K = 120 V$; $J' = 0{,}0413 A$; $N' = 2{,}18 W$.

Hälfte: die Flüsse, der Strom in der Sekundärwicklung, die Wirbelströme im Eisen und in der Scheibe, die gegenseitige Lage aller Vektoren, der Leistungsverlust im Spannungskreis bleiben dieselben. Die Verhältnisse haben sich nur nach außen geändert insofern, als der Spannungskreis jetzt 240 V und 0,0206 A aufnimmt. R' und X' sind dabei aufs Vierfache gestiegen. Für die umgeschaltete Spannungsspule gilt dasselbe Diagramm (Abb. 34), wenn man der Längeneinheit bei den Strömen in der Spannungsspule den halben, bei den Spannungen den doppelten Wert beimißt. Die umgeschaltete Spule stellt die Bewicklung unseres Zählers für 240 V dar.

Allgemein ist die Windungszahl s' proportional und der Drahtquerschnitt q' umgekehrt proportional der Spannung $K_\mathfrak{R}$ zu wählen. Es hat dann $J's'$, N', Φ_K, D, χ, φ' für alle Nennspannungen denselben Wert, und es ist J' proportional $\dfrac{1}{K_\mathfrak{R}}$.

Legen wir die in Reihe geschalteten Hälften ($s' = 8400$) an 120 V an — statt an 240 V —, so geht gemäß S. 85 Φ_K und J' auf die Hälfte, der Leistungsverbrauch N im Spannungskreis auf ein Viertel zurück; wir können folgende Tabelle anschreiben:

K Volt	s'	q' mm²	Φ_K	J' Ampere	N' Watt
120	4200	0,018	7000	0,0413	2,18
240	8400	0,009	7000	0,0206	2,18
120	8400	0,009	3500	0,0103	0,55

Wir hätten also bei dem 120 V-Zähler die Hälfte des Flusses und des Drehmomentes erhalten, wenn wir ihn mit 8400 Windungen — statt mit 4200 — versehen hätten; er hätte dann allerdings auch nur ein Viertel des Stromes und der Leistung aufgenommen.

In der Praxis läßt sich eine Bewicklung, bei der q' umgekehrt proportional $K_\mathfrak{R}$ abgestuft wird, nur annähernd durchführen, weil man sonst zu viele verschiedene Drahtstärken benötigen würde. Immerhin kann man die Wicklungen bei den W-Zählern der Praxis, im Gegensatz zu den G-Zählern, so einrichten, daß der Leistungsverlust im Spannungskreis bei allen Spannungen nahezu derselbe bleibt.

In der Regel werden W-Zähler nur bis zu etwa 500 V bewickelt, weil man darüber hinaus zu hohe Spannungen an der

Spule und zu dünne Drähte erhalten würde. Bei höheren Spannungen schließt man den Spannungskreis der Zähler unter Zwischenschaltung eines Spannungswandlers an.

B) **Stromspulen.** Durch dieselbe Betrachtung finden wir: Man hat den Drahtquerschnitt q proportional, die Windungszahl s_J umgekehrt proportional dem Nennstrom $J_\mathfrak{N}$ zu wählen. Es hat dann $J \cdot s_J$, Φ_J, D, ψ_J, N_J für alle Nennstromstärken denselben Wert, der Spannungsabfall K_J — ebenso JR_J und E (Abb. 37) — ist proportional $\dfrac{1}{J_\mathfrak{N}}$, R_J proportional $\dfrac{1}{J_\mathfrak{N}^2}$. Es gilt dasselbe Diagramm für alle Nennströme, wenn man bei doppeltem Nennstrom der Längeneinheit bei den Strömen den doppelten, bei den Spannungen den halben Wert beimißt.

Der Zähler im Abschnitt VI, 4, arbeitet mit $36 \cdot 5 = 180\,AW$ und würde, wenn man ihn für $J_\mathfrak{N} = 180\,A$ bewickeln würde, eine Windung erhalten. Bei noch größeren Stromstärken würde die AW-Zahl zu hoch, und es müßten Maßnahmen ergriffen werden, damit Φ_J, also D und die Stromdämpfung nicht zu groß würde. Auch sind Wicklungen für sehr hohe Stromstärken auf dem Stromeisen der W-Zähler praktisch schwer herstellbar. Sie werden daher in der Regel nur bis zur Nennstromstärke von 150 bis 200 A bewickelt; für höhere Stromstärken schließt man die Stromspule über einen Stromwandler an.

C) **Zifferblatt und Zählwerksübersetzung.** Hierzu sei auf Abschnitt III, 13 C verwiesen; wenn man die dort angegebene Triebtabelle (S. 33) verwendet, benutzt man die für Induktionszähler vorgesehene Spalte I; die Zähler haben dann geringe Drehzahl, können also stark abgedämpft werden (Abschnitt VI, 2 und 6).

12. Eichung. Ein Wechselstromzähler für 10 A, 120 V, $f = 50$ sei nach Tabelle S. 33 mit der Übersetzung 12:100, dem Zifferblatt 0000,0 und der Aufschrift 1875 Ankerumdrehungen je kWh versehen ($a_\mathfrak{E} = 1875:3600 = 0{,}521$). Wir wollen diesen Zähler eichen.

Er wird nach Abb. 50 angeschlossen. Die Feldmagnete der beiden Generatoren G_V und G_A gleicher Polzahl, von denen G_A für den Strom J der zu eichenden Zähler aber nur für geringe Spannung (5 ÷ 15 V), G_V für deren Spannung K aber nur für geringe Stromstärke gebaut ist, sitzen auf derselben Achse; der

Stator von G_A ist verdrehbar. Dadurch kann man der Spannung von G_A und somit dem Strom J eine beliebige Phasenverschiebung gegen die Spannung K von G_V geben.

Wenn beide Statoren die gleiche Lage gegen ihre Feldmagnete haben (Spannungen von G_A und G_V phasengleich), steht ein an dem verdrehbaren Stator angebrachter Zeiger vor einer festen, mit „0" bezeichneten Marke; Verdrehen des Stators von G_A aus der „0"-Stellung in der Umlaufrichtung der Feldmagnete gibt nacheilenden Strom (induktive Last).

$K = 120\ V$ und $f = 50$ wird während der ganzen Eichung konstant gehalten. Wir unterbrechen den Strom J und beseitigen etwaigen Spannungsleerlauf durch die Hilfskraft.

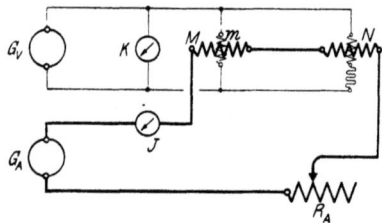

Abb. 50. Eichschaltung eines W-Zählers.

Herstellung der 90°-Verschiebung ($\sigma_0 = \chi - \psi_J = 90°$). Wir stellen mittels des Reglers R_A den Strom $J \approx 10\ A$ ein und verdrehen den Stator induktiv, bis das Wattmeter N keinen Ausschlag mehr gibt, dann ist J gegen K um 90° verschoben. Mittels der Regelvorrichtung für die Flußverschiebung σ_0 wird dabei der Zähler stillgesetzt; dann ist $\sigma_0 = 90°$. Erstere besteht gewöhnlich in einem regelbaren Widerstand, welcher an die Sekundärspule des Spannungs- oder Stromeisens angeschlossen (Änderung von χ bzw. ψ_J s. F. N. 4, S. 84 und F. N. 2, S. 89) oder der Spannungsspule vorgeschaltet wird (Änderung von χ).

Einstellung auf die Eichzahl $a_\mathfrak{E}$. Diese geschieht bei $\cos\varphi \approx 1$, und zwar zunächst bei Nennstrom mittels Bremsmagnet, dann bei $1/10$ Nennstrom mittels Hilfskraft. Wir drehen daher bei $J \approx 10\ A$ den Stator von G_A, bis das Wattmeter etwa höchsten Ausschlag gibt; es möge dabei 1,18 kW anzeigen, und verstellen den Bremsmagnet, bis der Zähler 40 Umdrehungen in

$$t = \frac{40}{1{,}18 \cdot 0{,}521} = 65{,}1\ s$$

macht (s. III, 14b).

Wir stellen nun $J \approx 1\ A$ her und verdrehen den Stator, bis das Wattmeter den höchsten Ausschlag gibt. Es möge dabei

12. Eichung.

0,12 kW anzeigen, dann stellen wir die Hilfskraft so ein, daß der Zähler vier Umdrehungen in

$$t = \frac{4}{0{,}12 \cdot 0{,}521} = 64{,}0 \, s$$

macht.

Schließlich stellen wir eine induktionslose Belastung von etwa 0,3 % her und biegen die Hemmfahne[1]), welche bisher an die Achse hingebogen und daher unwirksam war, so, daß der Zähler dabei eben anläuft. Auch bei erhöhter Spannung wird kein Leerlauf eintreten, denn die Hemmfahne wird bei Wechselstromzählern im Streufluß des Spannungseisens angeordnet, und die Kraft, mit der sie festgehalten wird, steigt ebenso wie der Spannungsvortrieb, etwa mit dem Quadrat der Spannung.

Wir prüfen nun den Zähler bei induktiver Last und stellen zu dem Zweck wieder $J \approx 10 \, A$ ein, drehen den Stator des Generators G_A, bis das Wattmeter den höchsten Ausschlag gibt; es möge dabei 1,2 kW zeigen. Dann drehen wir den Stator induktiv, bis das Wattmeter $0{,}3 \cdot 1{,}2 = 0{,}36$ kW zeigt, dann ist $\cos \varphi = 0{,}3$, und der Zähler muß 12 Umdrehungen in

$$t = \frac{12}{0{,}36 \cdot 0{,}521} = 64{,}0 \, s$$

machen; sonst verändern wir σ_0 ein wenig.

Die Prüfung bei $\cos \varphi = 0{,}3$ ist nötig, weil das Stillsetzen des Zählers bei $\varphi = 90°$ nur eine rohe Einstellung der $90°$-Verschiebung gestattet, und zwar — abgesehen davon, daß die Reibung das Verfahren unempfindlich macht — aus folgendem Grunde: Bei $\varphi = 90°$ dürfen Strom- und Spannungsfluß zusammen kein Drehmoment ausüben; bei stillstehendem Zähler ist also die $90°$-Verschiebung nur dann erreicht, wenn Strom- und Spannungstrieb Null sind, was in der Regel nicht zutrifft[2]).

Da die Angaben vieler Induktionszähler bei induktiver und kapazitiver Belastung etwas verschieden sind, nahmen wir die Eichung bei **induktiver** Belastung vor, da meist nur diese in der Praxis vorkommt.

---

[1]) Siehe S. 22.
[2]) Oft haben die Zähler (s. S. 92) Stromleerlauf; dann ist die $90°$-Verschiebung nicht erreicht, wenn der Zähler stillsteht, sondern wenn er die dem Stromleerlauf entsprechende Drehzahl hat.

Man kann auch auf folgende Weise mittels Zähler und Wattmeter ermitteln, ob der Strom J vor- oder nacheilt. Man verdreht bei etwa Nennstrom den Stator, bis das Wattmeter den größten Ausschlag gibt ($\varphi = 0$, J in Lage *1* Abb. 51); dann schaltet man dem Spannungskreis des Zählers einen sehr großen induktionslosen Widerstand vor, so daß sicher χ kleiner als 90° ist. Wenn man jetzt den Stator nach der induktiven Richtung dreht, so wandert J aus Lage *1* gegen Lage *2*; ehe der Strom J Lage *2* erreicht, fällt er mit Φ_K zusammen, der Zähler steht still, und in Lage *2* (Wattmeterausschlag Null) läuft er umgekehrt wie in Lage *1*: eine **induktive** Verschiebung von 90° ist also bei $\chi < 90°$ an der Umkehrung der Drehrichtung erkennbar; bei kapazitiver Verschiebung von 90° (J in Lage *3*) bleibt die Drehrichtung dieselbe.

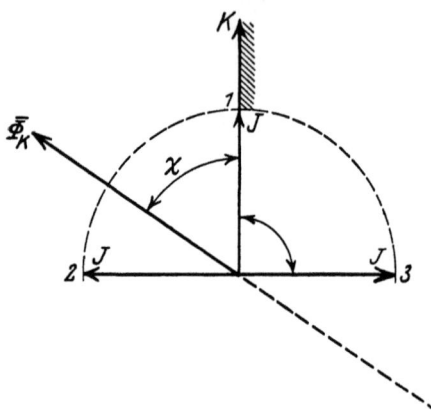

Abb. 51. $\chi < 90°$; bei einer Verschiebung von 90° induktiv (Lage *2*) läuft der Zähler umgekehrt wie bei $\varphi = 0$ (Lage *1*).

13. Scheibenströme. Wir wollen uns nun mit den Scheibenströmen J_K und J_J, deren annähernden Verlauf wir bereits in Abb. 30 und 31 eingezeichnet hatten, eingehender beschäftigen und beschränken uns dabei auf kreisförmige Pole, da diese allein einer einfachen Rechnung zugänglich sind.

Wir betrachten zuerst eine unbegrenzte leitende Platte F (Abb. 52) von der Leitfähigkeit $\varkappa$ und Dicke ϑ, durch diese tritt zwischen den Polen P, P' mit dem Mittelpunkt O und dem Radius r_0 ein kreisförmig begrenzter, homogener Wechselfluß von der Dichte $\overline{\mathfrak{B}}$ (Scheitelwert) hindurch und induziert darin Ströme. Die Bahnen dieser Ströme sind konzentrische Kreise um O. Durch die Wände der Kreisringe (Hohlzylinder) mit dem Mittelpunkt O — z. B. des in Abb. 52 **schraffierten** — tritt keine Strömung hindurch. Diese Kreisringe sind „Stromröhren". Man kann daher die unendliche Platte nach diesen Kreisen in

12. Eichung. — 13. Scheibenströme.

einzelne Ringe zerschneiden, ohne daß die Strömung sich ändert.

Eine unter dem Pol liegende Kreisbahn mit dem Radius r wird von dem Fluß $\overline{\Phi} = \overline{\mathfrak{B}} \pi r^2$ durchsetzt, und es wird darin die EMK

$$E = 4{,}44\,\overline{\mathfrak{B}}\,\pi r^2 f \cdot 10^{-8}\,\text{Volt}$$

induziert.

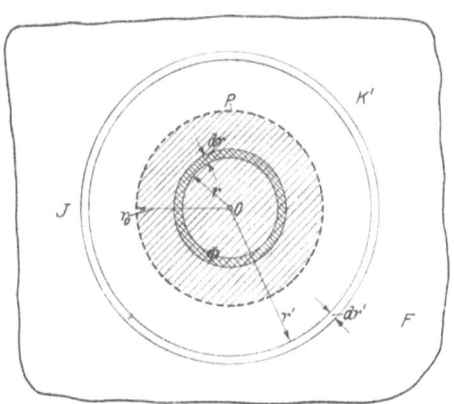

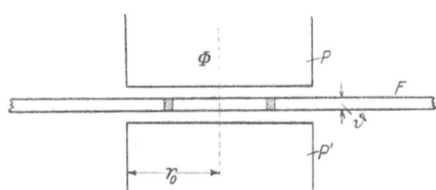

Abb. 52. Ein Wechselfluß Φ erzeugt in einer unendlichen Platte kreisförmige Ströme J.

Der Widerstand des schmalen Hohlzylinders vom Radius r, der radialen Tiefe dr und der Höhe ϑ ist

$$R = \frac{2\pi r}{\varkappa\,\vartheta \cdot dr \cdot 10^4}\,\text{Ohm},$$

wobei alle Maße in cm einzusetzen sind.

Der Strom in diesem Hohlzylinder ergibt sich zu

$$dJ = \frac{E}{R} = 4{,}44\,\overline{\mathfrak{B}}\,\pi r^2 f \cdot 10^{-8} \cdot \frac{\varkappa\,\vartheta \cdot dr \cdot 10^4}{2\pi r} = c_1\,r \cdot dr\ \text{Amp.},$$

wobei $\qquad c_1 = 2{,}22\,\overline{\mathfrak{B}}\,f\,\varkappa\,\vartheta \cdot 10^{-4}.$ \hfill (12)

VI. *W*-Zähler.

Der Strom in einem unter dem Pol liegenden Kreisring mit den Radien r_1 und r_2, wo $r_2 > r_1$ ist:

$$J_{1,2} = c_1 \int_{r_1}^{r_2} r\, dr = \frac{c_1}{2}(r_2^2 - r_1^2). \tag{13}$$

Es sind also alle konzentrischen Kreisringe unter dem Pol, für die die Differenz der Quadrate der Radien die gleiche ist, von gleichem Strom durchflossen.

Alle Kreise außerhalb des Pols, z. B. K', werden von demselben Fluß $\overline{\varPhi}_0 = \overline{\mathfrak{B}}\pi r_0^2$ durchsetzt. Es wird also in allen solchen dieselbe EMK

$$E' = 4{,}44\,\overline{\mathfrak{B}}\,\pi r_0^2 f\, 10^{-8}\, \text{Volt} \tag{14}$$

induziert.

Der Widerstand des schmalen Hohlzylinders vom Radius r', der radialen Tiefe dr und der Höhe ϑ ist

$$R' = \frac{2\pi r'}{\varkappa\vartheta \cdot dr' \cdot 10^4}\, \text{Ohm}.$$

Der Strom ergibt sich zu

$$dJ' = \frac{E'}{R'} = 4{,}44\,\overline{\mathfrak{B}}\,\pi r_0^2 f \cdot 10^{-8} \cdot \frac{\varkappa\vartheta \cdot dr' \cdot 10^4}{2\pi r'} = c_1 r_0^2 \frac{dr'}{r'}\, \text{Amp}.$$

und die Stromdichte zu

$$\frac{dJ'}{\vartheta\, dr'} = \frac{E'}{R'\,\vartheta\, dr'} = 4{,}44\,\overline{\mathfrak{B}}\,\pi r_0^2 f \cdot 10^{-8} \cdot \frac{\varkappa\vartheta\, dr' \cdot 10^4}{2\pi r'\,\vartheta\, dr'} = c_2 \frac{1}{r'}. \tag{15}$$

Die Stromdichte ist also r' umgekehrt proportional.

Der in einem Kreisring mit den Radien r_1' und r_2' fließende Strom ist

$$J'_{1,2} = c_1 r_0^2 \int_{r_1'}^{r_2'} \frac{dr'}{r'} = c_1 r_0^2 \ln \frac{r_2'}{r_1'}\, \text{Amp}. \tag{16}$$

Es sind also außerhalb des Poles alle konzentrischen Kreisringe, für die das Verhältnis der Radien das gleiche ist, von dem gleichen Strom durchflossen. Bei der Berechnung hatten wir stillschweigend angenommen, daß die einzelnen Ströme in der Scheibe sich nicht gegenseitig aus ihren Bahnen herauszudrängen suchen, also unabhängig voneinander verlaufen. Dann dürfen

13. Scheibenströme.

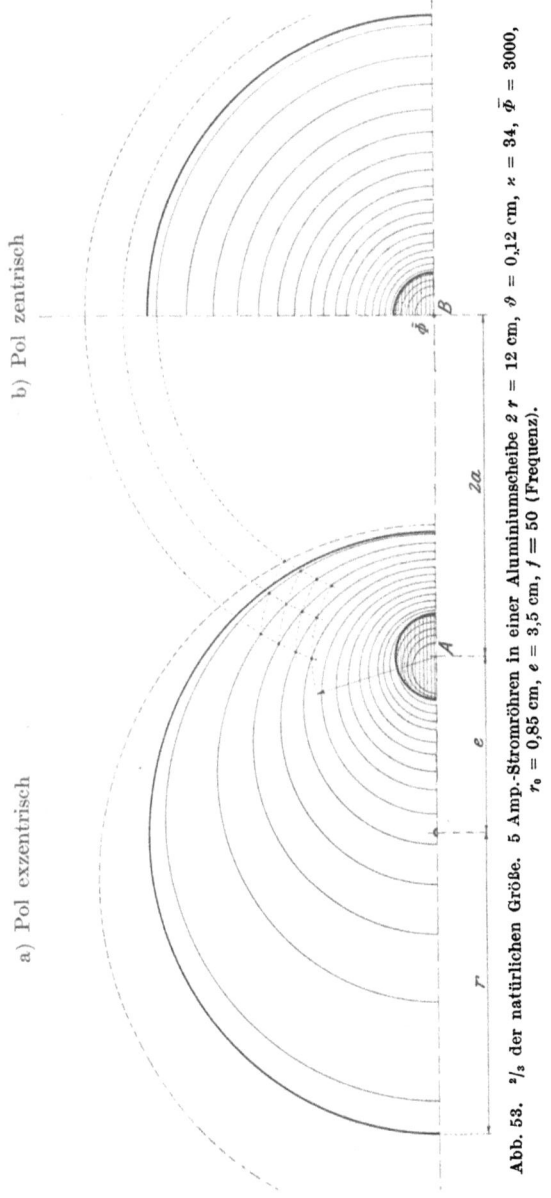

Abb. 53. $^2/_3$ der natürlichen Größe. 5 Amp.-Stromröhren in einer Aluminiumscheibe $2r = 12$ cm, $\vartheta = 0{,}12$ cm, $\varkappa = 34$, $\bar{\varPhi} = 3000$, $r_0 = 0{,}85$ cm, $e = 3{,}5$ cm, $f = 50$ (Frequenz).

a) Pol exzentrisch b) Pol zentrisch

wir auch von den Kreisringen beliebige — z. B. die äußeren — wegnehmen, ohne daß sich an der Strömung in den noch verbleibenden etwas ändert.

Folglich kann man für eine Kreisscheibe, die in der Mitte von einem kreisförmigen Feld durchsetzt wird, die Strömung nach vorstehenden Gleichungen berechnen.

Im folgenden ist dies für eine Aluminiumscheibe mit der Leitfähigkeit $\varkappa = 34$, von der Dicke $\vartheta = 1{,}2$ mm $= 0{,}12$ cm und einem Radius $r = 60$ mm $= 6$ cm durchgeführt (hierzu Abb. 53b); das Feld hat einen Radius $r_0 = 8{,}5$ mm $= 0{,}85$ cm und sendet den Fluß $\bar{\Phi}_0 = 3000$ durch die Scheibe, also

$$\bar{\mathfrak{B}} = \frac{\bar{\Phi}_0}{\pi r_0^2} = \frac{3000}{\pi (0{,}85)^2} = 1322\,.$$

Die Frequenz sei $f = 50$.

Unter Einsetzung dieser Werte in die Gleichung 12 ergibt sich:

$$c_1 = 2{,}22 \cdot 1322 \cdot 50 \cdot 34 \cdot 0{,}12 \cdot 10^{-4} = 59{,}9 \approx 60\,,$$

woraus für Kreise unter dem Pol nach Gleichung 13

$$J_{1,2} = 30\,(r_2^2 - r_1^2)\,. \tag{17}$$

Setzt man darin $r_1 = 0$, so ergibt sich für den Radius eines **unter dem Pol** liegenden Kreises, der die Strömung J einschließt, die Beziehung

$$r = \sqrt{\frac{J}{30}}\,. \tag{18}$$

Für Kreise außerhalb des Pols ergibt sich nach Gleichung 14 und 16

$$E' = 4{,}44 \cdot 3000 \cdot 50 \cdot 10^{-8} = 0{,}00666 \text{ Volt}$$

$$J'_{1,2} = 59{,}9 \cdot (0{,}85)^2 \ln \frac{r'_2}{r'_1} = 43{,}4 \ln \frac{r'_2}{r'_1} = 99{,}7 \lg \frac{r'_2}{r'_1} \approx 100 \lg \frac{r'_2}{r'_1}\,. \tag{19}$$

Wir wollen (Abb. 53b) die Kreise so legen, daß in jedem Ring 5 A fließen; der Radius des ersten (kleinsten) Kreises **unter dem Pol** ergibt sich aus Gleichung 18 zu

$$\sqrt{\frac{5}{30}} = 0{,}408 \text{ cm},$$

des zweiten zu
$$\sqrt{\frac{10}{30}} = 0{,}577 \text{ cm},$$
des dritten zu
$$\sqrt{\frac{15}{30}} = 0{,}707 \text{ cm},$$
des vierten (letzten) zu
$$\sqrt{\frac{20}{30}} = 0{,}816 \text{ cm},$$
da diese Kreise die Strömungen 5, 10, 15 und 20 A einschließen.

Zwischen diesem Kreis und dem mit dem Radius r_0 des Poles fließen noch (Gleichung 17)
$$J = 30\,(0{,}85^2 - 0{,}816^2) = 1{,}68\ A\,.$$

Wir müssen also den ersten Kreis (r_1') außerhalb des Poles so legen, daß zwischen ihm und dem mit dem Radius $r_0 = 0{,}85$ $5 - 1{,}68 = 3{,}32\ A$ fließen; es ergibt sich r_1' aus der Gleichung
$$3{,}32 = 100 \log \frac{r_1'}{0{,}85}$$
zu 0,917 cm (s. Gleichung 19). Für die weiteren Kreise ist:
$$5 = 100 \log \frac{r_2'}{r_1'}$$
oder
$$\log \frac{r_2'}{r_1'} = 0{,}05 \quad \text{und} \quad \frac{r_2'}{r_1'} = 1{,}122,$$
woraus
$$r_2' = 1{,}122\, r_1'\,.$$

Der Radius des zweiten Kreises ergibt sich also zu
$$1{,}122 \cdot 0{,}917 = 1{,}03 \text{ cm};$$
jeder nächste Kreis hat einen im Verhältnis 1,122 größeren Radius. Der siebzehnte (letzte) Kreis hat den Radius
$$r_{17}' = (1{,}122)^{16} \cdot 0{,}917 = 5{,}79 \text{ cm};$$
zwischen ihm und dem Scheibenrand fließen noch
$$100 \log \frac{6}{5{,}79} = 1{,}54\ A\,.$$

Die von den Kreisen aus der Scheibe herausgeschnittenen Ringe sind Stromröhren, welche die Strömung 5 A führen.

Der gesamte unterhalb des Poles fließende Strom ist $30 \cdot 0{,}85^2 = 21{,}65\,A$ und der außerhalb des Poles

$$100 \log \frac{6}{0{,}85} = 84{,}88\,A\,.$$

Der Leistungsverlust in dem unter dem Pol liegenden Teil der Scheibe wird näherungsweise berechnet, indem man in jeden Ring den mittleren Kreis einzeichnet, dafür die EMK berechnet, diese mit 5 multipliziert und die Summe bildet $(0{,}072\,W)$; der Leistungsverlust im außerhalb des Poles liegenden Teil ist

$$84{,}88 \cdot 0{,}00666 = 0{,}565\,W,$$

der gesamte Verlust $0{,}637\,W$.

Wir wollen nun die Scheibenströme ermitteln, die durch den Spannungsfluß Φ_K eines W-Zählers, der natürlich nicht durch die Mitte der Scheibe geht, induziert werden (Abb. 54).

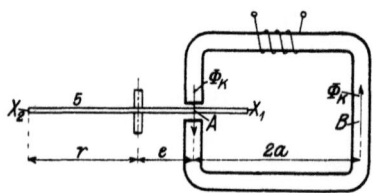

Abb. 54. Scheibe (5) und Spannungseisen eines W-Zählers.

Wir wollen dabei das Maß $2a$ des Spannungseisens so wählen, daß die Bedingung

$$\frac{\overline{X_1 B}}{\overline{X_1 A}} = \frac{\overline{X_2 B}}{\overline{X_2 A}} \qquad (20)$$

erfüllt ist, daß also die Strecke AB durch den Rand (X_1 und X_2) der Scheibe 5 harmonisch geteilt wird. Den Wert des Verhältnisses bezeichnen wir mit λ. Wir geben nun dem Spannungseisen bei B ebenfalls einen Luftspalt und ergänzen die Scheibe zu einer unbegrenzten Platte, wobei jedoch der Scheibenrand mit dieser noch nicht leitend verbunden werden soll. Dabei wird sich, wenn man Φ_K konstant hält, die Strömung in der Scheibe nicht ändern, da nach unserer früheren Annahme die Ströme in der Platte außerhalb der Scheibe nicht auf diejenigen innerhalb der letzteren einwirken. Jetzt verbinden wir den Scheibenrand leitend mit der Platte. Auch dann wird sich an der Strömung in der Scheibe nichts ändern, denn es ist, wie wir sehen werden, wenn der Abstand $2a$ der Fluß-Hin- und -Rückleitung nach der obigen Gleichung gewählt wird, der Scheibenrand eine Stromlinie. Eine Strömung senkrecht zu ihr findet nicht statt, und es ist daher gleichgültig, ob der Scheibenrand mit dem übrigen Teil der Platte leitend verbunden ist oder nicht.

Wir wollen uns jetzt überzeugen, daß der Scheibenrand eine Stromlinie ist. Dazu ist in Abb. 55 die Anordnung von oben gesehen gezeichnet (O Scheibenmittelpunkt). Die Scheibe ist bereits zur unbegrenzten, fugenlosen Platte ergänzt.

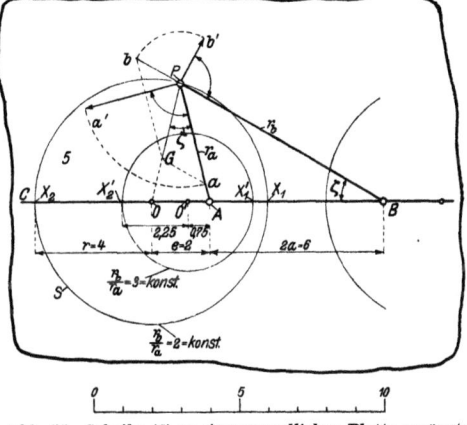

Abb. 55. Scheibe (5) zu einer unendlichen Platte ergänzt; Φ_K tritt bei A und B hindurch.

Die Maße sind so gewählt, daß die Gleichung 20, die, wenn man r, e, $2a$ einsetzt,

$$\frac{2a - r + e}{r - e} = \frac{2a + r + e}{r + e} = \lambda \tag{21}$$

oder

$$2a = \frac{r^2 - e^2}{e} \tag{22}$$

lautet, bei Abb. 55 erfüllt ist. Es wurde nämlich der Scheibenradius ($r = 4$) und die Lage des Flusses ($e = 2$) als gegeben angesehen und der Abstand der Rückleitung des Flusses nach der letzten Gleichung zu $2a = 6$ berechnet.

Die vorletzte Gleichung lautet daher

$$\lambda = \frac{6 - 4 + 2}{4 - 2} = \frac{6 + 4 + 2}{4 + 2} = 2,$$

wenn man die Maße von Abb. 55 einsetzt.

Wenn die Entfernungen des Punktes X_1 von B und A in demselben Verhältnis λ stehen wie diejenigen des Punktes X_2 von B und A, wenn also

$$\frac{\overline{X_1 B}}{\overline{X_1 A}} = \frac{\overline{X_2 B}}{\overline{X_2 A}} = \lambda, \tag{23}$$

so ist nach einem bekannten Satz der Geometrie[1]) auch für jeden Punkt P des Kreises, der die Strecke $X_1 X_2$ zum Durchmesser hat, $\dfrac{r_b}{r_a} = \lambda$. Man kann sich durch Nachmessen überzeugen, daß in Abb. 55 für jeden Punkt des großen Kreises $\dfrac{r_b}{r_a} = 2$ ist.

---

[1]) **Beweis:** Wir zeichnen (Abb. 56) über AB ein $\triangle APB$, bei dem $r_b = \lambda r_a$ (in Abbildung ist $\lambda = 2$, $r_b = 2\,r_a$), und ziehen die Halbierenden des

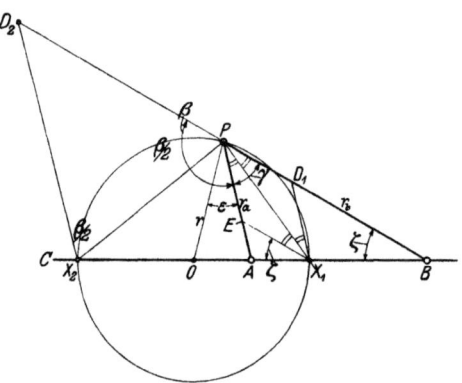

Abb. 56. Falls $\dfrac{\overline{X_1 B}}{\overline{X_1 A}} = \dfrac{\overline{X_2 B}}{\overline{X_2 A}} = \lambda$, ist $\dfrac{r_b}{r_a} = \lambda$ für jeden Punkt des Kreises und $\zeta = \varepsilon$.

Innenwinkels γ und des Außenwinkels β; diese schneiden $\overline{CB}$ in X_1 und X_2, der Kreis sei noch nicht gezeichnet. Wenn

$$\overline{D_1 X_1} \| \overline{AP} \quad \overline{D_2 X_2} \| \overline{AP}$$

und

$$\overline{E X_1} \| \overline{PB},$$

so sind die doppelt angestrichenen Winkel alle gleich $\dfrac{\gamma}{2}$, und es ist

$$PD_1 = \overline{D_1 X_1}$$

$$\lambda = \frac{r_b}{r_a} = \frac{\overline{D_1 B}}{\overline{D_1 X_1}} = \frac{\overline{D_1 B}}{\overline{PD_1}} = \frac{\overline{X_1 B}}{\overline{X_1 A}},$$

und ebenso ist

$$X_2 D = PD_2$$

$$\lambda = \frac{r_b}{r_a} = \frac{\overline{B D_2}}{\overline{X_2 D_2}} = \frac{\overline{B D_2}}{\overline{PD_2}} = \frac{\overline{X_2 B}}{\overline{X_2 A}}.$$

Es haben also die Schnittpunkte X_1 und X_2 der beiden Halbierenden mit CB, ebenso wie P von B die λfache Entfernung wie von A; außerdem ist

$$\overline{P X_1} \perp \overline{P X_2}.$$

13. Scheibenströme.

Wir tragen nun von P aus auf PA und auf der Verlängerung von PB Strecken $\overline{Pa}$ bzw. $\overline{Pb}$ ab, die im Verhältnis

$$\frac{\overline{Pa}}{\overline{Pb}} = \frac{1}{r_a} : \frac{1}{r_b} = \frac{r_b}{r_a} = \lambda,$$

in Abb. 55 also im Verhältnis 2 stehen, und bilden ihre Resultante $\overline{PG}$; es ist dann $\triangle aPG \sim \triangle PBA$ und daher $\sphericalangle aPG = \zeta$; dann muß aber, wie in der letzten Fußnote gezeigt wurde, die Resultante von $\overline{Pa}$ und $\overline{Pb}$ auf den Mittelpunkt O des Kreises gerichtet sein. Dasselbe gilt für jeden Punkt des Kreises.

Tragen wir die Strecken $\overline{Pa}$ und $\overline{Pb}$ nicht auf $\overline{PA}$ und $\overline{PB}$, sondern in Richtungen, welche auf $\overline{PA}$ bzw. $\overline{PB}$ senkrecht stehen, auf, so bildet nach vorigem ihre Resultante eine Tangente an den Kreis in P.

Pa' und Pb' sind nun die Richtungen der Ströme im Punkt P, die von den in A bzw. B befindlichen Flüssen induziert würden, wenn letztere einzeln vorhanden wären; die Längen von Pa' und Pb' sind der Dichte dieser Ströme im Punkt P proportional; denn wir haben eingangs gesehen, daß bei einem Fluß in der unbegrenzten Platte die Stromrichtung in jedem Punkt auf der Verbindungslinie desselben mit der Polmitte senkrecht steht und die Stromdichte dem Abstand des Punktes von dem Fluß umgekehrt proportional ist. Der resultierende Strom hat also in jedem Punkt des Kreises, der durch den Scheibenrand gebildet wird, die Richtung der Tangente. Der Scheibenrand ist eine Stromlinie, es ist für die Strömung gleichgültig, ob der Scheibenrand mit der äußeren Platte leitend verbunden ist oder nicht. Wir kommen somit zu folgendem Ergebnis:

P liegt auf dem Halbkreis über $X_1 X_2$: der geometrische Ort aller Punkte, die von B den λ fachen Abstand haben wie von A, ist der Kreis über $X_1 X_2$ („Kreis des Apollonius"). Oder wenn X_1 und X_2 Gleichung 23 erfüllen, tut dies auch jeder Punkt des Kreises über $X_1 X_2$.

Wir wollen noch zeigen, daß $\varepsilon = \zeta$:

$$\overline{EX_1} \parallel \overline{PB}.$$

Die Dreiecke über PX_1 mit der Spitze E und O sind beide gleichschenklig, folglich ist $\varepsilon = \zeta$.

Eine Gerade, die am Punkt P mit r_a den Winkel ζ bildet, geht also durch den Mittelpunkt O des Kreises.

Wenn wir die Scheibenströme unseres Zählers ermitteln wollen, so denken wir uns seine Scheibe zu einer unbegrenzten Platte ergänzt und ermitteln die Strömung, die von Φ_K und einem entgegengesetzt gleichen Fluß, welcher in der Entfernung

$$2a = \frac{r^2 - e^2}{e}$$

auf der Richtung OA liegt, induziert wird; diese ist im Bereich der Scheibe gleich der gesuchten Strömung in der Zählerscheibe.

Wir zeichnen in Abb. 55, in welcher $2a = 6$ ist, noch einen zweiten Kreis ein, dessen Mittelpunkt auf der Richtung BC um $e' = 0{,}75$ von A nach links liegt und dessen Radius r' wir aus der Gleichung

$$6 = \frac{r'^2 - (0{,}75)^2}{0{,}75}$$

zu $r' = 2{,}25$ berechnen. r' und e' befriedigen Gleichung 22 und Gleichung 21. Es ist also für alle Punkte des Kreises über X_1' und X_2' ebenfalls das Verhältnis $\frac{r_b'}{r_a'} = \lambda'$ konstant; nach Gleichung 21 ist

$$\lambda' = \frac{6 - 2{,}25 + 0{,}75}{2{,}25 - 0{,}75} = 3\,.$$

Dieser Kreis ist ebenfalls eine Strömungslinie, wie überhaupt alle Kreise, deren Mittelpunkte auf der Geraden CB liegen und deren Mittelpunktsabstände e und Radien r der Gleichung 22 entsprechen.

Wir wollen nun die Strömung in der oben betrachteten Aluminiumscheibe ($r = 6$ cm, $\vartheta = 0{,}12$ cm, $\varkappa = 34$) bestimmen, wenn die Polmitte um $e = 35$ mm $= 3{,}5$ cm von dem Scheibenmittelpunkt entfernt ist.

Wir nehmen zu dem Zweck die Strömung Abb. 53b und legen darauf eine gleiche Strömung, die um einen Pol, der um

$$2a = \frac{r^2 - e^2}{e} = \frac{6^2 - 3{,}5^2}{3{,}5} = 6{,}79 \text{ cm}$$

von ersterem entfernt ist, und in umgekehrter Richtung verläuft.

Die resultierende Strömung finden wir nach Ebert („Kraftlinienfelder" Bd. 1, S. 219) durch Ziehen der Diagonalen. Abb. 53a, in welcher Pol- und Scheibenränder stark gezeichnet sind, zeigt die resultierende Strömung. Ihre Ermittlung aus den einzelnen Strömungen ist, um das Bild nicht undeutlich zu machen, nur für einige Punkte durchgeführt. In jedem der exzentrischen Kreisringe fließen wieder 5 A. Der Scheibenrand ist ebenfalls eine Strömungslinie, er fällt jedoch mit keinem der die 5 Ampere-Stromröhren begrenzenden Kreise zusammen.

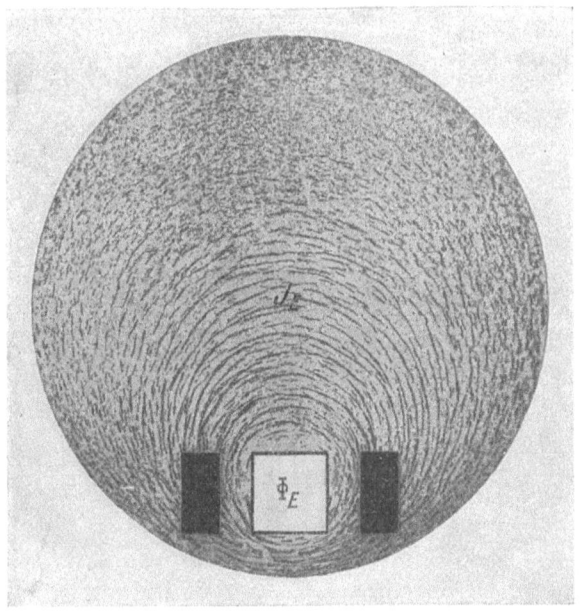

Abb. 57. Der Scheibenströmung J_K [1]) entsprechendes Feilichtbild.

Es sind 17 Stromröhren zu 5 A vorhanden, außerdem fließt zwischen dem Kreis 17 und dem Scheibenrand noch ein Strom, den man nach der Lage des Scheibenrandes zwischen dem letzten Kreis und dem ersten gestrichelten Kreis außerhalb der Scheibe auf 1,5 A schätzen kann, so daß der Gesamtstrom in der Zählerscheibe etwa 86,5 A beträgt.

Den Leistungsverbrauch in der Scheibe kann man wie folgt an-

---

[1]) In der Abbildung ist der Spannungsfluß und die von ihm induzierte Strömung mit Φ_E bzw. J_E statt mit Φ_K bzw. J_K bezeichnet.

nähernd ermitteln: Außerhalb des Poles verlaufen 12 Ringe, also $5 \cdot 12 + 1{,}5 = 61{,}5\,A$, die EMK beträgt für alle $0{,}00666\,V$, also die Leistung $0{,}41\,W$. Für die Stromröhren, die teils innerhalb, teils außerhalb des Poles, und die, die ganz innerhalb desselben verlaufen, muß man den Fluß, von dem sie durchsetzt werden, nach der Zeichnung ungefähr bestimmen. Daraus berechnet man die EMK und durch Multiplikation mit 5 den Wattverbrauch

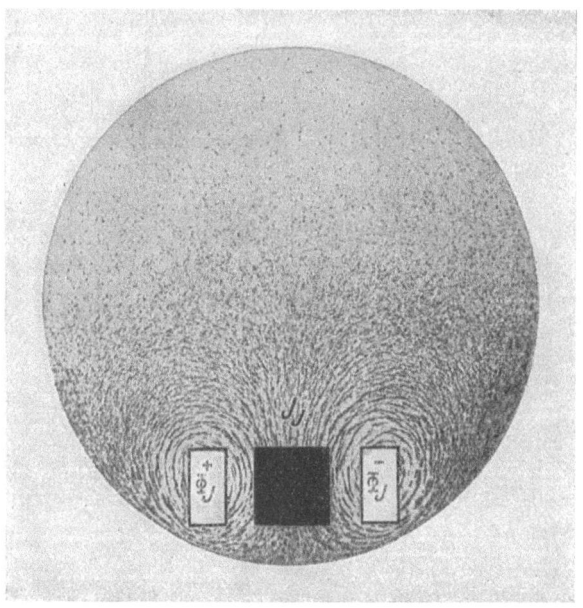

Abb. 58. Der Scheibenströmung J_J entsprechendes Feilichtbild.

der Röhre. Diese Röhren ergeben zusammen rund $0{,}1\,W$. Die Gesamtleistung beträgt also etwa $0{,}51\,W$.

Bei der Berechnung haben wir angenommen, daß die Ströme unabhängig voneinander verlaufen, und haben die Streuung der Strombahnen vernachlässigt. (Strom in Phase mit der induzierten EMK, $\varepsilon_K = 0$, s. VI, 1 am Schluß.) Bei neueren Messungen im Zählerlaboratorium der SSW ergab sich, daß, wie zu erwarten war, die Verschiebung ε_K für die verschiedenen Stromröhren verschieden ist. Die tatsächlichen Ströme sind im Verhältnis cos ε_K[1]) kleiner als die unter Annahme cos $\varepsilon_K = 1$ berechneten, da jedoch ε_K nicht groß, wurde eine gute Übereinstimmung zwischen den gemessenen und den berechneten Strömen gefunden.

Sollen die vom Stromfluß Φ_J, welcher die Scheibe zweimal durchsetzt (Abb. 31), induzierten Ströme bestimmt werden, so hat man nach dem eben benutzten Verfahren die Strömung für den rechten und für den linken Strompol, welche einander gleich und entgegengesetzt gerichtet sind, einzuzeichnen und ihre Resultante zu bilden.

Mit Hilfe von Eisenfeilicht kann man sich ein Bild von dem Verlaufe der Ströme in der Scheibe machen, denn ein unendlich langer, stromdurchflossener Draht erzeugt in einer zu ihm senkrechten Ebene bekanntlich Kraftlinien, die konzentrische Kreise um ihn bilden und deren Dichte dem Abstand von ihm umgekehrt proportional ist. Dieses magnetische Feld befolgt also dasselbe Gesetz wie die betrachtete Strömung[2]). Wir ersetzen daher den Wechselfluß durch einen die Scheibe senkrecht durchsetzenden, stromdurchflossenen Leiter, welcher außerhalb der Scheibe in der Entfernung $2a$ zurückgeführt wird. Das Feilichtbild auf der Scheibe entspricht dem Strömungsbild. Abb. 57 und 58 zeigen solche Feilichtbilder.

Die Abb. 57 und 58 sind einer Arbeit entnommen, die Chr. Baeumler im Zählerlaboratorium der SSW ausführte und in der er die Gesetze der Scheibenströmung ableitete (1910).

VII A. Drehstromzähler für Dreileiter-Anlagen.

1. Messung der Drehstromleistung. Die Leitungen *1, 2, 3* (Abb. 59) seien an eine Akkumulatorenbatterie angeschlossen. Sie mögen die Potentiale (Spannungen gegen Erde) P_1, P_2, P_3 haben. In den drei Stromverbrauchern fließen die Ströme J_a,

---

[1]) $$J = \frac{E}{\sqrt{R^2 + X^2}} = \frac{E}{R\sqrt{1 + \text{tg}^2\varepsilon_K}} = \frac{E}{R} \cdot \cos\varepsilon_K$$

(s. Gleichung 11 und 10, S. 58). Der Streu-Blindwiderstand X, den man sich hinter den Ohmschen Widerstand R jeder Strombahn geschaltet denken muß und der bei unserer Rechnung nicht berücksichtigt wurde, drückt also den Strom im Verhältnis $\cos\varepsilon_K$ herab.

[2]) Siehe Gleichung 15, S. 114.

126 VII A. Drehstromzähler für Dreileiter-Anlagen.

J_b, J_c (Verbrauchsströme), in den Leitungen J_1, J_2, J_3 (Linienströme). Die Pfeile bedeuten die positiven Richtungen.
Es sind dann die Spannungen zwischen den Leitungen:

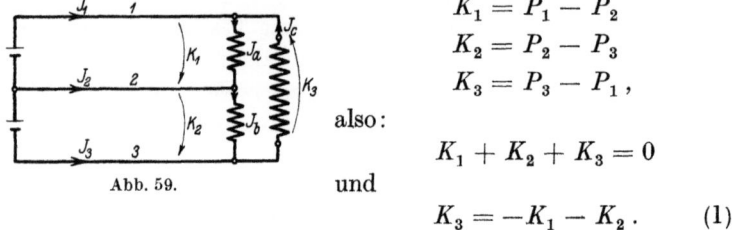

Abb. 59.

$$K_1 = P_1 - P_2$$
$$K_2 = P_2 - P_3$$
$$K_3 = P_3 - P_1,$$

also:
$$K_1 + K_2 + K_3 = 0$$

und
$$K_3 = -K_1 - K_2. \qquad (1)$$

Ferner ist nach dem ersten Kirchhoffschen Gesetz:

$$\left.\begin{array}{ll} J_1 + J_c = J_a, & \text{also} \quad J_a - J_c = J_1 \\ J_3 + J_b = J_c, & \,, \quad J_b - J_c = -J_3. \end{array}\right\} \qquad (2)$$

Der Leistungsverbrauch in den Stromverbrauchern ist:

$$N = K_1 J_a + K_2 J_b + K_3 J_c$$

oder, wenn wir von den Gleichungen 1 und 2 Gebrauch machen:

$$\left.\begin{array}{l} N = K_1 J_a + K_2 J_b + (-K_1 - K_2) J_c \\ = K_1 (J_a - J_c) + K_2 (J_b - J_c) = K_1 J_1 - K_2 J_3. \end{array}\right\} \qquad (3)$$

Legen wir statt der Akkumulatorenbatterie an die Leitungen *1, 2, 3* die Klemmen einer Drehstrommaschine G (Abb. 60)[1]), so gilt Gleichung 3 für jeden Zeitmoment t:

$$(N = K_1 J_1 - K_2 J_3)_t,$$

wobei also die Buchstaben die Werte der Größen in demselben Zeitmoment t bedeuten.

Setzt man $-K_2 = K_{III}$, so wird

$$(N = K_1 J_1 + K_{III} J_3)_t;$$

der Mittelwert der Leistung ist also:

$$N = M(K_1 J_1)_t + M(K_{III} J_3)_t$$

oder
$$N = K_1 J_1 \cos K_1 | J_1 + K_{III} J_3 \cos K_{III} | J_3, \qquad (4)$$

wo M den Mittelwert der Produkte während einer Periode bedeutet (s. auch V, 7).

---

[1]) Die Abfälle in den Wicklungen der Maschine G seien klein; dann sind die EMKe ihrer drei Wicklungen gleich den Klemmenspannungen.

1. Messung der Drehstromleistung.

Diese Gleichung ist damit allerdings nur für Dreieckschaltung der Verbraucher (Abb. 59) abgeleitet. Da jedoch in ihr nur die Ströme in den Zuleitungen und die Spannungen zwischen ihnen vorkommen, ist es offensichtlich, daß die Schaltung der Verbraucher gleichgültig ist, und daß die Gleichung allgemein gilt.

Die mittlere Leistung des Drehstroms wird also durch die zwei Wattmeter I und III in Abb. 60 angezeigt, und zwar können wir, wenn wir gleiche Wattmeter in gleicher Weise einschalten — beides ist in

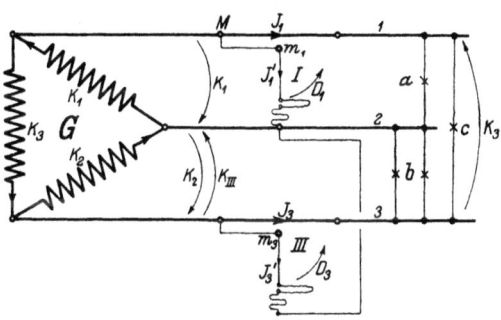

Abb. 60. Zwei-Wattmeter-Schaltung (Aron-Schaltung).

unserer Abbildung erfüllt —, und wenn deren Ausschläge α_1 und α_3 direkt Watt bedeuten, schreiben:

$$N = \alpha_1 + \alpha_3.$$

Wenn wir die beiden beweglichen Spulen auf dieselbe Achse setzen, haben wir ein Drehstrom-Wattmeter. Diese „Zwei-Wattmeter-Schaltung" wurde von Aron angegeben.

Wir wollen einige Belastungsfälle betrachten. Es sei $K_1 = K_2 = K_3 = 120\,V$.

α) Von zwei Glühlampengruppen, deren jede $10\,A$ bei $120\,V$ aufnimmt, sei die eine zwischen 1 und 2, die andere zwischen 2 und 3 geschaltet. Die Lage der Vektoren zeigt Abb. 61. K_1, K_2, K_3 sind die drei um $120°$ gegeneinander verschobenen Spannungen des Drehstromnetzes. Die Zeitachse denken wir uns wieder (s. S. 50) entgegen dem Uhrzeiger umlaufend, also Phasenfolge K_1, K_2, K_3; K_2 eilt gegen K_1 um $120°$ nach. J_1' und J_1 sind mit K_1, J_3' und J_3 mit K_{III}, dem umgeklappten K_2, in Phase. Der Linienstrom J_1 und der Strom J_1' in der Spannungsspule des

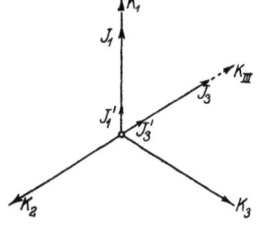

Abb. 61. Diagramm zu Abb. 60, wenn zwei gleiche Glühlampengruppen zwischen 1 und 2 und zwischen 2 und 3 geschaltet sind.

Wattmeters I — ebenso J_3 und J_3' — sind also gleichgerichtet. Beide Wattmeter schlagen in Pfeilrichtung aus; $J_1 = J_3 = 10\,A$, $\alpha_1 = \alpha_3 = 120 \cdot 10 \cdot \cos 0 = 1200\,W$:

$$N = \alpha_1 + \alpha_3 = 2400\,W.$$

β) Zwischen je zwei Leitungen sei eine Glühlampengruppe geschaltet, die $10\,A$ aufnimmt (gleichseitige Belastung). Es ist $J_a = J_b = J_c = 10\,A$, und diese Ströme sind mit K_1, K_2, K_3 in Phase. J_1 und J_3 wurden in Abb. 62 unter Benutzung der Gleichungen

$$[J_1 = J_a - J_c]$$
$$[J_3 = J_c - J_b]$$

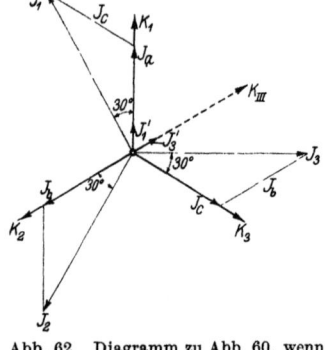

Abb. 62. Diagramm zu Abb. 60, wenn drei gleiche Glühlampengruppen eingeschaltet sind.

gebildet (s. V, 4b), J_1 und J_3 sind $\sqrt{3}$ mal[1]) so groß als J_a bzw. J_c, und es eilen bei der gewählten Phasenfolge J_1 und J_3 gegen K_1 bzw. K_3 um $30°$ nach.

Da die Projektionen von J_1' und J_3' auf J_1 bzw. J_3 auf der positiven Seite von J_1 und J_3 liegen, schlagen beide Wattmeter in Pfeilrichtung aus, jedes zeigt an:

$$120 \cdot 10 \sqrt{3} \cos 30° = 1800\,W.$$

Ihre Angaben sind zu addieren:

$$N = \alpha_1 + \alpha_3 = 3600\,W.$$

Dieses stimmt überein mit der tatsächlichen Leistung, welche $3 \cdot 10 \cdot 120\,W$ beträgt. Beachtlich ist, daß bei der gewählten Phasenfolge J_1 gegen J_1' und K_1 nach-, dagegen J_3 gegen J_3' und K_{III} voreilt[2]).

γ) Schaltet man statt der drei Glühlampengruppen drei gleiche Drosselspulen, die $10\,A$ bei $\varphi = +60°$ aufnehmen, so bleibt das

---

[1]) Denn $J_a \cos 30° = \tfrac{1}{2} J_1$; $J_1 = 2 J_a \cos 30° = \sqrt{3} \cdot J_a$.
[2]) Für die Phasenverschiebungen $K_1 \,|\, J_1 = \varphi_I$ und $K_{III} \,|\, J_3 = \varphi_{III}$, welche für die Ausschläge der Wattmeter I bzw. III maßgebend sind, besteht bei gleichbelasteten Zweigen die Beziehung: $\varphi_I = \varphi + 30°$, $\varphi_{III} = \varphi - 30°$; in Abb. 62 (Fall β, $\varphi = 0$) ist: $\varphi_I = +30°$, $\varphi_{III} = -30°$; im Fall γ): $\varphi_I = 60° + 30° = +90°$, $\varphi_{III} = 60° - 30° = +30°$ bzw. $\varphi_I = -60° + 30° = -30°$, $\varphi_{III} = -60° - 30° = -90°$.

1. Messung der Drehstromleistung.

Diagramm dasselbe, nur sind J_1, J_2 und J_3 um $60°$ entgegen dem Uhrzeiger zu drehen; es steht J_1 dann auf K_1 senkrecht.

I gibt keinen Ausschlag, III gibt denselben Ausschlag wie im Fall β), indem J_3 jetzt um $30°$ gegen J_3' nacheilt.

$$N = \alpha_3 = 1800\,W.$$

Die Leistung muß natürlich $\cos 60° = 0{,}5$ mal so groß sein wie im Fall β). Bei drei Stromverbrauchern mit $10\,A$ und $\varphi = -60°$ (kapazitive Last, Strom voreilend) steht J_3 auf K_{III} senkrecht, J_1 eilt um $30°$ gegen J_1' vor; III gibt keinen Ausschlag, I zeigt $1800\,W$: die Wattmeter haben ihre Rollen vertauscht.

δ) Haben die drei Drosselspulen im Fall γ) größere Verschiebung als $60°$, so gibt I einen negativen Ausschlag, denn die Projektion von J_1' auf J_1 fällt auf dessen negative Seite (rückwärtige Verlängerung von J_1). Wir würden z. B. für $\varphi = +80°$ erhalten:

$$\alpha_1 = 120 \cdot 10\sqrt{3}\,\cos(80° + 30°) = -710\,W,$$
$$\alpha_3 = 120 \cdot 10\sqrt{3}\,\cos(80° - 30°) = 1334\,W,$$
$$N = \alpha_1 + \alpha_3 = -710 + 1334 = 624\,W.$$

Die Wattmeter zeigen den Verbrauch richtig an, denn in den drei Zweigen wird geleistet:

$$N = 3 \cdot 120 \cdot 10 \cdot \cos 80° = 624\,W\,[1)].$$

Bei $\varphi = -80°$ vertauschen die Wattmeter wieder ihre Rollen:

$$\alpha_1 = 1334\,W,\ \alpha_3 = -710\,W.$$

Die **algebraische** Summe der Wattmeterangaben gibt also in allen Fällen die Drehstromleistung[2]). —

Bei gleichbelasteten Zweigen kann man aus den Ausschlägen α_1 und α_3 die Größe der Verschiebung φ in den Stromverbrauchern und, wenn die

---

[1]) Wir können auch schreiben $\sqrt{3}\cdot 120\cdot (10\sqrt{3})\cos 80°$; $10\sqrt{3}$ ist der Strom in der Zuleitung (Linienstrom). Man kommt so zu der bekannten Gleichung für die Leistung in gleichbelasteten Drehstromanlagen

$$N = \sqrt{3}\,K J \cos\varphi,$$

wo J den Linienstrom, K die Spannung zwischen zwei Zuleitungen, φ die Verschiebung des Stromes in jeder Drosselspule gegen ihre Klemmenspannung bedeutet.

[2]) Man kann die Leistung auch mit drei Wattmetern nach Abb. 71 messen (s. F. N. 1, S. 142).

VII A. Drehstromzähler für Dreileiter-Anlagen.

Phasenfolge bekannt ist, auch das Vorzeichen von φ (induktive oder kapazitive Last) bestimmen, was bei Messungen in den Anlagen oft wertvoll ist. Wie Abb. 62 zeigt, ist, da $K_1 = K_{III} = K$ und $J_1 = J_3 = J$:

$$\alpha_1 = KJ\cos(\varphi + 30°),$$
$$\alpha_3 = KJ\cos(\varphi - 30°).$$

Daraus folgt

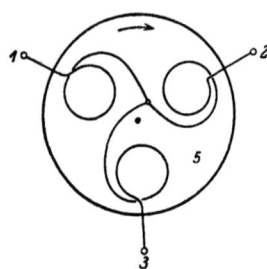

Abb. 63. Drehfeldrichtungszeiger.

$$\operatorname{tg}\varphi = \sqrt{3}\,\frac{\alpha_3 - \alpha_1}{\alpha_3 + \alpha_1} = \sqrt{3}\,\frac{1 - \dfrac{\alpha_1}{\alpha_3}}{1 + \dfrac{\alpha_1}{\alpha_3}}.$$

Man erhält daraus φ einschließlich des Vorzeichens. Dabei ist α_1 der Ausschlag des Wattmeters, dessen Strom (J_1) gegen den Strom (J_3) des anderen um 120° zurückbleibt (Abb. 62). Bei Messungen in der Anlage kann man die Phasenfolge der Leitungen mit dem Drehfeldrichtungszeiger (Abb. 63) ermitteln. Man legt dazu seine Klemme 2 an die Leitung, die keine Stromspule enthält, und legt seine Klemmen 1 und 3 an die beiden anderen Leitungen so an, daß sich seine Scheibe 5 in Pfeilrichtung dreht; die Leitungen sind jetzt entsprechend den Klemmen des Drehfeldrichtungszeigers mit 1 und 3 zu bezeichnen. Der Ausschlag des in Leitung 1 liegenden Wattmeters (I) ist α_1.

2. Induktionszähler. Wir schalten an Stelle der Wattmeter zwei gleiche W-Zähler I und III nach Abb. 60 ein; die algebraische Summe ihrer Angaben gibt den Verbrauch der Drehstromanlage. Bei gleichseitiger induktiver Belastung und $\varphi > 60°$ läuft der eine Zähler — und zwar bei Phasenfolge K_1, K_2, K_3 Zähler I — rückwärts, wie man aus den obigen Beispielen γ) und δ) erkennt. Um die Unbequemlichkeit zu vermeiden, zwei Zähler befestigen und ablesen und ihre Angaben addieren oder subtrahieren zu müssen, setzt man die Scheiben beider Zähler auf eine gemeinsame Achse oder läßt auch die Meßwerke I und III beider Zähler auf dieselbe Scheibe wirken; so erhält man einen Induktionszähler für Drehstrom. Abb. 64 zeigt einen solchen. Von den vielen Windungen (s') der Spannungsspulen ist der Deutlichkeit halber nur je eine, der Dämpfungsmagnet ist gar nicht gezeichnet. Natürlich muß für jedes Meßwerk $\sigma_0 = 90°$ sein, d. h. es muß Φ_{JI} gegen Φ_{KI} und Φ_{JIII} gegen Φ_{KIII} um 90° verschoben sein, wenn man zwischen 1 und 2 und zwischen 2 und 3 mit Glühlampen belastet. Außerdem muß die Drehzahl die gleiche sein,

2. Induktionszähler.

ob man denselben Stromverbraucher zwischen *1* und *2* oder zwischen *2* und *3* schaltet (gleiche „Triebkonstante" der Meß-

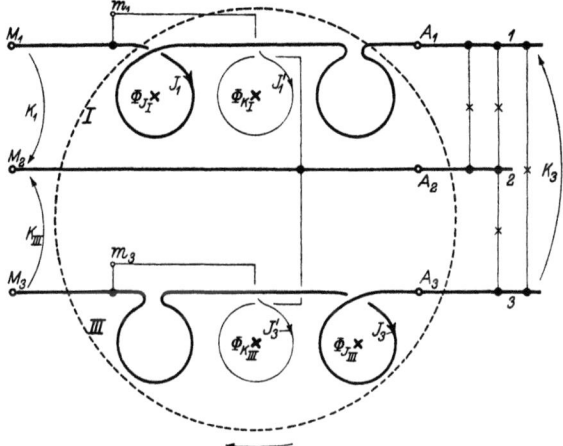

Abb. 64. Induktionszähler für Drehstrom (Aron-Schaltung).

werke *I* und *III*)[1]. Dann ist zufolge Gleichung 4 die Drehzahl des Zählers proportional der Drehstromleistung.

Der Anschluß der Spulen muß natürlich so gewählt sein, daß die Drehrichtung in beiden Fällen dieselbe ist; dies ist in Abb. 64 der Fall; es werden nämlich die Spannungsflüsse Φ_{KI} und Φ_{KIII} im Sinne der Pfeile von K_1 bzw. K_{III}, die Stromflüsse Φ_{JI} und Φ_{JIII} von J_1 bzw. J_3 erregt; bei induktionsloser Last zwischen *1* und *2* und zwischen *2* und *3* ist J_1 mit K_1, J_3 mit K_{III} phasengleich; bei $\psi_J = 0$ haben also die Flüsse die in Abb. 65 gezeichnete Lage. Die Stromflüsse eilen vor. Es findet in beiden Meßwerken die Drehung von den Strompolen mit Pfeilende zu den Spannungspolen also in Pfeilrichtung statt.

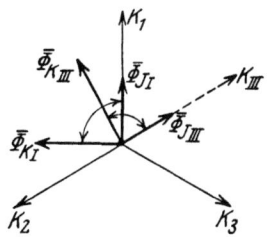

Abb. 65. Lage der Flüsse bei Glühlampenbelastung zwischen *1* und *2* und zwischen *2* und *3* ($\psi_J = 0$).

---

[1] Bei jedem Drehstromzähler sind deshalb Einrichtungen vorhanden, welche gestatten, die Zugkraft des einen Meßwerkes zu verändern (z. B. durch Verstellung des Stromeisens gegen die Scheibe).

132   VII A. Drehstromzähler für Dreileiter-Anlagen.

3. Gegenseitige Störungen der Meßwerke. Bei Induktionszählern für Drehstrom können dadurch Meßfehler auftreten, daß die Flüsse eines Meßwerkes fehlerhafterweise auch mit den Flüssen des anderen Meßwerkes Drehmomente (Triebe) hervorbringen. Diese machen sich besonders dadurch störend bemerkbar, daß ein Drehstromzähler, der für die Phasenfolge K_1, K_2, K_3 richtig geeicht ist, bei bestimmten Belastungsfällen Fehler aufweist, wenn er mit umgekehrter Phasenfolge eingeschaltet wird („Abhängigkeit von der Phasenfolge", „Drehfeldabhängigkeit").

Bei Zählern mit zwei Scheiben können schädliche Triebe dadurch auftreten, daß das Spannungseisen eines Meßwerkes in die Scheibe des anderen einen Streufluß sendet, mit dem der Stromfluß und unter Umständen auch der Spannungsfluß des anderen Meßwerkes zusammenwirkt (gegenseitige Triebe und gegenseitige Spannungstriebe). Die ersteren sind gewöhnlich klein gegen die letzteren. Die gegenseitigen Spannungstriebe, welche von der Belastung unabhängig sind und sich daher besonders bei kleiner Belastung störend bemerkbar machen, können vermieden werden, wenn der Streufluß des einen Meßwerkes mit dem Spannungsfluß des anderen auf einem Scheibendurchmesser liegt, weil dann die Hebelarme der Kräfte Null sind. Man hat deshalb die beiden Spannungseisen senkrecht übereinander oder um 180° versetzt an den Scheiben anzuordnen.

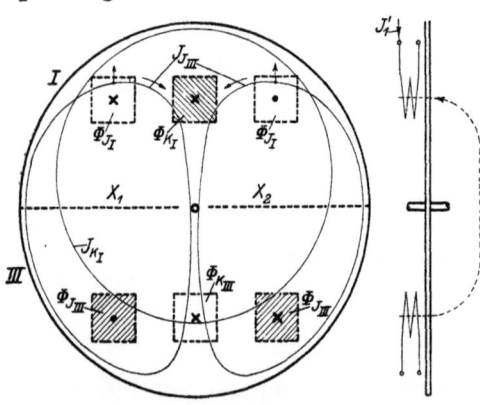

Abb. 66. Gegenseitige Triebe infolge von Scheibenströmen und Streuung.

Bei Zählern mit einer Scheibe (Abb. 64) treten Störungen dadurch auf, daß erstens Φ_{KI} durch den Streufluß von Φ_{KIII} beeinflußt wird und umgekehrt, und zweitens dadurch, daß z. B. die von Φ_{KI} induzierten Scheibenströme J_{KI} auch mit Φ_{JIII} zusammenwirken und gegenseitige Triebe erzeugen (vgl. Abb. 66). Die erste Störung ist klein gegen die zweite. Die gegenseitigen Triebe kann

3. Gegenseitige Störungen der Meßwerke.

man klein halten, wenn man den Meßwerken großen Abstand gibt (großer Scheibendurchmesser) und die Strompole möglichst nahe an ihre Spannungspole heranrückt. Durch letztere Maßnahme erhalten die Kräfte, die ja vom Strompol des einen nach dem Spannungspol des anderen Meßwerkes gerichtet sind, kleine Hebelarme. Bei einer symmetrischen Anordnung wie in Abb. 66 treten gegenseitige Spannungstriebe nicht auf, weil der Hebelarm der Kräfte Null ist; es treten auch keine gegenseitigen Stromtriebe auf, wie wir gleich zeigen werden.

Die Größe dieser störenden Triebe bei den verschiedenen Zählerkonstruktionen hängt natürlich von deren Aufbau ab. Die dadurch entstehenden Meßfehler sind bei neuzeitlichen Zählern nicht groß. Sie betragen $1/20$ bis $1/10$ der im folgenden Beispiele berechneten Fehler, denn wir haben dort der Deutlichkeit des Diagramms halber die Größe γ, welcher die Fehler proportional sind (s. weiter unten), übertrieben groß angenommen.

Wir wollen uns mit der Entstehung dieser gegenseitigen Triebe bei einem Zähler mit einer Scheibe (Abb. 64) und mit ihrem Einfluß auf die Messung etwas näher beschäftigen.

Es seien zunächst nur die Stromspulen beider Meßwerke erregt. Φ_{JIII} erzeugt (Abb. 66) Ströme J_{JIII}, welche durch die Flüsse Φ_{JI} fließen. Da J_1 und J_3 und somit Φ_{JI} und Φ_{JIII} im allgemeinen nicht in Phase sind, tritt hierbei eine Kraft auf. Bei den eingezeichneten Richtungen für J_{JIII} und Φ_{JI} werden die Ströme J_{JIII} vom rechten sowie vom linken Strompol nach außen geschoben. Beide Ströme suchen sich stets in derselben Richtung zu bewegen. Es kommt daher bei der gewählten symmetrischen Anordnung, die wir für unsere ganze Betrachtung voraussetzen wollen, kein Drehmoment zustande[1]), ebensowenig durch die von Φ_{JI} induzierten, unter Φ_{JIII} fließenden Ströme: die Stromflüsse üben zusammen kein Drehmoment aus.

Dasselbe gilt für die Spannungsflüsse: die Ströme J_{KI}, die Φ_{KI} erzeugt, sind Kreise, deren Mittelpunkte auf der Verbindungslinie der Spannungsflüsse liegen. Sie geben mit Φ_{KIII} eine Kraft, die durch die Drehachse geht[2]).

Dagegen bringen Φ_{KI} und Φ_{JIII} zusammen ein Drehmoment mittels der in Abb. 66 gezeichneten Ströme hervor.

---

[1]) Bei den Zählern der Praxis ist oft, obwohl die Meßwerke symmetrisch sitzen, zufolge unsymmetrischer eiserner Konstruktionsteile keine magnetische Symmetrie vorhanden.

[2]) Liegen die Spannungsflüsse nicht symmetrisch, so üben sie zusammen ein Drehmoment aus; die Richtung desselben hängt davon ab, welcher der beiden Flüsse voreilt, sie kehrt sich also um, wenn man zwei Zuleitungen von der Maschine zum Zähler miteinander vertauscht.

VII A. Drehstromzähler für Dreileiter-Anlagen.

Wir betrachten nun den Einfluß der gegenseitigen Triebe auf die Messung und machen dabei behufs Vereinfachung für unseren Drehstromzähler die folgenden Voraussetzungen:

1. Die Wattströme seien vernachlässigbar klein gegen die Erregerströme (Flüsse Φ_K und Φ_J nicht belastet); dann sind die Flüsse in Phase mit den Strömen J' bzw. J in den Wicklungen, und bei entsprechender Wahl der Maßstäbe können Flüsse und Ströme in dem Diagramm durch denselben Vektor dargestellt werden. Daraus folgt:

$$n = C_1 \overline{\Phi}_J \overline{\Phi}_K \sin \sigma = C_0 J J' \sin J \mid J'.$$

2. Die Meßwerke I und III (Abb. 64) seien genau gleich gebaut und, wie gezeichnet, symmetrisch zur Scheibe angeordnet; dann sind die Triebkonstanten beider Meßwerke einander gleich, ferner treten, wie oben gezeigt, gegenseitige Stromtriebe und gegenseitige Spannungstriebe nicht auf.

3. Die Dämpfung durch die Triebeisen sei vernachlässigbar gegen die des Bremsmagneten[1]).

Wir belasten nun unseren Drehstromzähler (Abb. 64) nur zwischen 1 und 2, schalten die Spannungsspule des Meßwerkes III ab und stellen bei Φ_{KI} die 90°-Verschiebung und mittels des Bremsmagneten den Sollwert der Drehzahl her; für die Drehzahl, die also ihrem Sollwert gleich ist, können wir schreiben:

$$n_I = C_0 J_1 J_1' \sin J_1 \mid J_1'.$$

Wir stellen auch bei Φ_{KIII} die 90°-Verschiebung her, wobei wir Φ_{KI} abschalten und die Last zwischen 2 und 3 legen[2]); dann ist:

$$n_{III} = C_0 J_3 J_3' \sin J_3 \mid J_3',$$

denn zufolge von 2. ist die Triebkonstante C_0 in beiden Fällen dieselbe. J_3' hat dieselbe Größe wie J_1', und es sind zufolge von 1. auch die Ströme J_1' und J_3' um 90° gegen K_1 bzw. K_{III} verschoben (s. Abb. 67 und 68).

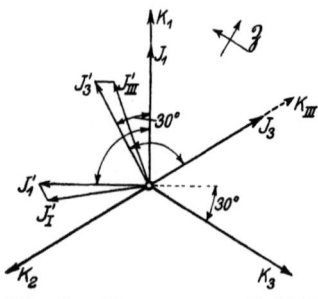

Abb. 67. Diagramm zur Drehfeldabhängigkeit, Phasenfolge K_1, K_2, K_3.

Wir schalten jetzt die Spannungsspulen beider Meßwerke ein; dann treten gegenseitige Triebe auf, die bei vielen Belastungsfällen Meßfehler verursachen; wir belasten zunächst den Drehstromzähler durch zwei gleiche Glühlampengruppen zwischen 1 und 2 und 2 und 3. Die Vektoren haben dann die im Diagramm Abb. 67 gezeichnete Lage, und für die Drehzahl können wir, da wir die Spannungsdämpfung als vernachlässigbar annehmen, schreiben:

$$n = C_0 J_1 J_1' \sin 90° - \gamma\, C_0 J_1 J_3' \sin 30° + C_0 J_3 J_3' \sin 90° - \gamma\, C_0 J_3 J_1' \sin 150°.$$

---

[1]) Die Voraussetzungen 1. und 3. sind in der Praxis nicht erfüllbar, doch schränkt 1. das Resultat der Betrachtung überhaupt nicht, und 3. soweit es hier von Interesse ist, nicht ein.

[2]) „Einzeleichung der Meßwerke."

3. Gegenseitige Störungen der Meßwerke.

Das erste und dritte Glied rührt her von der Wirkung der Strom- und Spannungsspule desselben Meßwerkes (Haupttrieb), das zweite Glied rührt her von der Wirkung der Stromspule von I und der Spannungsspule von III (gegenseitiger Trieb); die Triebkonstante ist bei dem letzteren — da infolge des größeren Abstandes der Pole die Kraft und außerdem der Hebelarm kleiner ist als beim Haupttrieb — nur ein Bruchteil γ von C_0. Die Kraft ist nach unserer Regel von dem linken Strompol von I (Abb. 64) auf den Spannungspol von III hin gerichtet, da J_3' gegen J_1 nacheilt

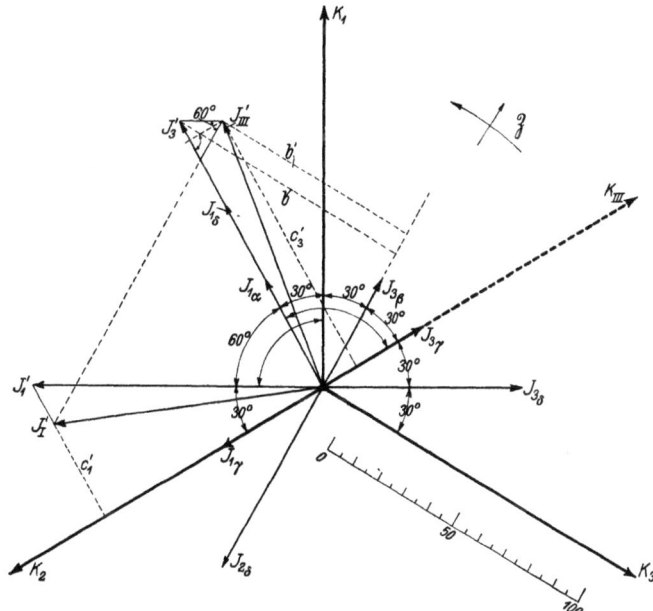

Abb. 68. Diagramm zur Drehfeldabhängigkeit, Phasenfolge K_1, K_2, K_3.

(s. Abb. 67). Das Drehmoment ist also dem von J_1 und J_1' ausgeübten entgegengesetzt.

Entsprechendes gilt vom vierten Glied. Der Sollwert der Drehzahl ist gleich der Summe des ersten und dritten Gliedes, die Glieder zwei und vier gehen also als Fehler in die Messung ein; der Fehler ist γ proportional.

Man kann sich die gegenseitigen Triebe beseitigt und dafür auf den Spannungsspulen eine zusätzliche Wicklung von $\gamma \cdot s'$ Windungen aufgebracht denken, welche bei I von $-J_3'$, bei III von $-J_1'$ durchflossen ist.

Im Diagramm kommen dann die gegenseitigen Triebe so zum Ausdruck, daß J_1 mit J_I', J_3 und J_{III}' zusammenwirkt, wobei J_I' und J_{III}' durch Ansetzen von $-\gamma J_3'$ und $-\gamma J_1'$ an J_1' bzw. J_3' erhalten werden. J_{III}' hat zuwenig, J_I' zuviel Verschiebung, $J_I' < J_1'$, $J_{III}' < J_3'$. Das Drehmoment (oder die Drehzahl) des mit gegenseitigem Trieb behafteten Zählers bei

VII A. Drehstromzähler für Dreileiter-Anlagen.

einem bestimmten Verbrauchsstrom wird dann dargestellt durch die Länge l der von J'_I und J'_{III} auf J_1 bzw. J_3 gefällten Lote, da diese dem Produkte $J'_I \sin J_1 \mid J'_I$ bzw. $J'_{III} \sin J_3 \mid J'_{III}$ proportional ist; dasjenige des richtig zeigenden Zählers (ohne gegenseitige Triebe) dagegen durch die von J''_1 und J''_3 gefällten Lote ($l_\mathfrak{E}$). Der Fehler des Zählers ist also:

$$\varDelta = \left(\frac{l}{l_\mathfrak{E}} - 1\right) 100\%.$$

Wir wollen auf diese Weise die Fehler $\varDelta$ unseres Drehstromzählers, dessen Meßwerke einzeln geeicht wurden, für einige Belastungsfälle bestimmen; es sei bei ihm $\gamma = 0{,}15$, also das Drehmoment des Stromflusses mit dem gegenüberliegenden Spannungsfluß 15% desjenigen mit dem zugehörigen Spannungsfluß.

Es haben in Abb. 68, welche dazu benutzt werden soll, J'_I und J'_3 die Länge 100, die Strecken $\overline{J'_1 J''_I}$ und $\overline{J'_3 J''_{III}}$ also die Länge 15 ($= \gamma J'$).

α) Drosselspule mit 30° Verschiebung zwischen 1 und 2 (Abb. 64), Strom $J_{1\alpha}$ ist parallel mit $\overline{J'_I J''_I}$. Das vom Endpunkt von J'_I auf $J_{1\alpha}$ gefällte Lot hat dieselbe Länge wie das von J''_1 gefällte $\varDelta_\alpha = 0$.

β) Drosselspule mit 30° Verschiebung zwischen 2 und 3; Strom $J_{3\beta}$; das Drehmoment (Lot) sollte statt b' die Größe b haben; es ist $b = 100 \sin 60° = 86{,}6$ Einheiten des beigezeichneten Maßstabes; b' ist um $15 \sin 60°$ zu klein:

$$\varDelta_\beta = \frac{-15 \sin 60°}{100 \sin 60°} \cdot 100 = -15\%.$$

γ) Drosselspule mit 60° Verschiebung zwischen 3 und 1; Ströme $J_{1\gamma}$, $J_{3\gamma}$; Meßwerk III soll das Drehmoment $+100$, Meßwerk I das Drehmoment $-100 \sin 30° = -50$ haben; statt dessen haben sie die Werte $c'_3 = 100 - 15 \cos 60° = 100 - 7{,}5$ und bzw. $c'_1 = -(50 - 15) = -50 + 15$:

$$\varDelta_\gamma = \frac{-7{,}5 + 15}{50} \cdot 100 = +15\%.$$

δ) Belastung durch drei gleiche Glühlampengruppen zwischen $1, 2$; $2, 3$; $3, 1$; Ströme $J_{1\delta}$, $J_{3\delta}$.

$$\varDelta_\delta = 0,$$

weil $J_{1\delta}$ zu $\overline{J'_1 J''_I}$ und $J_{3\delta}$ zu $\overline{J'_3 J''_{III}}$ parallel ist.

Wir lassen nun, ohne irgend etwas zu ändern, den die Anlage speisenden Drehstromgenerator mit umgekehrter Drehrichtung laufen[1]) (Phasenfolge K_1, K_3, K_2). Die Lage der Vektoren bei der Belastung α) ist aus Abb. 69 ersichtlich. Jetzt hat J'_I zuwenig und J'_{III} zuviel Verschiebung, und es ergeben sich, wenn man wieder die einzelnen Lote einzeichnen würde, für die unter α) bis δ) betrachteten Belastungsfälle die Fehler:

$$\varDelta_{\alpha u} = -15$$
$$\varDelta_{\beta u} = 0$$
$$\varDelta_{\gamma u} = +15$$
$$\varDelta_{\delta u} = 0.$$

---

[1]) Statt den Generator umgekehrt laufen zu lassen, kann man auch zwei Zuleitungen zum Zähler miteinander vertauschen.

3. Gegenseitige Störungen der Meßwerke.

Der Fehler, den der Zähler zeigt, wenn z. B. eine Drosselspule mit $\varphi = 30°$ zwischen *1* und *2* (Abb. 64) eingeschaltet wird, ist also je nach der Phasenfolge Null oder —15%; ersterer Wert tritt ein, wenn K_2 gegen K_1 nacheilt.

In der folgenden Tabelle sind die Fehler $\varDelta$ bei normaler Phasenfolge K_1, K_2, K_3 und diejenigen ($\varDelta_v$) bei umgekehrter Phasenfolge sowie ihre Differenz d (Drehfeldabhängigkeit) eingeschrieben. Bei Einschalten von Stromverbrauchern mit Phasenverschiebung (φ) zwischen *1* und *2* und zwischen *2* und *3* macht sich danach die Drehfeldabhängigkeit d am stärksten bemerkbar; sie ist tg φ proportional. Bei Belastung zwischen *3* und *1* zeigt der Zähler für jede Verschiebung und jede Phasenfolge denselben Fehler, die Drehfeldabhängigkeit ist stets Null. Bei gleichseitiger Last zeigt der Zähler bei jeder Phasenverschiebung richtig. Die Drehfeldabhängigkeit ist deshalb ebenfalls Null. Die Fehler $\varDelta$ und $\varDelta_u$ kann man — wie oben für $\varDelta_\alpha$, $\varDelta_\beta$, $\varDelta_\gamma$, $\varDelta_\delta$ geschehen — bestimmen, indem man in Abb. 68 und 69 die Lote einzeichnet.

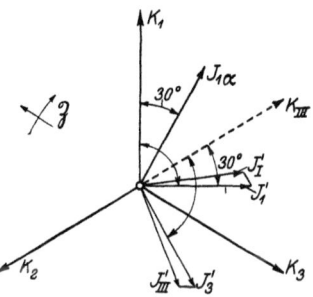

Abb. 69. Diagramm zur Drehfeldabhängigkeit, Phasenfolge K_1, K_3, K_2.

Belastung	φ Grad	$\varDelta$ %	$\varDelta_u$ %	$d = \varDelta_u - \varDelta$ %
Zwischen *1* und *2*	0	— 7,5	— 7,5	0
„ *1* „ *2*	+30	0	— 15	— 15
„ *1* „ *2*	+60	+ 15	— 30	— 45
„ *2* „ *3*	0	— 7,5	— 7,5	0
„ *2* „ *3*	+30	— 15	0	+ 15
„ *2* „ *3*	+60	— 30	+ 15	+ 45
„ *3* „ *1*	0	+ 15	+ 15	0
„ *3* „ *1*	+60	+ 15	+ 15	0
Gleichseitig	0	0	0	0
„	+60	0	0	0

Diese Fehler zeigt also unser Zähler, dessen Meßwerke e i n z e l n geeicht wurden und dessen Spannungsdämpfung wir zu Null angenommen hatten, wenn man ihn nach Abb. 64 in eine Drehstromanlage einschaltet, somit b e i d e Spannungsspulen erregt, und zwar den Fehler $\varDelta$ oder $\varDelta_u$, je nachdem die Phasenfolge *1*, *2*, *3* oder *1*, *3*, *2* ist. —

Wenn man $\varPhi_{KI}$ und $\varPhi_{JIII}$ erregt, tritt, wie wir sahen, zufolge der Ströme J_{KI} und J_{JIII} (Abb. 66) ein Drehmoment auf; ist die Scheibe nach den Linien $X_1 X_2$ radial geschlitzt, so sind diese Ströme abgeschnitten, und es kann in der gezeichneten Scheibenstellung durch sie kein gegenseitiger Trieb entstehen. Ist doch ein Drehmoment vorhanden, so zeigt dies — wir nehmen an, daß weder S t r o m - noch S p a n n u n g s t r i e b vorhanden ist —, daß beide Meßwerke außerdem mittels Streuung zusammenwirken, indem z. B. J'_I an der Stelle des Spannungsflusses von III einen Fluß erzeugt, welcher mit Φ_{JIII} ein Drehmoment hervorbringt (Abb. 66, rechts). Der durch Streuung hervorgerufene gegenseitige Trieb kann mittels einer Größe γ' in ganz gleicher Weise im Diagramm berücksichtigt werden[1]).

4. Eichung. Man kann, wie oben geschehen, jedes der beiden Meßwerke I und III des Drehstromzählers Abb. 64 für sich als Wechselstromzähler nach VI, 12 in der Eichschaltung Abb. 50 eichen, wobei das andere Meßwerk **vollständig** ausgeschaltet ist. Die Einstellung auf $a_\mathfrak{S}$ geschieht bei einem Meßwerk durch Verstellung des Bremsmagneten, beim anderen durch die Regelvorrichtung für die Zugkraft. Wenn wir nun den Zähler wieder nach Abb. 64 in ein Drehstromnetz einschalten, so wird, da jetzt beide Spannungseisen eingeschaltet sind und die Voraussetzung 3 S. 134 (Spannungsdämpfung vernachlässigbar) bei den praktischen Zählern nicht erfüllt ist, ein Minusfehler auftreten, und wir müssen daher den Zähler nochmals auf $a_\mathfrak{S}$ durch Verstellen des Bremsmagneten einstellen. Diese Einstellung nehmen wir bei Belastung mit $\varphi = +30°$ zwischen Leitung 1 und 2 vor, da dabei **keine** gegenseitige Störung der Meßwerke auftritt (Fall α, S. 136). Der so geeichte Zähler zeigt dann, vorausgesetzt, daß seine Anordnung symmetrisch ist (gegenseitiger Stromtrieb und gegenseitiger Spannungstrieb Null), bei den verschiedenen Belastungsfällen Fehler, welche entsprechend der Größe γ des betreffenden Zählers $\frac{1}{20} \div \frac{1}{10}$ der im Beispiel berechneten betragen. Der Zähler zeigt also in der Anlage für **jede** Phasenfolge bei einigen Belastungsfällen Fehler.

In der Praxis läßt man gewöhnlich während der ganzen Eichung — außer bei der Beseitigung der Spannungstriebe — beide Spannungsspulen eingeschaltet. Es sei eine solche Eichung beschrieben[2]); wir wollen dabei die Eichschaltung Abb. 70 benutzen. G_V und G_A sind die gekuppelten Generatoren, welche für Nennspannung (geringe Stromstärke) bzw. Nennstrom (geringe Spannung) der zu eichenden Zähler eingerichtet sind. G_V habe die Phasenfolge K_1, K_2, K_3, d. h. K_2 eilt gegen K_1 um $120°$ **nach**. Der Stator von G_A ist verdrehbar. CC (Stromkabel) und cc (Spannungskabel) sind

---

[1]) Bei einem Zähler wurde gemessen: $\gamma = 0{,}0075$ — statt $0{,}15$ wie im Beispiel angenommen — und $\gamma' = 0{,}002$.

[2]) Vgl. auch VI, 12.

biegsame, mit ihrem einen Ende dauernd an XY bzw. xy angeschlossene Leitungen, mittels welcher die Strom- und Spannungsspule des Wattmeters N nacheinander mit den Strom- bzw. Spannungsspulen des Zählers verbunden werden kann. Die Bezeichnungen der Zählerklemmen sind in Abb. 70 dieselben wie in Abb. 64, S. 131.

1. **Beseitigung etwaigen Spannungsleerlaufes** von Meßwerk I mittels Hilfskraft; dabei nur Spannungsspule von I eingeschaltet. Ebenso bei Meßwerk III, dabei nur Spannungsspule von III eingeschaltet. Danach werden beide Spannungsspulen wieder gemäß Abb. 70 angeschlossen.

2. **Herstellung gleicher Triebkonstanten** geschieht gewöhnlich dadurch, daß man die beiden Meßwerke I und III gegeneinander schaltet; Verbindung: „Stromkabel an M_1 und M_3, A_1 und A_3 miteinander verbinden, m_3 an Leitung 1 statt an 3; Spannungskabel an 1 und 2" und

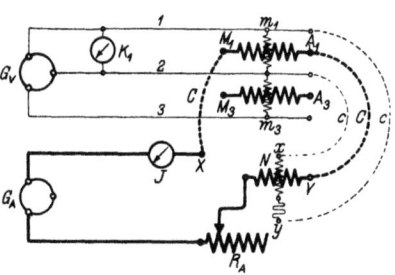

Abb. 70. Eichschaltung für Drehstromzähler.

mittels der Regelvorrichtung für die Zugkraft bei etwa Nennstrom und $\cos \varphi \approx 1$[1]) den Zähler stillsetzt[2]). Dann werden beide Spannungsspulen wieder gemäß Abb. 70 angeschlossen und bleiben es während der ganzen Eichung.

3. **Einstellung von Meßwerk I:** Verbindung: „Stromkabel an M_1 und A_1, Spannungskabel cc an 1 und 2." Dieser Verbindung entspricht Belastung zwischen 1 und 2 in Abb. 64, auf das Wattmeter N wirkt K_1 und J_1. Herstellung der 90°-Verschiebung bei etwa Nennstrom. Einstellung auf $a_\mathfrak{E}$ bei $\cos\varphi \approx 1$ erst bei etwa Nennstrom mittels Brems-

---

[1]) $\sigma = \sphericalangle \overline{\Phi}_J / \Phi_K = 90°$. Die Meßwerke haben dabei die größte Zugkraft, die Methode ist am empfindlichsten; weiter ist dabei die Zugkraft von einer etwas falschen Phase des Spannungsflusses, welche ja noch nicht eingestellt ist, wenig abhängig.

[2]) Bei dieser Verbindung sind im Sinne der Pfeile (Abb. 64) die Spannungsflüsse phasengleich, die Stromflüsse phasenentgegengesetzt; die Drehmomente beider Meßwerke wirken sich entgegen.

magnet[1]), dann bei etwa $^1/_{10}$ Nennstrom mittels Hilfskraft. Prüfung bei Nennstrom $\cos\varphi \approx 0{,}3$ und etwaige Berichtigung durch kleine Änderung der 90°-Verschiebung.

4. **Einstellung von Meßwerk III**: Verbindung: „Stromkabel an M_3 und A_3, Spannungskabel cc an *2* und *3*." Dieser Verbindung entspricht Belastung zwischen *2* und *3* in Abb. 64; auf das Wattmeter wirkt K_{III} und J_3. Herstellung der 90°-Verschiebung bei etwa Nennstrom; Prüfung bei etwa Nennstrom $\cos\varphi \approx 1$ und $\cos\varphi \approx 0{,}3$ und etwaige Berichtigung durch kleine Änderungen der Zugkraft bzw. 90°-Verschiebung; Einstellung auf $a_\mathfrak{S}$ bei etwa $^1/_{10}$ Nennstrom mittels Hilfskraft.

5. **Einstellung der Hemmfahne**, so daß der Zähler bei etwa 0,5% der Nennlast $N_\mathfrak{N}$[2]) bei $\cos\varphi \approx 1$ anläuft (s. auch S. 22).

6. **Verbindung**: „Stromkabel an M_1 und M_3, A_1 und A_3 miteinander verbunden, Spannungskabel CC an *1* und *3*." Dieser Verbindung entspricht Belastung zwischen *1* und *3* in Abb. 64; auf das Wattmeter wirkt $J_1 = J_3$ und K_3. Prüfung bei Nennstrom und $\cos\varphi \approx 1$ und $\cos\varphi \approx 0{,}3$.

Der so geeichte Zähler (beide Spannungsspulen eingeschaltet) zeigt, wenn er bei derselben Phasenfolge wie bei der Eichung in der Anlage angeschlossen wird, bei allen Belastungsfällen richtig, falls er genau auf den Sollwert eingestellt wurde. Bei umgekehrter Phasenfolge aber zeigt er größere Fehler als ein wie oben geeichter (Einzeleichung der Meßwerke).

Man berücksichtigt nun, wenn man unter Erregung beider Spannungsspulen eicht, die Drehfeldabhängigkeit in der Weise, daß man bei den einzelnen Belastungen auf bestimmte Fehler einstellt, die auf Grund der Eigenschaften der betreffenden Zählerkonstruktionen ein für allemal so festgelegt wurden, daß auch bei umgekehrter Phasenfolge keine zu großen Fehler auftreten. Man wird z. B. — immer die Phasenfolge K_1, K_2, K_3 bei G_V in Abb. 70 vorausgesetzt — Φ_{KI} Überverschiebung, Φ_{KIII} Unterverschiebung geben, damit die Fehlverschiebung der Flüsse bei umgekehrter Phasenfolge nicht zu groß wird (s. Abb. 67 und 69).

---

[1]) In der Praxis gibt man gewöhnlich einen kleinen Plusfehler, damit keine zu großen Minusfehler entstehen, wenn zwischen *3* und *1* belastet wird, wobei die Stromspulen beider Meßwerke erregt sind, die Stromdämpfung also doppelt so groß ist.

[2]) $N_\mathfrak{N} = \sqrt{3}\ K_\mathfrak{N} J_\mathfrak{N}$.

Neuerdings verwendet man vielfach Eicheinrichtungen, welche auch eine gleichseitige oder beliebige Belastung der drei Phasen gestatten; dabei benötigt man zwei Wattmeter. Dann nimmt man statt der letztgenannten Prüfung (6) eine solche mit gleichseitiger Belastung vor. Dies ist sehr empfehlenswert, besonders wenn man die Eigenschaften des Zählers nicht genau kennt und daher aus den Messungen gemäß Verbindung 3, 4 und 6 keinen Schluß auf die Fehler bei gleichseitiger Belastung, die in der Praxis meist vorhanden ist, ziehen kann.

VII B. Drehstromzähler für Vierleiter-Anlagen.

Die drei Wicklungen des Drehstromgenerators G (Abb. 71) sind in Stern geschaltet, und es gehen die drei Außenleiter *1*, *2*, *3* und der Nulleiter *0* von ihm aus. Die Lampen sind zwischen Null- und Außenleiter und die Motoren M zwischen letztere geschaltet. Die Spannungen K_1, K_2, K_3 zwischen den Außenleitern („verkettete Spannungen") sind $\sqrt{3}$ mal so groß wie $K_a, K_b, K_c,$ („Stern-"

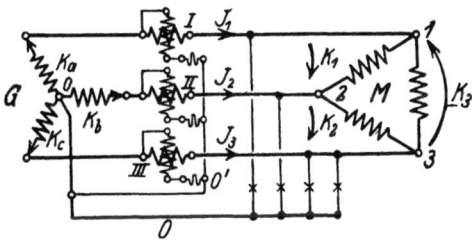

Abb. 71. Leistungsmessung mit drei Wattmetern *I, II, III* in einer Vierleiter-Drehstromanlage.

oder „Phasenspannungen") und dagegen um 30° verschoben; dies erkennt man aus Abb. 75, wo K_1 nach der Gleichung $[K_1 = K_a - K_b]$ eingezeichnet ist. Man wählt in den Netzen als Sternspannung gewöhnlich 110 V oder 220 V (Lampenspannung) und hat dann die verketteten Spannungen $110\sqrt{3} = 190 V$ bzw. $220\sqrt{3} = 380 V$ (Motorenspannung).

Die Leistung des Generators im Zeitmoment t ist

$$(N = K_a J_1 + K_b J_2 + K_c J_3)_t, \tag{1}$$

und ihr Mittelwert ist gleich der Summe der Angaben der drei Wattmeter *I, II, III*; jedes mißt die von einer Wicklung des Generators abgegebene Leistung. Induktionszähler für Vierleiter-Drehstromanlagen benötigen danach drei Meßwerke und zwei

VII B. Drehstromzähler für Vierleiter-Anlagen.

Scheiben oder, wenn man jedes Meßwerk auf eine Scheibe wirken läßt, sogar drei Scheiben[1]). Die Meßwerke müssen natürlich wieder gleiche Triebkonstanten und die Verschiebungen $\sigma_0 = 90°$ haben. Gewöhnlich verwendet man zwei Scheiben, auf denen die Meßwerke entsprechend Abb. 73 A, in der die beiden Scheiben nebeneinanderliegend gezeichnet sind, angeordnet werden. Dabei können keine gegenseitigen Spannungstriebe auftreten, da die Spannungsspulen (dünn gezeichnet) und daher die von ihnen ausgehenden Flüsse und Streuflüsse auf demselben Scheibendurchmesser liegen (s. S. 133 unten). Oft versetzt man aber, um eine kürzere Achse zu bekommen, die Spannungseisen um 90° gegeneinander (Abb. 73 B); a, b, c sind die Spannungsspulen, S_a, S_b, S_c die Spuren der Streuflüsse, die sie in die andere Scheibe senden. Die Stromspulen sind nicht gezeichnet. Bei der gewählten Polarität addieren sich die vier Triebe (ausgezogene Pfeile), da b gegen S_c, S_c gegen a und S_b gegen c und c gegen S_a voreilt. Der Zähler hätte einen starken gegenseitigen Spannungstrieb, der

---

[1]) Man versäumt, gelegentlich den Punkt $0'$ (Abb. 71), in dem die Spannungsspulen der drei Meßwerke I, II, III zusammentreffen, mit dem Nulleiter 0 zu verbinden. Dann fällt im allgemeinen sein Potential $0'$ nicht mit dem von 0 zusammen (Abb. 72); dadurch entstehen Meßfehler, wenn die Belastung so ist, daß im Nulleiter Strom fließt, also z. B. wenn Stromverbraucher nur zwischen 1 und 0 eingeschaltet sind. Beweis: Die drei Meßwerke geben zusammen das Drehmoment

$$(D = K_a' J_1 + K_b' J_2 + K_c' J_3)_t;$$

es ist also, mit Rücksicht auf Gleichung 1

$$(D = N + J_1(K_a' - K_a) + J_2(K_b' - K_b) + J_3(K_c' - K_c))_t.$$

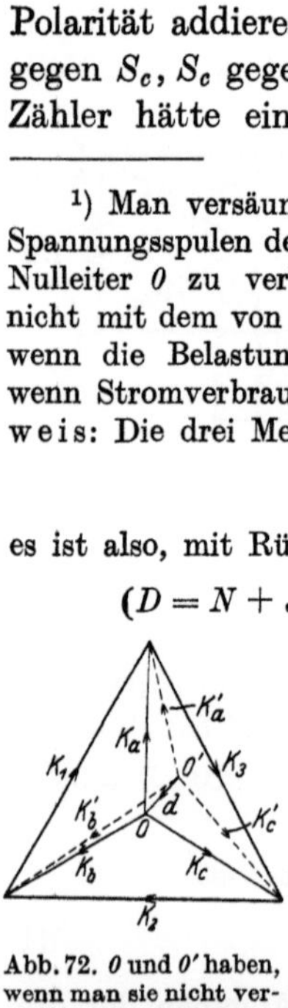

Die drei Differenzen sind alle gleich d, also

$$(D = N + d(J_1 + J_2 + J_3))_t.$$

Damit die Messung richtig ist, muß entweder $(J_1 + J_2 + J_3)_t$, das ist der Strom im Nulleiter, oder d Null sein. Um also in einer Vierleiter-Anlage bei jeder Belastung richtig zu messen, hat man in Abb. 71 stets $0'$ mit 0 zu verbinden. Fehlt der Nullleiter, hat man also eine Drehstromanlage mit drei Leitungen, so ist $(J_1 + J_2 + J_3)_t = 0$. Die drei Meßwerke zeigen daher richtig, ohne daß man $0'$ an den Knotenpunkt der Maschine legen muß; sie zeigen auch richtig, wenn die Maschine Dreieckschaltung hat wie in Abb. 60.

Abb. 72. 0 und $0'$ haben, wenn man sie nicht verbindet, im allgemeinen nicht dasselbe Potential.

VII B. Drehstromzähler für Vierleiter-Anlagen.   143

sich mit der Phasenfolge umkehrt und daher starke Drehfeldabhängigkeit verursacht. Polt man jedoch nach dem Vorschlag von H. Nützelberger die Spannungsspule a um, so haben die linken Triebe die entgegengesetzte Richtung (gestrichelte Pfeile), und der gegenseitige Spannungstrieb wird Null. —

Man kann bei Zählern für Vierleiter-Anlagen mit zwei Meßwerken und daher mit einer Scheibe auskommen, wenn man die in der Praxis meist zulässige Annahme macht, daß die drei „Sternspannungen" K_a, K_b, K_c einander gleich und um 120° gegeneinander verschoben („symmetrisch") sind (Abb. 75). Dann ist ihre Resultante Null, weil K_a, K_b, K_c, wenn man sie aneinander ansetzt, ein geschlossenes (gleichseitiges) Dreieck

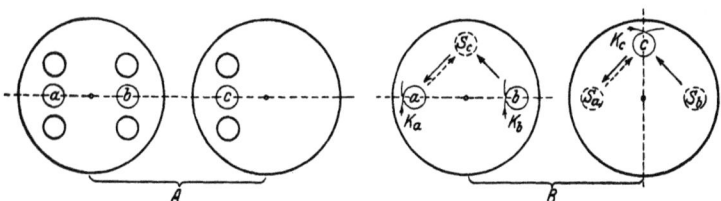

Abb. 73. Untere und obere Scheibe eines Drehstromzählers mit drei Meßwerken; bei A liegen die drei Spannungsspulen a, b, c auf demselben Durchmesser, bei B ist c um 90° versetzt.

bilden. Die Summe der drei Spannungen in irgendeinem Moment t ist auch Null, denn sie wird dargestellt durch die Projektion dieser Resultante auf die Zeitachse. Wir können schreiben:

$$(K_a + K_b + K_c = 0)_t$$

oder

$$(K_c = -K_a - K_b)_t .$$

Wenn wir dies in die Gleichung

$$(N = J_1 K_a + J_2 K_b + J_3 K_c)_t$$

einsetzen, erhalten wir

$$\bigl(N = K_a(J_1 - J_3) + K_b(J_2 - J_3)\bigr)_t .$$

und

$$N = M\left(K_a(J_1 - J_3)\right)_t + M\left(K_b(J_2 - J_3)\right)_t .$$

VII B. Drehstromzähler für Vierleiter-Anlagen.

Die mittlere Leistung kann deshalb durch einen Induktionszähler nach Abb. 74 gemessen werden[1]).

Φ_{KI} muß gegen K_a, Φ_{KIII} gegen K_b um 90° verschoben sein; mit Φ_{KI} arbeiten die von J_1 und J_3, mit Φ_{KIII} die von J_2 und J_3

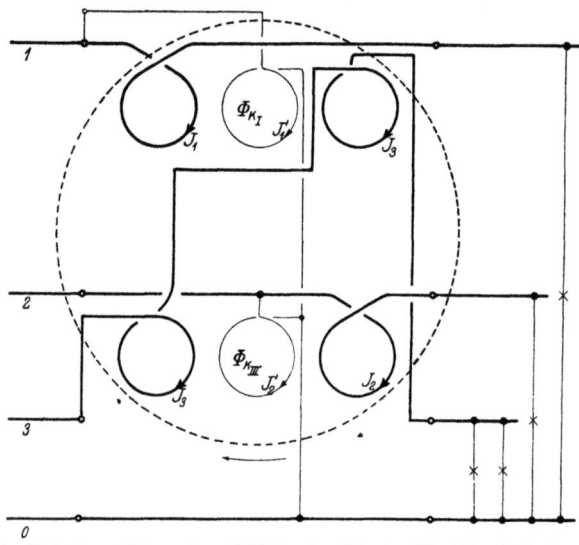

Abb. 74. Drehstromzähler mit zwei Meßwerken für eine Vierleiter-Drehstromanlage.

durchflossenen Stromspulen zusammen. Der Zähler muß dieselbe Drehzahl haben, wenn dieselbe Belastung nacheinander

a) zwischen *1* und *0*,
b) zwischen *2* und *0*,
c) zwischen *3* und *0*

geschaltet wird. Um dies bei der Eichung herbeiführen zu können, sind die Stromeisen gegenüber der Scheibe verstellbar angeordnet.

---

[1]) Damit die beiden Stromspulen desselben Meßwerkes, deren Ströme im allgemeinen nicht in Phase sind, kein Drehmoment zusammen ausüben, benutzt man, wie in Abb. 28, U-förmige Stromeisen und wickelt die beiden Spulen auf deren Joche auf oder verteilt jede von diesen auf beide Schenkel. Es tritt dann aus den Polen desselben Stromeisens ein resultierender Fluß aus, der $J_1 - J_3$ bzw. $J_2 - J_3$ proportional ist. Die Pole desselben Stromeisens bringen daher zusammen kein Drehmoment hervor.

1. Einleitung.

Daß die Drehrichtung des Zählers bei den in Abb. 74 gewählten Verbindungen in Pfeilrichtung erfolgt, ersieht man aus dem Diagramm Abb. 75; J_1, J_2, J_3 bedeuten darin die Ströme in den eben erwähnten Fällen a), b), c), wenn die Belastung aus Glühlampen besteht. Es eilt also J_1' gegen J_1, J_2' gegen J_2, J_3 gegen J_1' und gegen J_2' nach; alle Drehmomente haben Pfeilrichtung.

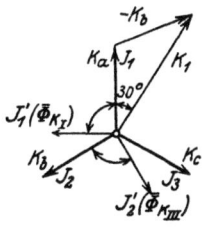

Abb. 75. Diagramm zu Abb. 74, wenn nacheinander dieselbe Glühlampengruppe zwischen *1* und *0*; *2* und *0*; *3* und *0* geschaltet wird[1]).

Auch bei diesem Zähler werden, wie bei den unter VII A betrachteten, in der Regel gegenseitige Störungen der Meßwerke auftreten.

VIII. Zähler zur Erfassung des Blindstromes.

1. Einleitung. Ehe wir diese Zähler betrachten, seien folgende Bemerkungen über die Erzeugungskosten des Stromes und seine Verrechnungsart vorausgeschickt.

Die jährlichen Gesamtausgaben K eines Werkes lassen sich durch die Gleichung

$$K = C_1 + C_2 A$$

ausdrücken, wo C_1 und C_2 Konstante und A die jährlich abgegebene elektrische Arbeit (kWh) bedeuten. Die von der Stromlieferung unabhängigen Kosten C_1 heißen „feste oder Bereitstellungskosten" (Verzinsung und Abschreibung, Löhne, Brennstoff, soweit er nötig ist, um die Anlage betriebsbereit zu halten), die der gelieferten Arbeit proportionalen Kosten $C_2 A$ „veränderliche Kosten". Die Ausgaben des Werkes mit einem entsprechenden Gewinnaufschlag müssen durch die Zahlungen der Abnehmer gedeckt werden. Der Anteil eines Abnehmers an den veränderlichen Kosten ist der von ihm verbrauchten Arbeit proportional: die Angaben seines kWh-Zählers vervielfacht mit dem Preis je kWh („Arbeitspreis") geben seinen Anteil an den veränderlichen Kosten. Sein Anteil an den festen Kosten ist um so größer, je größer der von ihm beanspruchte Teil des Werkes ist; man setzt ihn der von ihm

---

[1]) In Wirklichkeit eilen die Spannungsströme J_1' und J_2' ihren Flüssen etwas vor.

VIII. Zähler zur Erfassung des Blindstromes.

benutzten **Höchstleistung** (kW) porportional. Zur Ermittlung dieser erhält der Zähler des Abnehmers einen „Maximumzeiger" („Belastungsmesser", „Höchstverbrauchsmesser", s. IX). Die von diesem angezeigten kW, vervielfacht mit dem Preis je kW („Leistungspreis") geben seinen Anteil an den festen Kosten. Diese Verrechnungsart mittels des Maximumzeigers, die sich den Erzeugungskosten im Werk anpaßt, wird nur für große Abnehmer angewendet. Aus den im folgenden erörterten Gründen legt man bei den festen Kosten vielfach nicht die Höchstleistung, sondern die höchste **Scheinleistung** (kVA) zugrunde und verrechnet bei den veränderlichen Kosten außer der Arbeit auch die Blindarbeit[1]).

Die Belastung, die bei den heutigen Drehstromwerken die Hauptrolle spielt, sind die Asynchronmotoren. Diese nehmen — ebenso wie die vielen angeschlossenen Transformatoren — zur Erzeugung ihrer magnetischen Flüsse Magnetisierungs-Blindströme auf und ihr $\cos \varphi$ ist, wie wir S. 73 gesehen hatten, bei geringer Belastung klein; deshalb arbeiten heute sehr viele Werke mit kleinem („schlechtem") Leistungsfaktor und es kommt nicht selten vor, daß dieser bis auf 0,5 und sogar noch weiter heruntergeht. Man sieht leicht ein, daß diese Art der Belastung — verglichen mit einer solchen bei $\cos \varphi = 1$ — für die Werke ungünstig ist. Wenn nämlich zwei gleiche Werke X und Y dieselbe Zeit hindurch dieselbe Leistung nutzbar, d. h. an die Abnehmer liefern, jedoch X bei $\varphi = 0$ ($\cos \varphi = 1$), Y bei $\varphi = +60°$ ($\cos \varphi = 0{,}5$), so sind bei Y die veränderlichen Kosten je nutzbar abgegebene kWh größer als bei X, weil bei Y die Verluste größer sind; denn X liefert nur den Wirkstrom J_w (Abb. 76), Y dagegen noch den Blind-

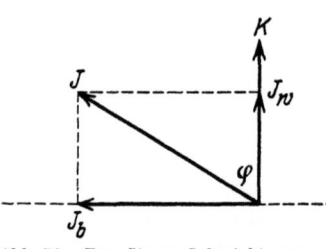

Abb. 76. Der Strom J besteht aus zwei Komponenten, dem Wirkstrom $J_w = J \cos \varphi$ und dem Blindstrom $J_b = J \sin \varphi$.

---

[1]) Die Preise sind natürlich bei den einzelnen Werken sehr verschieden. Für große Abnehmer liegt der monatlich zu zahlende Leistungspreis z. Zt. (1925) im allgemeinen zwischen 5 und 8 M. je kW, der Arbeitspreis zwischen 4 und 10 Pf. je kWh. Der Blindarbeitspreis beträgt gewöhnlich 10 ÷ 15 % des Arbeitspreises.

1. Einleitung.

strom $J_b = J_w \, \mathrm{tg}\, 60° = 1{,}73\, J_w$ und so den Gesamtstrom $J = \dfrac{J_w}{\cos 60°} = 2 J_w$. Die Verluste in den Wicklungen der Generatoren und Transformatoren und in den Leitungen sind deshalb bei Y viermal — allgemein $\dfrac{1}{\cos^2 \varphi}$ mal — so groß als bei X[1]). Die Spannungsabfälle sind bei Y mehr als doppelt so groß; denn der Strom ist doppelt so groß und nacheilend, nacheilender Strom gleicher Größe erzeugt aber bekanntlich in Generatoren und Transformatoren und auch in der Leitung, falls diese überwiegend induktiven Charakter hat, größeren Abfall[2]) als nicht verschobener Strom. Werk Y muß also seine Generatoren wesentlich stärker erregen, was wieder einen Mehraufwand von Arbeit gegenüber Werk X bedeutet. Werk Y könnte sich nun so helfen, daß es einen höheren kWh-Preis verlangt als Werk X; das wäre aber ungerecht gegen diejenigen seiner Abnehmer, welche nur Wirkstrom entnehmen. Deshalb ist es richtiger, denselben kWh-Preis zu verlangen und dem Abnehmer auch die entnommene Magnetisierungsblindarbeit irgendwie in Rechnung zu stellen. Diese wird von den bis jetzt betrachteten Zählern (Wirkverbrauchzählern) nicht berücksichtigt, sie laufen gleich schnell, ob der Abnehmer nur den Wirkstrom J_w oder außerdem noch den Blindstrom J_b (Abb. 76) entnimmt.

Abnehmer, die kapazitiven Blindstrom z. B. mittels übererregter Synchronmotoren entnehmen, sind für die Werke günstig, da der schädliche, von den vielen Asynchronmotoren herrührende Magnetisierungsblindstrom J_{bm} (Abb. 77) um den entnommenen kapazitiven Blindstrom J_{bc} auf J'_{bm} vermindert wird.

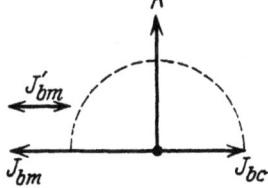

Abb. 77. Der Magnetisierungsblindstrom J_{bm} wird durch den Kapazitätsblindstrom J_{bc} auf J'_{bm} vermindert.

Deshalb erhalten die Abnehmer für entnommenen kapazitiven Blindstrom mitunter von den Werken eine Vergütung.

Wenn ein Werk I den für sein Netz notwendigen Strom teil-

---

[1]) Da $J^2 = J_w^2 + J_b^2$, ist der durch den Blindstrom verursachte zusätzliche Verlust gleich dem Verlust, welchen der Blindstrom allein fließend verursachen würde.

[2]) Gemeint ist der merkbare Abfall (vgl. auch S. 90).

148   VIII. Zähler zur Erfassung des Blindstromes.

weise von einem Werk II bezieht, ist es für I wichtig, daß II ihm nicht nur Wirkstrom, sondern auch einen angemessenen Teil des im Netz benötigten Magnetisierungsblindstroms liefert, sonst würden die Maschinen von Werk I mit schlechtem Kosinus arbeiten und bei ihnen die oben erwähnten Nachteile eintreten; außerdem wären diese Maschinen nicht ausgenutzt (s. unten). Dafür wird aber I an II auch für den gelieferten Magnetisierungsblindstrom eine Vergütung zahlen müssen. Als Beispiel ist in Abb. 78 der Fall veranschaulicht (ausgezogen), daß von dem Strom J mit dem Wirk- und Magnetisierungsblindstrom J_w und J_b, der im Netz von I fließt, die Maschinen von I und II je die Hälfte des Wirk- und Blindstromes liefern (J_{wI}, J_{wII}, J_{bI}, J_{bII}). Die Maschinen beider Werke liefern J_I und J_{II} und arbeiten dabei beide mit dem $\cos\varphi$ des Netzes. Wir schwächen jetzt die Gleichstromerregung der Maschine II, und zwar so weit, daß sie keinen Magnetisierungsblindstrom mehr abgibt[1]), während wir die Dampfzufuhr der Turbinen, die für Leistungen und daher für die Wirkströme J_{wI} und J_{wII} maßgebend ist, ungeändert lassen. Die Verhältnisse sind gestrichelt gezeichnet: Maschine II liefert jetzt J'_{II}, also nur Wirkstrom, sie arbeitet mit dem Leistungsfaktor Eins, also sehr vorteilhaft. Maschine I muß den ganzen Blindstrom J_b liefern, ihr Strom J'_I ist sehr groß und hat eine große Verschiebung ($\varphi' > \varphi$), sie arbeitet unvorteilhaft.

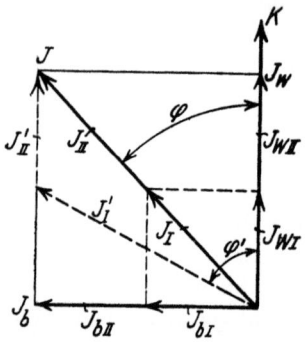

Abb. 78. Ströme bei parallel arbeitenden Werken I und II; wenn die Maschine von II zu schwach erregt ist, liefert sie nur Wirkstrom (J'_{II}) während I den ganzen Blindstrom (J_b) liefern muß.

Ein schlechter Leistungsfaktor erhöht aber nicht nur die veränderlichen, sondern auch die festen Kosten je kW; es wird

---

[1]) Bekanntlich wirkt bei einer Synchronmaschine der abgegebene Magnetisierungsblindstrom der Gleichstromerregung entgegen, und es kann daher eine solche, falls ihr durch das Netz eine bestimmte Spannung vorgeschrieben ist, um so weniger Magnetisierungsblindstrom abgeben, je schwächer sie erregt ist. Geht man mit der Erregung weit genug herunter, so muß die Synchronmaschine, um auf der Spannung zu bleiben, aus dem Netz noch Magnetisierungsblindstrom aufnehmen (Kapazitätsblindstrom abgeben, s. auch F. N. 1, S. 171).

1. Einleitung.

der elektrische Teil der Anlage — und, wenn die Kraftmaschine für entsprechend hohen Leistungsfaktor bemessen ist, auch diese — hinsichtlich Abgabe von Leistung nicht ausgenutzt. Denn für die Kosten der Generatoren, Transformatoren und Leitungen ist das Produkt Strom × Spannung, also die Scheinleistung N_s maßgebend, doch kann die Anlage nur die Leistung $N = N_s \cos\varphi$ liefern; die festen Kosten je kW sind also, soweit sie wenigstens von dem elektrischen Teil der Anlage herrühren, dem Leistungsfaktor $\cos\varphi$ umgekehrt proportional. Wird z. B. bei den obigen Werken X und Y, die einander völlig gleich sind, aber mit $\cos\varphi = 1$ bzw. $\cos\varphi = 0{,}5$ arbeiten, infolge von Zunahme der Anschlüsse die doppelte Leistung verlangt, so kann X diese ohne weiteres abgeben[1]) während zu Y ein gleiches Werk hinzugebaut werden muß. In diesem angenommenen Fall wären also die festen Kosten bei derselben gelieferten Leistung bei Y genau die doppelten wie bei X; die Werke Y müßten von den Abnehmern den doppelten Leistungspreis wie Werk X verlangen. Dadurch würde aber ein Abnehmer von Y, der mit $\cos\varphi = 1$ arbeitet, viel zuviel, ein solcher, der z. B. mit $\cos\varphi = 0{,}4$ arbeitet, zu wenig bezahlen. Um diese Ungerechtigkeit zu vermeiden, kann man die Höchstscheinleistung messen und für 1 kVA den Leistungspreis von Werk X verlangen.

Die Berücksichtigung des Blindverbrauches bei der Verrechnung der veränderlichen Kosten an die Abnehmer kann auf verschiedene Weise geschehen[2]):

A) Man verrechnet die Blindkilowattstunde zu einem gewissen Bruchteil, z. B. 10 ÷ 15 % der Wirkkilowattstunde. Der Abnehmer erhält dazu:

a) außer einem Wirkverbrauchzähler einen Blindverbrauchzähler und bezahlt z. B. für die Kilowattstunde 10 Pf., für die Blindkilowattstunde 1 Pf. oder

b) einen Zähler, welcher z. B. die Kilowattstunden + 10% der Blindkilowattstunden direkt anzeigt.

---

[1]) Es ist dabei angenommen, daß die Kraftmaschine für die Scheinleistung N_s des Generators bemessen ist, gewöhnlich wird sie in der Praxis nur für $0{,}7 N_s \div 0{,}8 N_s$ bemessen, entsprechend einem Leistungsfaktor von 0,7 bzw. 0,8.

[2]) Näheres s. v. Krukowski: Die Verrechnung elektrischer Energie unter Berücksichtigung der Blindströme. Siemens-Zeitschrift 1924, S. 160 und S. 217.

VIII. Zähler zur Erfassung des Blindstromes.

B) Nach Bußmann (ETZ 1918, S. 93 und 105) bezahlt der Abnehmer nur die verbrauchten kWh, wenn er bei einer bestimmten Verschiebung, z. B. $\varphi_0 = +36{,}8°$ ($\cos\varphi_0 = 0{,}8$, $\operatorname{tg}\varphi_0 = 0{,}75$), welche der Kalkulation des kWh-Preises zugrunde gelegt ist und welche als „normal" gilt, entnimmt. Je nachdem der Ausdruck $d = A_b - 0{,}75\,A$ [1]) (Blindverbrauch minus 75% des Wirkverbrauches) positiv oder negativ ist, hat der Abnehmer einen „Überschuß" an verbrauchten Blindkilowattstunden, die er besonders bezahlen muß, oder eine „Fehlmenge" daran, für die er eine Vergütung bekommt. Der Abnehmer erhält:

a) einen Wirkverbrauch- und einen Blindverbrauchzähler oder

b) außer dem Wirkverbrauchzähler einen Zähler, welcher die Differenz d direkt anzeigt („Überschuß - Blindverbrauchzähler").

C) Man verwendet einen Zähler, welcher bei $\varphi = \varphi_0$ induktiv (z. B. $\varphi_0 = +36{,}8°$, $\cos\varphi_0 = 0{,}8$) Kilowattstunden, bei größerer Verschiebung (z. B. $\varphi = +72{,}5°$, $\cos\varphi = 0{,}3$) um einen bestimmten Prozentsatz (z. B. 25%) mehr und bei $\varphi < \varphi_0$ entsprechend weniger anzeigt wie ein kWh-Zähler.

D) Man verrechnet außer dem Wirkverbrauch — oder einem gewissen Bruchteil desselben — einen gewissen Bruchteil des Scheinverbrauches. Der Abnehmer erhält:

a) einen Zähler, welcher direkt die Summe z. B. nach dem Vorschlag von Prof. Arno $\frac{2}{3} KJ \cos\varphi + \frac{1}{3} KJ$ anzeigt,

b) außer dem Wirkverbrauchzähler einen Scheinverbrauchzähler; diese Verrechnung kommt praktisch sehr selten vor. — Zähler, welche eine Größe $\alpha = C'A_b \pm CA$ anzeigen, deren Angaben also ein Gemisch von Blindverbrauch und Wirkverbrauch sind — z. B. Zähler nach A), b) oder B), b) —, heißen „Misch-" oder „Komplex"-Verbrauchzähler [2]). Die abgelesene Größe hat keine einfache physikalische Bedeutung. Solche Zähler sind in Deutschland nicht beglaubigungsfähig; ihre Verwendung ist nicht empfehlenswert. Besser verwendet man einen Wirkverbrauch- und einen Blindverbrauchzähler. —

---

[1]) Allgemein $d = A_b - \operatorname{tg}\varphi_0 \cdot A = KJz\,(\sin\varphi - \operatorname{tg}\varphi_0 \cos\varphi)$; d wird natürlich immer Null, wenn der Abnehmer bei $\varphi = \varphi_0$ entnimmt.

[2]) Wie wir unten sehen werden, zeigen auch Zähler nach C) und D), a) ein solches Gemisch, sind also auch Mischverbrauchzähler.

1. Einleitung. — 2. Blindverbrauchzähler.

Den W-Zähler, dessen Drehzahl $n = CKJ \sin(\sigma_0 - \varphi)$ ist[1]), kann man, wie wir zeigen werden, als Blind- und Mischverbrauchzähler und innerhalb gewisser Grenzen von φ mit einer gewissen Annäherung auch als Scheinverbrauchzähler einrichten, indem man der Konstanten C (durch Verstellen des Bremsmagneten) und der Flußverschiebung σ_0 geeignete Werte gibt.

Naturgemäß werden Zähler zur Erfassung des Blindverbrauches nur in großen Anlagen mit Motoren angewendet; sie kommen also meist als Drehstromzähler vor. Was den Blind- und Mischverbrauch in den drei Verbrauchskreisen (Zweigen) a, b, c Abb. 79 einer Drehstromanlage anlangt, so kann dieser — ähnlich wie der Wirkverbrauch s. S. 131 — durch einen geeigneten, in den Zuleitungen liegenden Drehstromzähler in Aronschaltung gemessen werden; wir werden dies für den Blindverbrauch beweisen; für den Mischverbrauch wäre der Beweis entsprechend zu führen. Die Aronschaltung kann auch durch eine „Kunstschaltung" ersetzt werden (s. weiter unten). Hinsichtlich des Scheinverbrauchs einer Drehstromanlage sei auf S. 165 unten verwiesen. —

2. Blindverbrauchzähler. Damit ein W-Zähler zum Blindverbrauch- oder Sinuszähler wird, muß $\sigma_0 = 180°$ sein, denn dann ist:

$$n = CKJ \sin(180° - \varphi) = CKJ \sin\varphi \,^2).$$

Bei $\varphi = 0$ eilt Φ_J gegen Φ_K um $180°$ vor, der Zähler steht still; für $\varphi = \pm 90°$ (Φ_J eilt gegen Φ_K um $90°$ vor bzw. nach) hat er seine größte Drehzahl, und zwar bei induktiver Last ($\varphi > 0$) in der einen, bei kapazitiver Last ($\varphi < 0$) in der anderen Richtung, da der Sinus mit dem Winkel sein Vorzeichen wechselt.

Wir wollen nun beweisen, daß man die Blindleistung N_b in den drei Verbrauchskreisen a, b, c einer Drehstromanlage (Abb. 79) messen kann durch die zwei Blindwattmeter I und III

---

[1]) Dies folgt aus Gleichung 4 (VI, 1), da $\overline{\Phi_K} \infty K$ und $\overline{\Phi_J} \infty J$ und da man unter Vernachlässigung der Strom- und Spannungsdämpfung (s. VI, 2) D durch n ersetzen kann.

[2]) Ein dynamometrisches Gerät, dessen Spannungsstrom J' gegen die Klemmenspannung um β verschoben ist, arbeitet genau so wie ein Induktionszähler mit $\sigma_0 = 90° + \beta$; z. B. erhält man für $\beta = 0$ Wirkwattmeter bzw. Wirkverbrauchzähler ($\sigma_0 = 90°$), für $\beta = 90°$ Blindwattmeter bzw. Blindverbrauchzähler ($\sigma_0 = 180°$).

152   VIII. Zähler zur Erfassung des Blindstromes.

in Aronschaltung, deren Angaben man algebraisch addiert. Die Blindleistung der Drehstromanlage im Zeitmoment t ist:

$$(N_b = K_1' J_a + K_2' J_b + K_3' J_c)_t,$$

wenn man mit K_1', K_2', K_3' drei gedachte Spannungen bezeichnet, welche den vorhandenen Spannungen K_1, K_2, K_3 gleich sind und ihnen um 90° nacheilen. Nun gelten für K_1', K_2', K_3', J_a, J_b, J_c die in VII, A) angegebenen Beziehungen, also ist:

$$(N_b = K_1' J_1 - K_2' J_3)_t.$$

Der Mittelwert dieses Ausdruckes, also N_b, wird gemessen durch die Blindwattmeter I und III in Abb. 79, denn es ist gleichgültig, ob man Wirkwattmeter (J' in Phase mit K) an K_1' bzw. $-K_2'$ oder

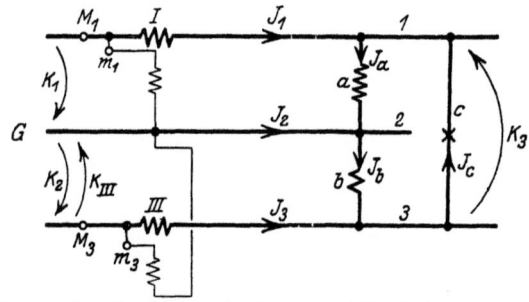

Abb. 79. Die Angaben der Blindwattmeter I und III, algebraisch addiert geben die Blindleistung der Drehstromanlage (a, b, c).

Blindwattmeter (J' um 90° gegen K zurück, s. V, 7 Abb. 25) an K_1 bzw. $-K_2$ anschließt. Damit ist der Beweis erbracht: die beiden Blindwattmeter I und III zeigen also dasselbe wie drei in die Verbrauchsstromkreise a, b, c eingeschaltete Blindwattmeter[1]).

Man kann also den Blindverbrauch der Drehstromanlage messen durch zwei W-Zähler, deren Stromspulen von J_1 und J_3 durchflossen und deren Spannungsflüsse Φ_{KI} und Φ_{KIII} gegen K_1 bzw. $-K_2$ um 180° verschoben sind ($\psi_J = 0$ angenommen). Natürlich kann man wieder die Anker der beiden Zähler auf eine Achse setzen oder die Meßwerke auf eine Scheibe wirken lassen und erhält so einen Drehstrom-Blindverbrauchzähler. Dabei müssen wieder (vgl. S. 131) die Spulen so angeschlossen werden, daß

---

[1]) $N_b = K_1 J_1 \sin\varphi_I + K_{III} J_3 \sin\varphi_{III}$, während wir gefunden hatten (Gleichung 4, S. 126) $N = K_1 J_1 \cos\varphi_I + K_{III} J_3 \cos\varphi_{III}$, wobei $\varphi_I = \measuredangle K_1/J_1$, $\varphi_{III} = \measuredangle K_{III}/J_3$.

2. Blindverbrauchzähler.

sich der Zähler in derselben Richtung dreht, ob man denselben Stromverbraucher zwischen *1* und *2* oder zwischen *2* und *3* schaltet, und der Zähler muß in beiden Fällen dieselbe Drehzahl haben (gleiche Triebkonstanten). Die Flüsse Φ_{KI} und Φ_{KIII} kann man, vorausgesetzt, daß die drei Spannungen einander gleich und daher um 120° verschoben sind, z. B. so gewinnen, daß man den Spannungseisen eine Verschiebung $\chi = 60°$ gibt[1]) und sie nach Abb. 80 anschließt; dann haben Φ_{KI} und Φ_{KIII}, da sie im Sinne der Pfeile von K_2 und $-K_3$ erregt werden, die im Diagramm Abb. 81 ge-

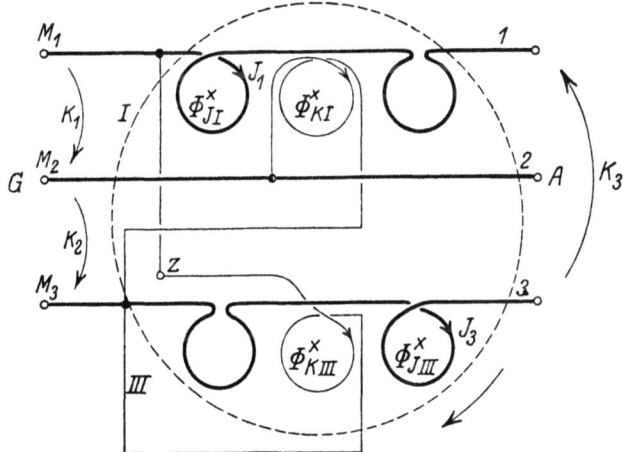

Abb. 80. Drehstrom-bV-Zähler mit Kunstschaltung. $\chi = 60° + \psi_J$; Drehung in Pfeilrichtung bei $\varphi > 0$. Phasenfolge *1, 2, 3*.

zeichnete Lage[2]). Der Zähler dreht sich bei induktiver Last in Pfeilrichtung; denn schaltet man eine Drossel zwischen *1* und *2* oder zwischen *2* und *3*, so bleiben die Stromflüsse um etwa 90°, die Spannungsflüsse um 180° gegen die Spannung zurück; die Drehung findet also von ersteren zu letzteren statt. Diese „Kunstschaltung" — so genannt, weil die Flüsse nicht von den Spannungen K_1 und $-K_2$, welche „natürlicherweise" dazu benutzt werden sollten, erzeugt werden — hat zwei Nachteile:

1. Wenn man die Phasenfolge umkehrt, haben die Flüsse falsche Lage — z. B. ist dann Φ_{KI} gegen K_1 um 60° verschoben

---

[1]) Ist ψ_J nicht Null, so muß $\chi = 60° + \psi_J$ werden.
[2]) Φ_{KI} gegen K_1 und Φ_{KIII} gegen $-K_2$ um 180° nacheilend; beim wV-Zähler betrug diese Nacheilung 90° (s. Abb. 65).

VIII. Zähler zur Erfassung des Blindstromes.

statt um 180° —, und der Zähler zeigt daher ganz falsch. Man darf also beim Anschluß in der Anlage die Klemmen M_1, M_2, M_3 des Zählers nicht beliebig mit den vom Werk kommenden Leitungen verbinden, sondern so, daß die zwischen M_2 und M_3 herrschende Spannung der zwischen M_1 und M_2 um 120° nacheilt. Um die Phasenfolge der drei Leitungen zu bestimmen, benutzt man einen „Drehfeldrichtungszeiger" (s. Abb. 63).

2. Die drei Spannungen der Anlage müssen — ebenso wie bei der Eichung — genau einander gleich sein, sonst zeigt der Zähler, da die Spannungsflüsse etwas falsche Phase und Größe haben, einen Fehler. Dieser ist bei der in der Praxis vorkommenden Ungleichheit der Spannungen gewöhnlich nicht unzulässig groß, besonders wenn man bedenkt, daß bei der Verrechnung der Blindverbrauch gegenüber dem Wirkverbrauch nur als Korrekturgröße anzusehen ist, also nicht sehr genau gemessen zu werden braucht.

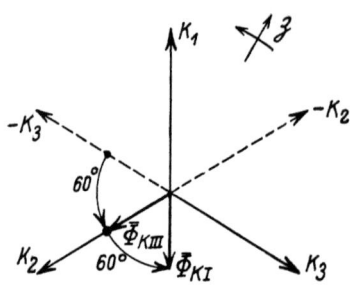

Abb. 81. Lage der Spannungsflüsse beim Zähler Abb. 80 für $\psi_J = 0$.

Diese Kunstschaltung ist sehr verbreitet. Die Spannungsspulen erhalten eine Verschiebung $\chi = 60° + \psi_J$, welche, da ψ_J meist zwischen 5° und 15° liegt, etwa 70° beträgt, wobei man bei geeigneter Bewicklung mit wenig Leistungsverbrauch in der Spannungsspule starke Flüsse erzeugen kann[1]).

Will man solche Fehler durch ungleiche Spannungen vermeiden und vom Drehfeld unabhängig sein, so muß man den Zähler so schalten wie die Blindwattmeter in Abb. 79 (Aronschaltung); damit Φ_{KI} und Φ_{KIII} bei induktionsloser Last zwischen *1* und *2* bzw. zwischen *2* und *3* den Stromflüssen Φ_{JI} bzw. Φ_{JIII} um 180° nacheilen ($\sigma_0 = 180°$), gibt man den Spannungseisen die Verschiebung $\chi = \psi_J$ und erregt sie (Abb. 82) im Sinne der Pfeile von $-K_1$ und K_2, schließt also die Spannungsspulen mit umgekehrter Polarität an wie beim wV-Zähler Abb. 64. Das Diagramm zeigt Abb. 83. Da es jedoch einen sehr großen Leistungsverbrauch N' bedingen würde, wenn man starke Spannungsflüsse bei $\chi = 5° \div 15°$

---

[1]) Siehe VI, 3 am Schluß.

2. Blindverbrauchzähler.

erzeugen wollte[1]), vergrößert man ψ_J künstlich — etwa durch eine Kurzschlußwindung auf dem Stromeisen — auf $40° \div 50°$[2]). Bei der Eichung wird gewöhnlich durch Einsetzen eines geeigneten Vorwiderstandes χ auf den richtigen Wert gebracht. Die Vergrößerung von ψ_J kann auch dadurch bewirkt werden, daß man zu der Stromspule einen induktionslosen Widerstand parallel schaltet. Dies ist besonders wirksam, wenn man nach einem

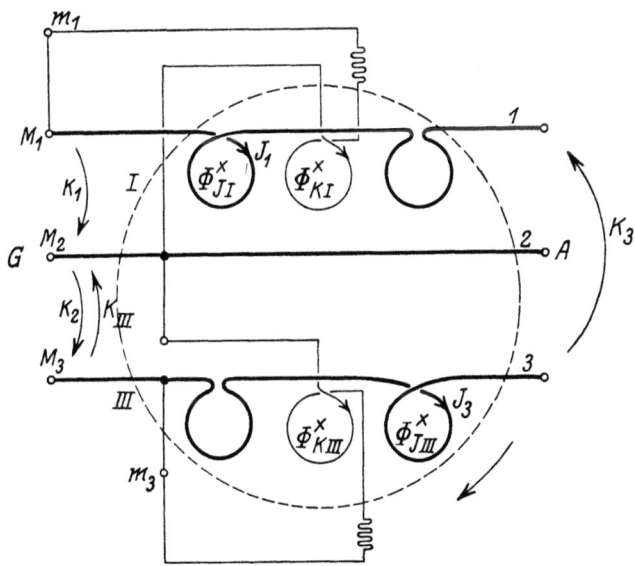

Abb. 82. Drehstrom-bV-Zähler in Aronschaltung; $\chi = \psi_J$; Drehung in Pfeilrichtung bei $\varphi > 0$.

Vorschlag von P. Paschen die Selbstinduktion des Stromeisens durch Anordnung eines magnetischen Nebenschlusses erhöht. —

Besitzt der Zähler Aronschaltung (Abb. 82) und steht ein Blindwattmeter zur Verfügung, so wird die Eichung genau nach S. 139 ausgeführt (Eichschaltung Abb. 70), nur hat man sinngemäß Blindwattmeter statt Wattmeter, ,,180°-Abgleichung'' statt ,,90°-Abgleichung'' und ,,sin φ'' statt ,,cos φ'' zu setzen. Ist nur ein Wirkwattmeter vorhanden, so schließt man dessen Spannungskreis an eine gegen die zu messende Spannung um 90°

---

[1]) Siehe VI, 3 am Schluß.
[2]) Siehe VI, 4 am Schluß.

verschobene Spannung an; es wirkt dann wie ein an die zu messende Spannung angeschlossenes Blindwattmeter. Wenn z. B. die Spannung K_1 auf das Blindwattmeter wirken soll, so schließt man (Abb. 86) den Spannungskreis des Wirkwattmeters (Widerstand R') an den Mittelpunkt O eines zwischen die Leitungen 1 und 2 geschalteten induktionslosen Widerstandes $2R'$ und an Leitung 3 an (Nullpunktschaltung); die Spannung am Spannungskreis steht dann, falls $K_1 = K_2 = K_3 = K$, auf K_1 senkrecht und hat die Größe $\dfrac{K}{\sqrt{3}}$. Die am Wattmeter abgelesene Wattzahl mal $\sqrt{3}$ ist die Blindleistung[1]). Die Eich-

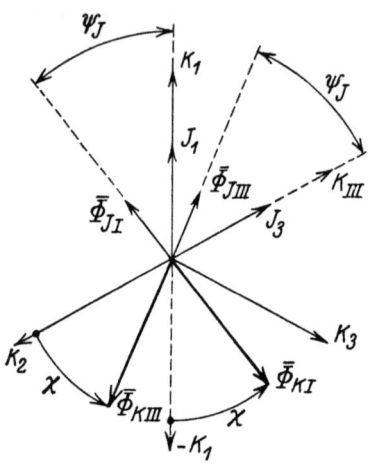

Abb. 83. Diagramm zu Abb. 82; Lage der Stromflüsse bei induktionsloser Last zwischen *1* und *2* und zwischen *2* und *3* sowie der Spannungsflüsse; $\chi = \psi_J$; ψ_J künstlich vergrößert.

---

[1]) Beweis: Legt man die Endpunkte von drei gleichen, in Stern geschalteten induktionslosen Widerständen R' (Abb. 84) an die Klemmen *1, 2, 3* einer Drehstrommaschine, so gelten für die Momentanwerte die folgenden Gleichungen:

$$(J_1 R' - J_2 R' = K_1)_t$$
$$(J_2 R' - J_3 R' = K_2)_t$$
$$(J_1 + J_2 + J_3 = 0)_t.$$

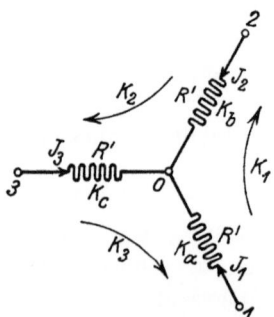

Abb. 84. Drei gleiche Widerstände R' an die Klemmen *1, 2, 3* einer Drehstrommaschine angeschlossen.

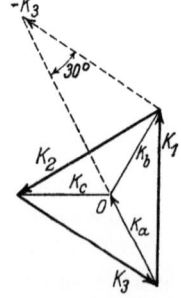

Abb. 85. Ermittlung der Sternspannungen K_a, K_b, K_c von Abb. 84.

2. Blindverbrauchzähler.

schaltung zeigt Abb. 86[1]). Man nimmt die Eichung wieder sinngemäß nach S. 139 vor. Auch das Anlegen der Spannungskabel cc an die Leitungen (Umschaltung der Wattmeterspannungsspule) geschieht wie dort angegeben, doch muß man außerdem jedesmal c' an die von cc noch nicht besetzte Leitung anlegen, z. B. an 3

Hieraus folgt, da $(K_1 + K_2 + K_3 = 0)_t$:

$$\left(J_1 R' = \frac{K_1 - K_3}{3} = K_a\right)_t$$

$$\left(J_2 R' = \frac{K_2 - K_1}{3} = K_b\right)_t$$

$$\left(J_3 R' = \frac{K_3 - K_2}{3} = K_c\right)_t.$$

Die Gleichungen gelten auch für die Effektivwerte, wenn man die Subtraktion geometrisch ausführt. So ist in Abb. 85 K_a gebildet; wenn $K_1 = K_2 = K_3 = K$, steht die Sternspannung (K_a) auf der Gegenseite (K_2) senkrecht, und es ist $K_a = \dfrac{2 K \cos 30°}{3} = \dfrac{K}{\sqrt{3}}$. Dasselbe gilt auch für die anderen Sternspannungen K_b und K_c.

[1]) Man könnte das Wattmeter auch ebenso schalten wie bei der Eichung der Wirkverbrauchzähler (Abb. 70), denn es gestattet auch in dieser (gewöhnlichen) Schaltung die Blindleistung N_b zu ermitteln: bei der Betriebsspannung K und dem betreffenden Strom stellt man durch Verdrehen des Stators den Höchstausschlag her, z. B. $\alpha_m = 1,2$ kW, jetzt verdreht man den Stator bis z. B. $\alpha = 0,96$ kW; dann ist $\cos \varphi = \dfrac{0,96}{1,2} = 0,8$, daher $\sin \varphi = 0,6$, also $N_b = 0,6 \cdot 1,2 = 0,72$ kW. Abgesehen davon, daß dabei die Ermittlung von N_b umständlicher ist, hat man noch folgendes zu bedenken: Behufs Herstellung der „180°-Verschiebung" hätte man den Zähler beim Höchstausschlag des Wattmeters stillzusetzen. Wenn wir diesen beim Verdrehen des Stators nicht ganz genau treffen, erhält Φ_K eine falsche Lage. Angenommen, der maximale Ausschlag des Wattmeters wäre genau 100, wir bringen aber den Zähler bei 99,8 zum Stillstand, also bei $\cos \varphi = 0,998$ ($\varphi = 3,6°$) statt bei $\cos \varphi = 1,000$ ($\varphi = 0$). Wenn wir also beim Aufsuchen des maximalen Ausschlages einen Fehler von nur 2 $^0/_{00}$ begehen, hat Φ_K eine um 3,6° falsche Lage. Dies kommt daher, daß in der Nähe von 0° einer kleinen Änderung des Kosinus eine sehr große Änderung des Winkels und des Sinus entspricht. Aus demselben Grunde sind auch bei kleinem φ die Messungen der Blindleistungen mittels Wattmeter in der gewöhnlichen Schaltung sehr ungenau. Bei großem φ verursacht zwar ein bestimmter Fehler bei $\cos \varphi$ — also bei der Ablesung, die ja $\cos \varphi$ proportional ist — nur einen sehr kleinen Fehler bei $\sin \varphi$, andererseits ist aber der Ausschlag sehr klein und daher die Ablesung sehr ungenau. Die Verwendung des Wattmeters in der gewöhnlichen Schaltung kommt daher für die Eichung von bV-Zählern nicht in Betracht.

158   VIII. Zähler zur Erfassung des Blindstromes.

in Abb. 84. Die Spannungen von G_V müssen einander gleich sein, sonst müssen Widerstände a, b, c (Abb. 86) eingeschaltet werden, bis die drei Spannungsmesser übereinstimmen. In Abb. 86 ist der Zähler mit Aronschaltung (Abb. 82) eingeschaltet Besitzt der Zähler die Kunstschaltung, so sind seine Spannungsspulen an die Leitungen 1, 2, 3 der Eichschaltung natürlich genau so anzuschließen wie in der Betriebsschaltung Abb. 80; die Eichung wird wieder sinngemäß nach S. 139 ausgeführt; bei der Gegenschaltung zur Abgleichung der Triebkonstanten wird die Klemme z der Spannungsspule von III (Abb. 80) von Leitung 1 weggenommen und an Leitung 2 angelegt.

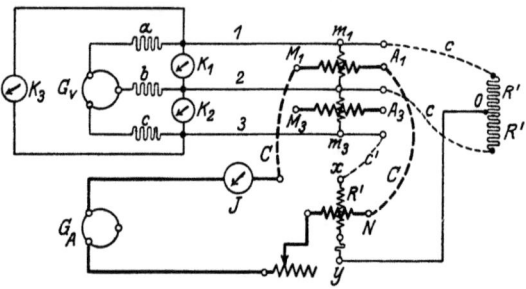

Abb. 86. Eichschaltung für Drehstrom-bV-Zähler mit Wirkwattmeter N in Nullpunktschaltung.

Ein Abnehmer mit Synchronmotor entnimmt je nach dessen Erregung Magnetisierungs- oder Kapazitätsblindstrom[1]). Er erhält, wenn man beide getrennt messen will, zwei gleiche Zähler, z. B nach Abb. 82 je mit Rücklaufhemmung, so daß Drehung nur in Pfeilrichtung möglich ist. Der eine wird nach Abb. 82 (M-Klemmen dem Generator G zugekehrt), der andere umgekehrt angeschlossen (M-Klemmen dem Abnehmer zugekehrt); ersterer zeigt den Magnetisierungs-, letzterer den Kapazitätsblindverbrauch; oder der Abnehmer erhält einen Zähler, welcher vor- und rückwärts läuft und die algebraische Summe des Magnetisierungs- und Kapazitätsblindverbrauches mißt. Dieser Zähler soll bei beiden Drehrichtungen dieselbe Genauigkeit haben. Bei der Eichung überzeuge man sich daher, daß beim Umpolen seiner Stromspule die Drehzahl bei kleiner Last dieselbe bleibt[2]). Man kann den Zähler auch mit zwei Zählwerken versehen, von denen je nach der Drehrichtung das eine oder andere mitgenommen wird. —

---

[1]) Siehe F. N. 1, S. 171.
[2]) Der Zähler darf keinen Spannungsvortrieb haben, deshalb macht sich unten der Minusfehler $\varDelta_D + \varDelta_r$ bemerkbar (s. Abb. 44), der bei

2. Blindverbrauchzähler. — 3. Mischverbrauchzähler.

3. Mischverbrauchzähler. I. Mischverbrauchzähler nach
A) b) S. 149. Für $\sigma_0 = 90° + \beta$ wird $n' = C'KJ \sin(90° + \beta - \varphi)$
$= C' \cos\beta \, KJ (\cos\varphi + \text{tg}\,\beta \sin\varphi)$ [1]). Wählt man $\text{tg}\,\beta = 0,1$, also
$\beta = 5,7°$, $\sigma_0 = 95,7°$, $\chi = 95,7° + \psi_J$, so ist die Drehzahl proportional ($N + 0,1\,N_b$); der Zähler zeigt den Wirkverbrauch $+ 10\%$
Blindverbrauch (Mischverbrauch). Durch eine ähnliche Überlegung, wie wir sie oben beim Blindverbrauchzähler anstellten,
ließe sich zeigen, daß man den Mischverbrauch in den drei
Verbrauchskreisen a, b, c einer Drehstromanlage durch zwei Meßwerke in Aronschaltung mit $\sigma_0 = 95,7°$ messen kann. Für den
Zähler gilt auch Abb. 64; die Flußverschiebung ist um $5,7°$ größer
als beim wV-Zähler. Die Eichung geschieht wie bei diesen (S. 139;
Eichschaltung Abb. 70), doch werden die Meßwerke durch die
Regelvorrichtung für die Flußverschiebung bei $\varphi = 95,7°$ (induktiv) stillgesetzt. Da $\cos 95,7° = -0,1$, stellt man diese Verschiebung φ her, indem man den Stator aus der Stellung des
höchsten Wattmeterausschlages (α_m) induktiv dreht, bis das
Wattmeter Null zeigt, dessen Spannungsspule umpolt und weiter
dreht, bis $\alpha = 0,1 \cdot \alpha_m$ ist. Ferner muß die Einstellung auf $a_{\mathfrak{E}}$
bei genau $\varphi = 0$, also bei $\alpha = \alpha_m$ geschehen, da der Zähler
nur bei $\varphi = 0$ den Wirkverbrauch anzeigt. Bei der Prüfung
mit $\cos\varphi = 0,3$ ($\sin\varphi = 0,954$) induktiv, muß er im Verhältnis $\dfrac{\cos\varphi + 0,1 \cdot \sin\varphi}{\cos\varphi} = \dfrac{0,3 + 0,1 \cdot 0,954}{0,3} = 1,32$ mal schneller
laufen als ein wV-Zähler. Ein Drehstromzähler für $3 \times 5\,A$, $110\,V$
($N_{\mathfrak{R}} = 0,955$ kW), der nach Triebtabelle S. 33 mit Zifferblatt 2) und
$\gamma = 1:2400$ versehen wird und die Eichzahl $a_{\mathfrak{E}} = \dfrac{2400}{3600} = 0,667$
hat, ist also bei genau $\cos\varphi = 1$ auf $0,667$, bei genau $\cos\varphi = 0,3$
auf $0,667 \cdot 1,32$ Umdrehungen je kWs einzustellen und erhält die
Aufschrift: „2400 Ankerumdrehungen je kWh bei $\cos\varphi = 1$", und
über den Zählwerkfenstern (s. S. 31 unten): „kWh $+ 0,1$ bkWh".

$^1/_{10}$ Last etwa zwischen $2 \div 5\,\%$ liegt; würde man ihn für eine Drehrichtung durch die Hilfskraft ausgleichen, so würde in der anderen Richtung der doppelte Fehler auftreten. Der Zähler darf auch keinen Stromtrieb haben.

[1]) Die Drehzahl des wV-Zählers ist $n = CKJ \cos\varphi$; da dieser Mischverbrauchzähler bei $\varphi = 0$ den Wirkverbrauch anzeigen soll, muß für
$\varphi = 0$ $n' = n$ sein, also $C' \cos\beta = C$; daher ist $\dfrac{n'}{n} = \dfrac{\cos\varphi + \text{tg}\,\beta \sin\varphi}{\cos\varphi}$;
für $\varphi = 0$ zeigt der Mischverbrauchzähler genau soviel wie der wV-Zähler.

VIII. Zähler zur Erfassung des Blindstromes.

II. Mischverbrauchzähler nach B) b) S. 150. Der Zähler soll die Größe $d = KJ\,(\sin\varphi - \operatorname{tg}\varphi_0 \cos\varphi)$ den „Überschußblindverbrauch" anzeigen; er muß bei der Phasenverschiebung $\varphi = \varphi_0$, die als normal gilt, stillstehen; da $n' = C'KJ\sin(\sigma_0 - \varphi)$, muß $\sigma_0 = 180° + \varphi_0$ sein. Es kann der Überschußblindverbrauch in den drei Verbrauchskreisen einer Drehstromanlage durch einen Drehstromzähler in Aronschaltung gemessen werden, dessen Meßwerke die Verschiebung $\sigma_0 = 180° + \varphi_0$ haben. Die Verschiebung muß also um φ_0 größer sein als beim bV-Zähler in Aronschaltung (Abb. 82). Wir wollen als Beispiel $\varphi_0 = 36{,}8°$, $\cos\varphi_0 = 0{,}8$ betrachten. Die Spannungseisen werden dabei für $\chi = 36{,}8° + \psi_J$ eingerichtet und wie in Abb. 82 angeschlossen, so daß $\varPhi_{KI}$ von $-K_1$ und $\varPhi_{KIII}$ von K_2 im Sinne der Pfeile erregt werden (also Spannungsspulen wieder umgekehrt angeschlossen wie beim wV-Zähler Abb. 64); die Lage der Vektoren zeigt Abb. 87. Der Zähler dreht sich, wenn der Abnehmer (Magnetisierungs-)Überschußblindverbrauch entnimmt ($\varphi > \varphi_0$, $d > 0$), in Pfeilrichtung (Abb. 82), bei $\varphi = \varphi_0$ steht er still, bei $\varphi < \varphi_0$ läuft er entgegen der Pfeilrichtung. Die Eichung geschieht in der Eichschaltung Abb. 70 wesentlich wieder nach S. 139, jedoch mit einigen sinngemäßen Änderungen: Bei der Gegeneinanderschaltung soll $\sigma = \sphericalangle\,\overline{\varPhi}_J/\overline{\varPhi}_K \approx 90°$ sein (vgl. F. N. 1, S. 139); hier ist, wie Abb. 87 zeigt, $\sigma = 90°$, wenn der Stator aus der Stelle des Höchstausschlages α_m um $90° - \varphi_0° = 53{,}2°$ kapazitiv verdreht ist ($\alpha = 0{,}6 \cdot \alpha_m$). Behufs Herstellung der Flußverschiebung σ_0 wird der Zähler mittels der Regelvorrichtung für letztere bei $\alpha = 0{,}8 \cdot \alpha_m$ (induktive Drehung des Stators) stillgesetzt. Nach der obigen Gleichung für d zeigt der Zähler bei $\varphi = 90°$ den Blindverbrauch, bei $\varphi = 0$ 75% des Wirkverbrauches[1] ($\operatorname{tg} 36{,}8° = 0{,}75$). Beim Einstellen der Meßwerke auf $a_{\mathfrak{E}}$ geben wir daher bei genau $\varphi = 0$ dem Zähler 75% der Drehzahl des Wirkverbrauchzählers. Ein Drehstromzähler für $3 \times 5\,A$, $110\,V$ ($\gamma = 1:2400$, Zifferblatt 2) ist bei $\varphi = 0$ auf $0{,}667 \cdot 0{,}75 = 0{,}5$ Umdrehungen je kWs einzustellen; Aufschrift:

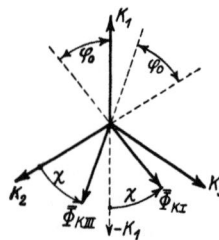

Abb. 87. Diagramm zum Drehstrom-Überschuß-bV-Zähler. $\psi_J = 0$, $\chi = \varphi_0$.

---

[1] Bei $\varphi = 0$ läuft der Zähler rückwärts.

3. Mischverbrauchzähler.

„2400 Ankerumdrehungen je bkWh bei $\cos\varphi = 0$", und über den Zählwerkfenstern: „Überschuß — bkWh bei $\cos\varphi_0 = 0{,}8$".
Da der Zähler vor- und rückwärts läuft, darf er keinen Spannungs- und keinen Stromtrieb haben (s. F. N. 2, S. 158).

Bisweilen soll der Wirkverbrauch oder Blindverbrauch zu verschiedenen Preis berechnet werden, je nachdem bei der Entnahme $\cos\varphi$ kleiner oder größer als z. B. 0,8 war. Man bildet dann einen solchen Überschußblindverbrauchzähler als Relais aus, indem man zwei Anschläge anordnet, welche die Bewegung eines auf der Zählerachse sitzenden Armes begrenzen; je nachdem $\cos\varphi \gtreqless 0{,}8$ ist, legt sich letzterer an den einen oder anderen Anschlag und bewirkt dadurch bei dem Wirkverbrauchzähler oder Blindverbrauchzähler, welche als Doppeltarifzähler ausgeführt sind, die Umschaltung des Zählwerks.

III. **Mischverbrauchzähler nach C) S. 150.** Zwischen der Drehzahl n' des Mischverbrauchzählers und der Drehzahl n des Wirkverbrauchzählers besteht die Beziehung:

$$\frac{n'}{n} = \frac{C'\cos\beta(\cos\varphi + \mathrm{tg}\,\beta\sin\varphi)}{C\cos\varphi};$$

für $\cos\varphi = 0{,}8$ soll sein

$$n' = n,$$

für $\cos\varphi = 0{,}3$

$$n' = 1{,}25\,n.$$

Also

$$C \cdot 0{,}8 = C'\cos\beta(0{,}8 + \mathrm{tg}\,\beta \cdot 0{,}6)$$

und

$$1{,}25 \cdot C \cdot 0{,}3 = C'\cos\beta(0{,}3 + \mathrm{tg}\,\beta \cdot 0{,}954).$$

Daraus erhält man $\beta = 6{,}4°$, $\mathrm{tg}\,\beta = 0{,}112$, $C'\cos\beta = 0{,}922 \cdot C$. Setzt man diese Werte ein, so erhält man

$$\frac{n'}{n} = \frac{0{,}922(\cos\varphi + 0{,}112 \cdot \sin\varphi)}{\cos\varphi} = \frac{\alpha'}{A}$$

oder

$$\alpha' = 0{,}922 \cdot A + 0{,}922 \cdot 0{,}112\,\frac{A}{\cos\varphi}\cdot\sin\varphi = 0{,}922\,A + 0{,}103\,A_b,$$

wo A und A_b den Wirk- bzw. Blindverbrauch und α' die Angabe unseres Zählers bedeuten. Man sieht, daß dieser auch ein Mischverbrauchzähler ist und ganz ähnlich arbeitet wie der Zähler unter

VIII. Zähler zur Erfassung des Blindstromes.

I. S. 159. Die Eichung geschieht daher auf dieselbe Weise, nur beachte man, daß dieser Zähler bei $\cos\varphi = 1$ 7,8% weniger, bei $\cos\varphi = 0{,}3$ 25% mehr zeigt als der Wirkverbrauchzähler (gegen 0% und 32% bei dem Zähler unter I.

IV. **Arno-Zähler.** Den Ausdruck $N'' = \tfrac{2}{3} KJ \cos\varphi + \tfrac{1}{3} KJ$ kann man mittels Induktionszähler nur innerhalb gewisser Grenzen von $\cos\varphi$ und auch da nur näherungsweise messen; Arno wählt als Grenzen $\cos\varphi = 0{,}92$ ($\varphi = 23°$, $\sin\varphi = 0{,}392$) und $\cos\varphi = 0{,}5$ ($\varphi = 60°$, $\sin\varphi = 0{,}866$), weil bei Asynchronmotoren $\cos\varphi$ etwa in diesem Bereich liegt. N'' hat für $\cos\varphi = 0{,}5$ den Wert

$$\tfrac{2}{3} KJ \cdot 0{,}5 + \tfrac{1}{3} KJ = 0{,}667 \cdot KJ,$$

für $\cos\varphi = 0{,}92$

$$\tfrac{2}{3} KJ \cdot 0{,}92 + \tfrac{1}{3} KJ = 0{,}947 \cdot KJ,$$

während die Leistung N dabei $KJ \cdot 0{,}5$ bzw. $KJ \cdot 0{,}92$ beträgt; N'' ist also im Verhältnis $\dfrac{0{,}667}{0{,}5} = 1{,}333$ bzw. $\dfrac{0{,}947}{0{,}92} = 1{,}029$ größer als N: der Arno-Zähler zeigt bei $\cos\varphi = 0{,}5$ um 33,3%, bei $\cos\varphi = 0{,}92$ um 2,9% mehr als der Wirkverbrauchzähler. Man findet daher ähnlich wie beim vorigen Zähler β und C' aus den Gleichungen:

$$C' \cos\beta \, (0{,}5 + \operatorname{tg}\beta \cdot 0{,}866) = 1{,}333 \, C \cdot 0{,}5$$
$$C' \cos\beta \, (0{,}92 + \operatorname{tg}\beta \cdot 0{,}392) = 1{,}029 \, C \cdot 0{,}92$$

zu

$$\operatorname{tg}\beta = 0{,}253, \quad \beta = 14°\,10', \quad C'\cos\beta = 0{,}93\,C.$$

Es ist also

$$\frac{n'}{n} = \frac{0{,}93\,(\cos\varphi + 0{,}253\cdot\sin\varphi)}{\cos\varphi} = \frac{\alpha'}{A}$$

$$\alpha' = 0{,}93 \cdot A + 0{,}235 \cdot A_b.$$

Der Zähler ist ebenfalls ein Mischverbrauchzähler und arbeitet ganz ähnlich wie der vorige Zähler, die Eichung geschieht ebenso wie dort.

4. Scheinverbrauchzähler. Es kommt in der Praxis sehr selten vor, daß man dem Abnehmer den Scheinverbrauch, also kVAh verrechnet; Scheinverbrauchzähler werden aber vielfach zur Betätigung eines Maximumzeigers behufs Bestimmung der benutzten Höchstscheinleistung verwendet (s. S. 149), und wir wollen uns

4. Scheinverbrauchzähler.

deshalb damit beschäftigen (Messung der Scheinleistung mit schreibenden Verbrauchmessern s. IX).

Die Drehzahl n eines Wirkverbrauchzählers ($\sigma_0 = 90°$) in Abhängigkeit von φ ist bei $KJ = $ const., also konstanter Scheinleistung in Abb. 88 dargestellt; für $\varphi = 0$ zeigt er KJ; wenn φ nur wenig, z. B. um $\pm 20°$ von 0, verschieden ist, zeigt er $KJ \cos 20° = 0,94\, KJ$, also die Scheinleistung, mit einem Minusfehler von 6%. Wenn wir den Bremsmagneten so verstellen, daß er 3% schneller läuft, zeigt er die Scheinleistung innerhalb $\pm 20°$ mit einem Fehler von $\pm 3\%$. Nehmen wir einen genau gleichen Zähler, vergrößern aber seine Verschiebung σ_0 von $90°$ auf $90° + 40°$, so ist dessen Drehzahl durch n' (Abb. 88) dargestellt; er zeigt, wenn wir wieder den Bremsmagneten entsprechend einstellen, zwischen $\varphi = +20°$ ($\cos\varphi = 0,94$) und $\varphi = +60°$ ($\cos\varphi = 0,5$) die Scheinleistung auf $\pm 3\%$ genau.

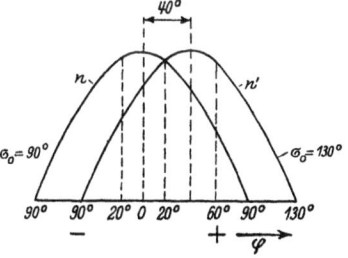

Abb. 88. Drehzahlen n und n' von W-Zählern mit den Flußverschiebungen $\sigma_0 = 90°$ bzw. $\sigma_0 = 130°$.

Man kann diesen Zähler als Scheinverbrauchzähler verwenden, falls man sicher ist, daß in der Anlage φ stets innerhalb $+ 20°$ und $+ 60°$ bleibt; ist dies nicht der Fall, so können große Fehler auftreten, z. B. bei $\varphi = 0$ ist der Fehler: $(\cos 40 - 1) \cdot 100 + 3 = -20,4\%$. Man kann nun die beiden Zähler mit $\sigma_0 = 90°$ und $\sigma_0 = 130°$ gleichzeitig einschalten und jeden mit einem Maximumzeiger versehen; der mit höchstem Ausschlag gibt die Höchstscheinleistung (kVA), falls φ nicht zu rasch schwankt. Will man davon unabhängig sein oder will man auch die kVAh messen, so treibt man Maximumzeiger und Zählwerk von dem Zähler an, der die größere Drehzahl hat. Dies läßt sich durch das aus Sperrädern und Sperrklinken bestehende „Überholungsgetriebe"[1]) (Abb. 89) erreichen. Q und P sind dabei die Zählerachsen. Die Anordnung mißt den Scheinverbrauch und die Scheinleistung für $\varphi = -20°$ bis $+60°$ auf $\pm 3\%$ genau und außerdem die kWh an dem von dem Zähler mit $\sigma_0 = 90°$ angetriebenen Zählwerk.

---

[1]) D. R. P. 392 257 (General Electric Company).

VIII. Zähler zur Erfassung des Blindstromes.

Der Scheinverbrauchzähler mit $\sigma_0 = 90°$ wird wie ein Wirkverbrauchzähler geeicht. Aus den erwähnten Gründen gibt man einen Plusfehler von 3%; derjenige mit $\sigma_0 = 130°$ wird behufs Einstellung der Flußverschiebung bei $\varphi = +130°$ ($\cos\varphi = -0{,}643$), also bei umgepoltem Wattmeter und $\alpha = 0{,}643 \cdot \alpha_m$ mittels der Regelvorrichtung für erstere stillgesetzt. Die Einstellung auf $1{,}03 \cdot a_{\mathfrak{S}}$ Umdrehungen je kVAs durch Bremsmagnet bzw. Hilfskraft geschieht bei $\varphi = +40°$ ($\cos\varphi = 0{,}766$), also beim Wattmeterausschlag $\alpha = 0{,}766 \cdot \alpha_m$, wobei der Zähler sein größtes Dreh-

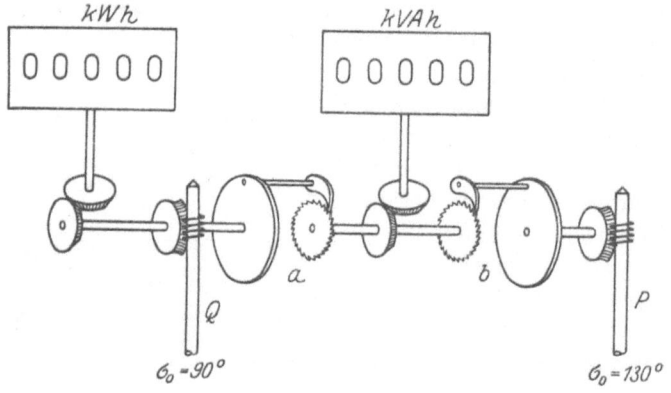

Abb. 89. Wirk- und Scheinverbrauchzähler für $\varphi = -20° \div +60°$ mit Überholungsgetriebe (a, b).

moment hat. Die Voltampere werden dabei durch Spannungs- und Strommesser (Präzisionsinstrumente) ermittelt.

Da $N_s = \sqrt{N^2 + N_b^2}$ und $v_w = cN$, $v_b = cN_b$, erhält man einen Scheinverbrauchzähler, wenn man die Geschwindigkeiten v_w und v_b eines wV- und eines bV-Zählers rechtwinklig zusammensetzt und mit der resultierenden Geschwindigkeit v_s ein Zählwerk antreibt. Nach einem Vorschlag von Chr. Bäumler wird nun diese Zusammensetzung durch ein eigenartiges Getriebe (Abb. 90, Ansicht von unten, Abb. 91, Ansicht von der Seite) vorgenommen. Die Kugel K mit matter Oberfläche wird von den Triebrollen w, b und den Stützrollen s_1, s_2 berührt. Die Berührungspunkte liegen in einer horizontalen Ebene, die durch den Mittelpunkt der Kugel geht; K wird getragen von der Meßrolle m, welche in einer um die Achse a schwenkbaren Gabel g gelagert ist. w wird vom wV-Zähler, b vom bV-Zähler mit

4. Scheinverbrauchzähler.

der Umfangsgeschwindigkeit v_w bzw. v_b angetrieben, und zwar in Pfeilrichtung (Pfeile, Pfeilspitzen), wenn der Abnehmer Wirkstrom und Magnetisierungsblindstrom entnimmt. Ist $\cos\varphi = 1$, $v_b = 0$, so dreht sich die Kugel um die Berührungspunkte mit b und s_2 wie um Spitzen, in Abb. 90 senkrecht zur Papierebene mit der Umfangsgeschwindigkeit v_w. Die Gabel schwenkt sich, bis die Mittelebene des Meßrades mit v_w zusammenfällt. Dann ist die Umfangsgeschwindigkeit v_s des Meßrades gleich v_w. Ist $\cos\varphi = 0$, $v_w = 0$, so dreht sich die Kugel um die Berührungspunkte mit w und s_1, die Gabel stellt sich, indem ihr Berührungspunkt mit der Kugel in der Richtung v_b mitgenommen wird, in diese Richtung ein und v_s wird gleich v_b. Hat $\cos\varphi$ einen dazwischenliegenden Wert, findet also gleichzeitig Wirk-

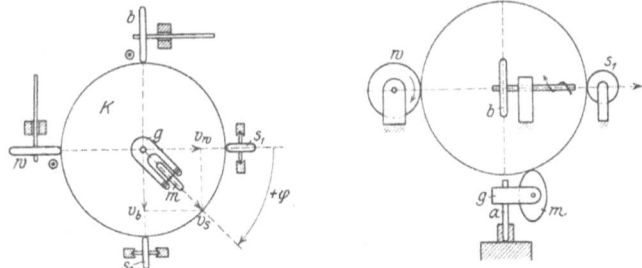

Abb. 90 und 91. Kugelgetriebe zur geometrischen Addition der Geschwindigkeit v_w und v_b vom wV- und bV-Zähler.

verbrauch und Blindverbrauch statt, so nimmt die Gabel eine Stellung ein, welche mit der Resultante von v_w und v_b zusammenfällt; m hat die Umfangsgeschwindigkeit $v_s = \sqrt{v_w^2 + v_b^2}$. In den Abbildungen ist ihre Stellung für $\cos\varphi = 0{,}71$ ($\varphi = 45°$) gezeichnet. Wenn man mit der Gabel einen Zeiger verbindet, kann man φ an einer Skala ablesen. Die Drehung der Rolle m hat man durch ein geeignetes Getriebe auf den Maximumzeiger (s. IX) und das Zählwerk zu übertragen.

Wir wollen uns nun mit der Scheinleistung und dem Scheinverbrauch einer Drehstromanlage[1]) beschäftigen.

Gewöhnlich versteht man unter der Scheinleistung (N_s) der

---

[1]) Näheres s. Schering: Die Definition der Schein- und Blindleistung sowie des Leistungsfaktors bei Mehrphasenstrom. ETZ 1924, S. 710; und Voller: Der Leistungsfaktor und seine Messung. Helios 1920, S. 177.

166   VIII. Zähler zur Erfassung des Blindstromes.

Drehstromanlage die geometrische Summe von Wirk- und Blindleistung. Die Scheinleistung N_s kann man messen — und zwar ist die Messung für beliebige φ richtig — mittels des oben beschriebenen Kugelgetriebes (Abb. 90 und 91), indem man die Rollen w und b durch einen Drehstrom-wV- bzw. Drehstrom-bV-Zähler (z. B. Abb. 82) antreibt (Messung der Scheinleistung mittels schreibender Verbrauchmesser s. IX, S. 174 unten).

Gewöhnlich mißt man in der Praxis die Drehstrom-Scheinleistung mit einem Zähler nach Abb. 93; wir wollen untersuchen,

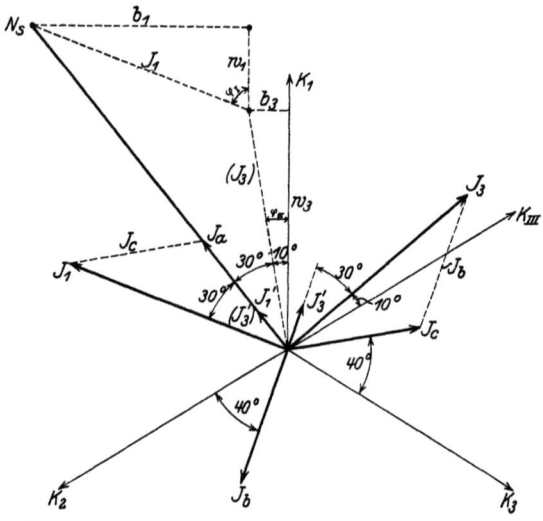

Abb. 92. Die Scheinleistung $[N_s = J_1 + (J_3)]$ wird von einem dynamometrischen Drehstromwattmeter genau gemessen, falls sie mit dessen Spannungsströmen $J'_1 (J'_3)$ in dieselbe Gerade fällt; bei einer Abweichung ε davon mit dem Fehler $(\cos \varepsilon - 1) \cdot 100\%$. Das Diagramm ist gezeichnet für gleichseitige Last mit Drosselspulen von 40° und einer Verschiebung der Spannungsströme von $\beta = \sphericalangle K_I / J'_1 = \sphericalangle K_{III} / J'_3 = 40°$.

wie weit seine Angabe α mit N_s übereinstimmt. Dazu denken wir uns zuerst ein dynamometrisches Drehstrom-Wattmeter (s. S. 127) in die Anlage eingeschaltet, geben aber den Spannungsströmen J'_1 und J'_3 nicht wie in Abb. 60 — wo es sich um eine Leistungsmessung (Wirkwattmeter) handelte — die Verschiebung Null gegen K_1 bzw. K_{III}, sondern die Verschiebung $\beta = 40°$. Es sei $K_1 = K_2 = K_3 = 1$ und die Anlage sei mit drei gleichen Drosselspulen mit dem Scheinwiderstand Z und $\varphi = 40°$ gleichseitig belastet. Das Diagramm zeigt Abb. 92. Die Ströme J_1

4. Scheinverbrauchzähler.

und J_3, die die Stromspulen durchfließen, sind wie auf S. 128 β) gebildet; J_1 eilt gegen K_1 um $\varphi_I = \varphi + 30° = 70°$, J_3 gegen K_{III} um $\varphi_{III} = \varphi - 30° = 10°$ nach. Wir denken uns jetzt K_{III}, J_3, J_3' nach links gedreht, bis K_{III} mit K_1 zusammenfällt: J_3 und J_3' haben dann die Lage (J_3) bzw. (J_3'); (J_3') fällt auf J_1'. Die Scheinleistung N_s wird durch die Resultante von J_1 und (J_3) dargestellt, denn nach F. N. 1, S. 152 ist, falls $K_1 = K_2 = K_3 = 1$,

$$N_s = \sqrt{(J_1 \cos \varphi_I + J_3 \cos \varphi_{III})^2 + (J_1 \sin \varphi_I + J_3 \sin \varphi_{III})^2}$$
$$= \sqrt{(w_1 + w_3)^2 + (b_1 + b_3)^2} = [J_1 + (J_3)].$$

Andererseits ist die Anzeige α unseres Meßgerätes gleich der Summe der Projektionen von J_1 und (J_3), also gleich der Projektion von N_s auf den Vektor der Spannungsströme J_1', (J_3'). Da N_s und die Spannungsströme hier in dieselbe Gerade fallen, ist $\alpha = N_s$: unser Gerät zeigt N_s richtig an. Beträgt die Verschiebung φ in den Drosselspulen 20° oder 60° — statt 40° —, so ist in Abb. 92 J_1, (J_3) und N_s um 20° $= \varepsilon$ nach rechts bzw. links gegen J_1', (J_3') gedreht; α hat den Fehler

$$\Delta = (\cos 20° - 1) \cdot 100 = (0{,}94 - 1) \cdot 100 = -6\%.$$

Man kann danach für eine ganz beliebige, gegebene Belastung der Verbrauchskreise den Fehler des Gerätes wie folgt finden:

Man zeichnet aus J_a, J_b, J_c die Linienströme J_1 und (J_3) und deren Resultante. Bildet diese mit den Spannungsströmen J_1', (J_3') den Winkel ε, so zeigt das Gerät den Fehler

$$\Delta = (\cos \varepsilon - 1) \cdot 100 \%\,[1]).$$

Genau so wie unser dynamometrisches Gerät mit $\beta = 40°$ arbeitet ein Drehstrom-Induktionszähler mit $\sigma_0 = 90° + \beta = 90° + 40°$. Ein solcher ist in Abb. 93 dargestellt. Die Spannungsflüsse Φ_{KI} und Φ_{KIII} sind dabei um $130° + \psi_J$ gegen K_1 bzw. K_{III} verschoben; um diese Flüsse zu erzeugen, richtet man

---

[1]) ε und Δ kann natürlich auch bei ganz ungleichen Belastungen in den Verbrauchskreisen Null sein. Schaltet man z. B. nur zwischen 1 und 2 und zwischen 2 und 3 einen Verbraucher und hat der erste die Verschiebung $\varphi_a = +70°$, der zweite $\varphi_b = +10°$, und sind die Scheinwiderstände der beiden Verbraucher einander gleich und im Verhältnis $1:\sqrt{3}$ kleiner wie oben ($Z_a = Z_b = Z:\sqrt{3}$), so haben J_1 und J_3 die in Abb. 92 gezeichnete Größe und Phase: $\varepsilon = 0$ also $\Delta = 0$ trotz der ganz ungleichmäßigen Belastung in den Verbrauchskreisen.

168 VIII. Zähler zur Erfassung des Blindstromes.

(s. Abb. 94) die Spannungsspulen für $\chi = 70° + \psi_J$ ein und erregt Φ_{KI} und Φ_{KIII} im Sinne der Pfeile von $-K_3$ bzw. K_1 (Kunstschaltung)[1]). Wenn man diesem Zähler noch einen Wirkverbrauchzähler (Abb. 64, $\sigma_0 = 90°$) hinzufügt, so wird, je nach Einstellen des Bremsmagneten, N_s auf 0 bis -6% oder auf $\pm 3\%$ genau gemessen, falls ε zwischen $-20°$ und $+60°$ liegt.

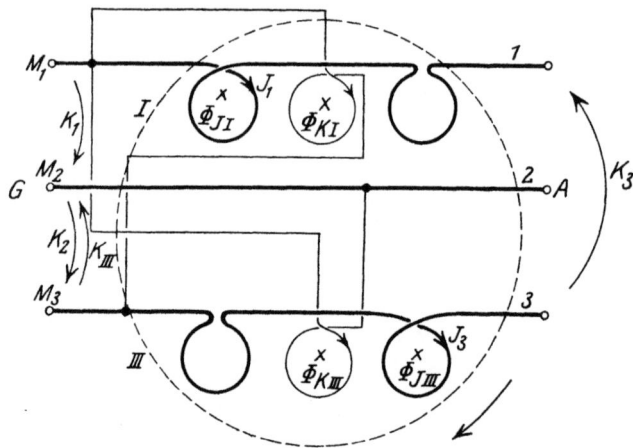

Abb. 93. Drehstrom-Scheinverbrauchzähler für $\varepsilon = 20° \div 60°$; $\chi = 70° + \psi_J$.

Oft versteht man unter der Scheinleistung einer Drehstromanlage auch den Ausdruck

$$N'_s = K_a J_1 + K_b J_2 + K_c J_3 \quad \text{(s. Abb. 95)}.$$

Es ist $N'_s = N_s$, falls die drei Linienströme gegen ihre Sternspannungen die gleiche Verschiebung haben ($\varphi_1 = \varphi_2 = \varphi_3$)[2]).

---

[1]) Man könnte statt dieses Zählers mit zwei Meßwerken auch einen mit drei Meßwerken (s. F. N. 1, S. 142, am Schluß) verwenden. Dieser zeigt bei gleichem σ_0 in Dreileiteranlagen bei allen Belastungen die gleiche Scheinleistung wie der Zähler mit zwei Meßwerken, bietet also trotz höheren Preises keinerlei Vorteile gegen den letzteren.

[2]) Beweis:
$N_s^2 = N_a^2 + N_b^2 = K_a^2 J_1^2 + K_b^2 J_2^2 + K_c^2 J_3^2$
$\quad + 2(K_a J_1 \cos\varphi_1 \cdot K_b J_2 \cos\varphi_2 + K_a J_1 \sin\varphi_1 \cdot K_b J_2 \sin\varphi_2)$
$\quad + 2(K_a J_1 \cos\varphi_1 \cdot K_c J_3 \cos\varphi_3 + K_a J_1 \sin\varphi_1 \cdot K_c J_3 \sin\varphi_3)$
$\quad + 2(K_b J_2 \cos\varphi_2 \cdot K_c J_3 \cos\varphi_3 + K_b J_2 \sin\varphi_2 \cdot K_c J_3 \sin\varphi_3)$
$\quad = K_a^2 J_1^2 + K_b^2 J_2^2 + K_c^2 J_3^2 + 2 K_a J_1 K_b J_2 \cos(\varphi_1 - \varphi_2)$
$\quad + 2 K_a J_1 K_c J_3 \cos(\varphi_1 - \varphi_3) + 2 K_b J_2 K_c J_3 \cos(\varphi_2 - \varphi_3);$

4. Scheinverbrauchzähler.

Eine weitere Größe $N_{sv} = K_1 J_a + K_2 J_b + K_3 J_c$ (Summe der Scheinleistungen in den Verbrauchskreisen) mag noch erwähnt werden. N_{sv} ist im allgemeinen von N_s' [1]) und auch von N_s verschieden; falls die Verschiebung φ in den Verbrauchskreisen die gleiche, ist $N_{sv} = N_s$, denn:

$$N_{sv} \cos\varphi = N$$

$$N_{sv} = \frac{N}{\cos\varphi} = N\sqrt{1 + \operatorname{tg}^2\varphi}$$

$$= N\sqrt{1 + \frac{N_b^2}{N^2}} = \sqrt{N^2 + N_b^2} = N_s.$$

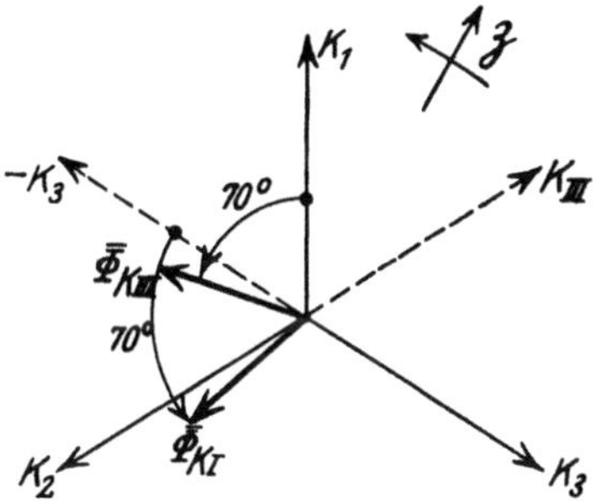

Abb. 94. Diagramm zu Abb. 93; $\psi J = 0$.

Die Verschiedenheit tritt bei unsymmetrischer Belastung auf, bei symmetrischer sind N_{sv}, N_s, N_s' einander gleich; in der Praxis handelt es sich bei Scheinleistungsmessungen meist um Anlagen mit Motoren, wobei dies in der Regel annähernd zutrifft.

In der folgenden Tabelle sind die Werte von N_s, N_s', N_{sv} und die Angaben α_{90} und α_{130} von zwei Drehstromzählern mit $\sigma_0 = 90°$ (wV-Zähler) und $\sigma_0 = 130°$ für einige Belastungsfälle eingetragen; ferner ist eingetragen, um wieviel Prozent (Δ) der Zähler, der die größte Anzeige gibt, von N_s abweicht. Die Bremsmagnete sind so eingestellt, daß bei $\varepsilon = 20°$ $\Delta = -6\%$ ist; $K_1 = K_2 = K_3 = 1\,kV$.

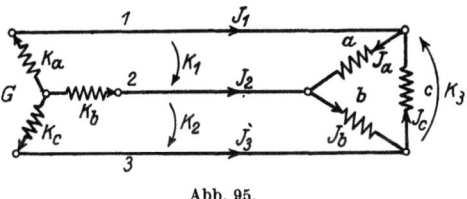

Abb. 95.

dagegen ist:

$$N_s'^2 = (K_a J_1)^2 + (K_b J_2)^2 + (K_c J_3)^2$$
$$+ 2(K_a J_1 K_b J_2 + K_a J_1 K_c J_3 + K_b J_2 K_c J_3).$$

Es ist also: $N_s' = N_s$, wenn $\varphi_1 = \varphi_2 = \varphi_3$, sonst ist $N_s < N_s'$.

Die Verschiebungen φ_1, φ_2, φ_3 können bei symmetrischer Sternspannung nur bei gleichen Linienströmen gleich groß sein.

[1]) Bei der Leistung und der Blindleistung ist es gleichgültig, ob man sie in den drei Verbrauchskreisen a, b, c oder in den drei Maschinenzweigen (Abb. 95) mißt; man erhält, falls die Verluste in den Leitungen 1, 2, 3 Null sind, denselben Wert. Bei der Scheinleistung ist dies also im allgemeinen nicht der Fall: $K_a J_1 \cos\varphi_1 + K_b J_2 \cos\varphi_2 + K_c J_3 \cos\varphi_3 = K_1 J_a \cos\varphi_a + K_2 J_b \cos\varphi_b + K_3 J_c \cos\varphi_c$; dagegen ist im allgemeinen $K_a J_1 + K_b J_2 + K_c J_3 \neq K_1 J_a + K_2 J_b + K_3 J_c$.

VIII. Zähler für Erfassung des Blindstromes.

Fall	Belastung	N_s kVA	N'_s kVA	N_{sv} kVA	$\alpha_{90}=$ N_kW	α_{130}	$\varDelta\%$
1	$J_a = 1 A \quad \varphi_a = 0$	1,0	1,16	1,0	1,0	0,766	0
2	$J_a = 2 A \quad \varphi_a = +60°$..........	2,0	2,31	2,0	1,0	1,88	−6,0
3	$J_a = J_b = J_c = 1 A \quad \varphi_a = \varphi_b = \varphi_c = 0$ ...	3,0	3,0	3,0	3,0	2,30	0
4	$J_a = J_b = J_c = 1 A \quad \varphi_a = \varphi_b = \varphi_c = +60°$.	3,0	3,0	3,0	1,5	2,82	−6,0
5	$J_a = J_b = 5 A \quad \varphi_a = \varphi_b = +60°$	10,0	10,78	10,0	5,0	9,40	−6,0
6	$J_a = 3,5 A \quad \varphi_a = -20°$ $\}$ .... $J_b = 5 A \quad \varphi_b = +60°$	6,58	9,74	8,5	5,79	6,45	−2,1
7	$J_a = 5 A \quad \varphi_a = +60°$ $\}$ .... $J_b = 3,5 A \quad \varphi_b = -20°$	6,58	6,77	8,5	5,79	6,45	−2,1
8	$J_a = 2,5 A \quad \varphi_a = +30° \quad J_b = 5 A$ $\}$ .. $\varphi_b = +40° \quad J_c = 10 A \quad \varphi_c = +60°$	17,12	18,1	17,5	11,0	16,86	−1,5

5. Zähler für Hin- und Rücklieferung. Das Werk I speise einen Abnehmer A (Abb. 96), welcher einen induktionslosen Widerstand R, eine verlustlose Drossel mit der Selbstinduktion L und einen Kondensator mit der Kapazität C einschalten kann; es sei $C = \dfrac{1}{\omega^2 L}$. Je nachdem R oder L oder C eingeschaltet ist, liefert I an A (bezieht A von I) den Wirkstrom J_w (Abb. 97), den Magnetisierungsblindstrom J_{bm}, den Kapazitätsblindstrom J_{bc}. Da wir $C = \dfrac{1}{\omega^2 L}$ gemacht haben, ist $J_{bm} = J_{bc}$ (s. V, 5 und 6): das Werk liefert, falls R, L und C gleichzeitig eingeschaltet sind, nur J_w. Der von L benötigte Magnetisierungsstrom wird durch den Strom des Kondensators aufgehoben, gleichsam von C geliefert. Wir können also auch sagen, ein Kondensator liefert Magnetisierungsblindstrom, und eine Drossel liefert Kapazitätsblindstrom ans Netz. Der Strom des Abnehmers bewegt sich also im Quadranten 1 und 4. Solche Ver-

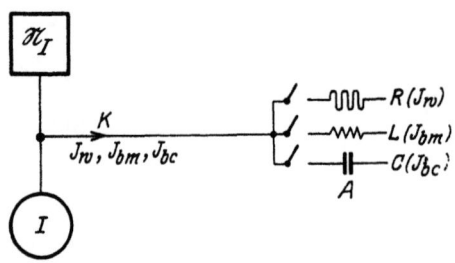

Abb. 96. Abnehmer mit Widerstand, Selbstinduktion und Kapazität.

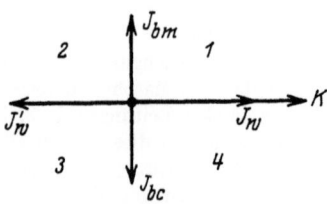

Abb. 97. Diagramm zu Abb. 96.

5. Zähler für Hin- und Rücklieferung.

hältnisse treten in der Praxis ein bei einem Abnehmer mit Synchronmotor[1]). Bei einer bestimmten Erregung fließt nur der Wirkstrom J_w, bei schwächerer außerdem ein Magnetisierungsblindstrom, bei stärkerer ein Kapazitätsblindstrom; J_w ist hier natürlich mit der Klemmenspannung K der Maschine des Werkes I gleich gerichtet, da der Abnehmer A Leistung bezieht.

Hat der Abnehmer A außer dem Synchronmotor noch eine damit gekuppelte Dampfturbine — indem z. B. bei hohem Kraftbedarf in seiner Fabrik dieser von beiden zusammen geliefert wird —, so wird der Synchronmotor, wenn man der Turbine mehr Dampf zuführt, als dem Kraftverbrauch der Fabrik entspricht, zum Generator. A liefert dann Leistung, also Wirkstrom (J'_w Abb. 97) an das Netz $\mathfrak{N}_I$ des Werkes I; der Wirkstrom ist der Klemmenspannung K des Werkes I entgegengesetzt gerichtet. Der Strom liegt dann links von der Vertikalen, und zwar in der Horizontalen oder oberhalb oder unterhalb derselben, je nachdem die Synchronmaschine normal oder unter- oder übererregt ist. Der Strom bewegt sich also bei einem solchen Abnehmer, der auch bisweilen Leistung liefert, in allen vier Quadranten. Dieser Fall liegt vor bei parallel arbeitenden Werken. In Abb. 98 hilft bald das Werk I das Netz $\mathfrak{N}_{II}$ von Werk II speisen, bald umgekehrt (Hin- und Rücklieferung). Schaltet man einen Wirkverbrauchzähler w und einen Blindverbrauchzähler b in die Verbindungsleitung ein, so kann die Verrechnung zwischen I und II danach vorgenommen werden. Sind die Klemmen M entsprechend den Abb. 64 bzw. 82 gewählt und dem Werk I zugekehrt, so zeigen die Zähler w und b in Pfeilrichtung (vorwärts) laufend den von I an II gelieferten Wirk- bzw. Magnetisierungsblindverbrauch an; ist z. B. w um 500 kWh vorwärts, b um 100 bkWh rückwärts gelaufen, so hat II an I 500 kWh und I an II 100 bkWh zu bezahlen.

---

[1]) Eine an ein Netz angeschlossene Synchronmaschine kann bekanntlich, je nachdem man von ihr mechanische Leistung abnimmt oder ihr solche zuführt, als Motor oder als Generator arbeiten. In beiden Fällen läßt sich die Gleichstromerregung des Feldmagneten so einstellen, daß die Maschine nur Wirkstrom aufnimmt (Motor) oder abgibt (Generator). Schwächt man die Erregung, so muß die Maschine, da ja die Netzspannung konstant bleibt, außerdem Magnetisierungsblindstrom aus dem Netz aufnehmen (Kapazitätsstrom an das Netz abgeben), verstärkt man sie, so muß sie Magnetisierungsblindstrom an das Netz abgeben (Kapazitätsstrom aus dem Netz aufnehmen).

172   VIII. Zähler zur Erfassung des Blindstromes.

Da Zähler, die in beiden Drehrichtungen benutzt werden, bei kleinen Lasten ungenau zeigen (s. S. 158), so verwendet man behufs genauer Messung oft je zwei Zähler mit Rücklaufhemmung. Dies ist besonders für die Wirkverbrauchzähler empfehlenswert, da der Wirkverbrauch in dem zu zahlenden Betrag die Hauptrolle

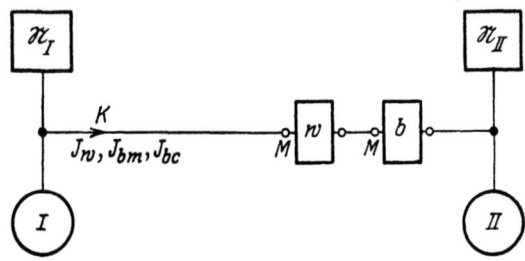

Abb. 98. Messung von Hin- und Rücklieferung mittels eines wV- und eines bV-Zählers.

spielt, also möglichst genau gemessen werden muß. Je zwei Zähler sind erforderlich, wenn Lieferung und Bezug zu verschiedenen Preisen verrechnet werden. Abb. 99 zeigt eine Schaltung mit je zwei Wirk- und Blindverbrauchzählern, alle mit Rücklaufhemmung. Manchmal soll die Blindarbeit noch getrennt gemessen werden, je

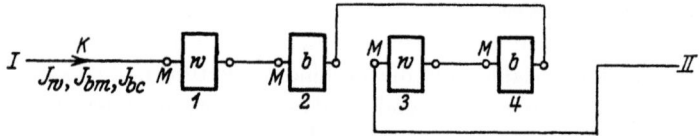

Abb. 99. Messung der Hin- und Rücklieferung mit je zwei wV- und bV-Zählern, alle mit Rücklaufhemmung; *1* und *2* messen die von *I* an *II* gelieferte Wirk- bzw. Magnetisierungsblind-Arbeit, *3* und *4* die von *II* an *I* gelieferte.

nachdem sie bei Leistungslieferung von *I* an *II* oder von *II* nach *I* auftritt[1]). Dann schaltet man zu den Zählern *2* und *4* je noch einen gleichen Zähler *2'* und *4'* hinzu und außerdem einen Wirkverbrauchzähler, der als Relais ausgebildet ist (vgl. S. 161); je nachdem Leistungslieferung von *I* an *II* stattfindet oder von *II* an *I*, legt sich der Arm an den einen oder anderen Anschlag; in der einen Lage sind die Spannungsspulen von *2* und *4*, in der anderen die von *2'*

---

[1]) Oft bezeichnet man dabei unzweckmäßigerweise denselben Magnetisierungsblindstrom J_{bm} in Abb. 97, je nachdem *II* Wirkleistung bezieht (J_w) oder liefert (J'_w), als von *II* bezogenen nacheilenden Blindstrom (nacheilend gegen J_w) oder als von *II* gelieferten voreilenden Blindstrom (voreilend gegen J'_w).

und $4'$ eingeschaltet. Für diese Trennung liegt kaum ein wirtschaftlicher Grund vor, und man sollte daher im Interesse der Einfachheit und Betriebssicherheit der Meßanordnung keine Tarife verwenden, welche sie vorschreiben.

IX. Höchstverbrauchmesser und schreibender Verbrauchmesser.

Der Höchstverbrauchmesser dient dazu, den Anteil der Abnehmer an den festen Kosten des Werkes zu ermitteln. Ein solcher Höchstverbrauchmesser (Maximumzeiger) ist in Abb. 100 dargestellt. Das Rad Z wird vom Zähler angetrieben und dreht das Mitnehmerrad R, welches den Stift S trägt, in Pfeilrichtung. Dabei schiebt der Stift S den Maximumzeiger M vorwärts. Nach jeder halben Stunde — der zweckmäßig zu wählenden Dauer der Meßperiode — wird durch eine Uhr der Schalter a einen Augenblick geschlossen und das Relais X, welches Z mit R in Eingriff hielt, verliert seine Kraft; Z wird durch die Feder F außer Eingriff gezogen und R wird durch irgendeine Kraft zurückgeschnellt, bis der Stift S an dem Anschlag D anliegt; darauf wird Z wieder eingekuppelt, der Stift S marschiert wieder los usw. Seine Geschwindigkeit ist, falls Z von einem Wirkverbrauchzähler angetrieben wird, proportional der Leistung N, und die von ihm jedesmal in einer halben Stunde zurückgelegten Wege sind daher proportional dem Verbrauch in den einzelnen Meßperioden oder den darin entnommenen mittleren Leistungen 1, 2, 3, 4 in dem Belastungsdiagramm (Abb. 100, rechts unten). Der Maximumzeiger M bleibt

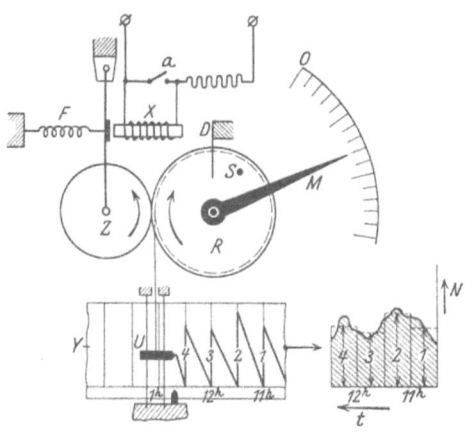

Abb. 100. Maximumzeiger mit Schreibwerk.

infolge von Reibung auf der höchsten mittleren Leistung — hier Ordinate *2* — stehen. Dies ist die Einrichtung des gewöhnlichen Höchstverbrauchmessers. Der schreibende Verbrauchmesser zeichnet die Wege des Rades *R* auf einem von einer Uhr bewegten Papierstreifen *Y* auf, indem ein Schreibschlitten *U* mittels Faden von *R* langsam hochgezogen wird und beim Auskuppeln herabfällt; die Lote *1, 2, 3* geben die mittleren entnommenen Leistungen in den einzelnen halben Stunden. Schreibende Verbrauchmesser werden verwandt, wenn man den ganzen Verlauf der Entnahme kennen will oder wenn ein Abnehmer, der nach dem Maximumtarif verrechnet, an zwei räumlich getrennten Stellen Strom entnimmt. Man legt dann die Papierstreifen richtig übereinander und sucht den größten Wert der Summe zusammengehöriger Lote. Die Uhren der beiden Zähler müssen gut zusammenstimmen[1]). Für die Beanspruchung des Werkes sind natürlich bei der thermischen Trägheit der Maschinen und Transformatoren kurze Belastungsstöße, wie z. B. beim Anlassen von Motoren, nicht maßgebend. Diese haben aber auch auf die Angaben der Höchstverbrauchmesser keinen oder nur ganz geringen Einfluß. Der Maximumzeiger stellt sich auf einen bestimmten Teilstrich, z.B. 10 kW, nur dann ein, wenn diese Leistung während der ganzen Meßperiode ($^1/_2$ Stunde) entnommen wurde. Werden 1 Minute 30 kW und 29 Minuten 10 kW entnommen, so zeigt der Maximumzeiger nur $\dfrac{1 \cdot 30 + 29 \cdot 10}{30} = 10{,}7$ kW.

Die Angabe des Maximumzeigers ist also bei schwankender Belastung keineswegs identisch mit der von einem schreibenden Wattmeter angezeigten Spitze und darf es nicht sein.

Aus den unter VIII, 1 erwähnten Gründen legt man der Verrechnung vielfach nicht die Höchstleistung, sondern die höchste Scheinleistung zugrunde und baut dann den Maximumzeiger nicht an einen Wirkverbrauch-, sondern an einen Scheinverbrauchzähler an; oder man verwendet zwei schreibende Verbrauchmesser, einen Wirkverbrauchzähler und einen Blindverbrauchzähler. Wenn man zusammengehörige Lote rechtwinklig zusammensetzt, erhält man die Scheinleistung, und deren Höchstwert wird in Rechnung gesetzt.

---

[1]) Zwei gewöhnliche Höchstverbrauchmesser einzuschalten und deren Angaben zu addieren, wäre falsch, denn im allgemeinen fallen die Maxima nicht zeitlich zusammen, und daher ist das Maximum der Summe kleiner als die Summe der Maxima.

X. Beglaubigungsvorschriften[1]); Genauigkeit der Zähler.

Ein Zähler zeigt Fehler, wenn 1) die Bremsung b, 2) die Hilfskraft h, 3) die Flußverschiebung σ_0 bei der Eichung nicht ganz richtig eingestellt wurde oder wenn sich eine dieser Größen — z. B. der Fluß Φ_M des Bremsmagneten oder die Reibung auf dem Transport — geändert hat. Die entstehenden Fehler sind bei 1) von der Belastung $\eta = \dfrac{N}{N_\mathfrak{R}}$ unabhängig, bei 2) umgekehrt proportional η, bei 3) proportional der Tangente des Verschiebungswinkels (s. III, 6; VI, 6; VI, 7). Deshalb hat man dem bei der Beglaubigung von Wechsel- und Drehstromzählern zugelassenen Fehler $\varDelta_B$ drei entsprechende Glieder gegeben:

$$\varDelta_B = \pm\left[3 + \frac{0{,}2}{\eta} + \left(1 + \frac{0{,}2}{\eta'}\right)\operatorname{tg}\varphi'\right]\%\ ^2). \tag{1}$$

Da sich χ und ψ_J mit dem jeweiligen Strom J, also mit $\eta' = \dfrac{J}{J_\mathfrak{R}}$, etwas ändern können (s. VI, 6 S. 92), ist, unter der Annahme, daß σ_0 bei Nennstrom ($\eta' = 1$) eingestellt wurde, für den durch die Fehlverschiebung verursachten Fehler 3) ein mit fallendem Strom etwas steigender Wert zugelassen.

Für Zähler, welche mit beliebigen beglaubigten Meßwandlern ein beglaubigungsfähiges Aggregat bilden sollen, darf der Fehler des Zählers allein nur

$$\varDelta_{BM} = \pm\left[2 + \frac{0{,}2}{\eta} + \frac{1}{2}\left(1 + \frac{0{,}2}{\eta'}\right)\operatorname{tg}\varphi'\right]\% \tag{2}$$

betragen, damit auch für den Fall, daß die Fehler von Zählern und Wandlern nach derselben Richtung gehen, der Beglaubigungsfehler $\varDelta_B$ (Gleichung 1) vom Aggregat nicht überschritten wird.

Auch bV-Zähler sind beglaubigungsfähig[3]). Es gilt für sie Gleichung 1 bzw. 2, nur hat man $\operatorname{cotg}\varphi'$ statt $\operatorname{tg}\varphi'$ darin zu

---

[1]) Beglaubigungsvorschriften für Zähler ETZ 1921, S. 134; Erläuterung dazu mit Beispielen ETZ 1920, S. 638; für Wandler ETZ 1922, S. 944 und dieses Buch S. 211 und 218.

[2]) Der Verschiebungswinkel wurde hier mit Rücksicht auf ungleich belastete Drehstromanlagen mit φ' bezeichnet (s. F. N. 1, S. 177).

[3]) ETZ 1923, S. 814.

setzen[1]). Der bV-Zähler darf danach z. B. bei $\sin\varphi' = 0.5$ denselben Fehler haben wie der wV-Zähler bei $\cos\varphi' = 0.5$. Für η ist hier natürlich der Quotient: vorhandene Blindlast : Nennblindlast einzusetzen. —

Für Gleichstromzähler ist

$$\varDelta_B = \pm\left[3 + \frac{0{,}3}{\eta}\right]\%,$$

ein solcher darf also z. B. bei halbem Strom ($\eta = 0{,}5$)

$$3 + \frac{0{,}3}{0{,}5} = 3{,}6\%$$

Fehler zeigen.

Diese Vorschriften gelten für $5\% \div 100\%$ der Nennlast $(0{,}05 \lesseqgtr \eta \lesseqgtr 1{,}0)$ und bei Wechsel- und Drehstromzählern für $\cos\varphi' \lesseqgtr 0{,}2$ bzw. $\sin\varphi' \lesseqgtr 0{,}2$ bei bV-Zählern. Bei Gleichstromzählern gelten die Vorschriften merkwürdigerweise nur, falls die jeweilige Last N mehr als $10\,W$ beträgt.

Wird die Nennstromstärke um $x\%$ überschritten, so ist der zulässige Fehler um $\frac{x}{10}\%$ größer als der nach den Gleichungen berechnete[2]). Für $x > 25\%$ bestehen keine Vorschriften mehr. $\operatorname{tg}\varphi'$ ist aus $\cos\varphi' = \frac{N}{N_s}$ zu berechnen. Bei Drehstromanlagen ist unter $\cos\varphi'$ der Quotient: Gesamtwirkleistung N: Scheinleistung N'_s zu verstehen, wobei $N'_s = K_a J_1 + K_b J_2 + K_c J_3$ ist (s. S. 168 und Abb. 95); $\operatorname{tg}\varphi'$ ist in $\varDelta_B$ immer — also auch bei kapazitiver Last — positiv einzusetzen. Bei Mehrleiter- und Mehrphasenzählern hat man zur Bestimmung von η' als jeweiligen Strom J das arithmetische Mittel der in den einzelnen Zuleitungen mit Ausnahme des Nulleiters fließenden Ströme einzusetzen.

Der Anlauf muß bei $N \lesseqgtr 0{,}01\,N_\mathfrak{N}$ erfolgen. Die Prüfung desselben ist bei Wechsel- und Drehstromzählern bei $\cos\varphi = 1$

---

[1]) Bei bV-Zählern ist nämlich der Fehler bei Fehlverschiebungen $\operatorname{cotg}\varphi'$ proportional; dies erkennt man leicht, indem man sich Abb. 46, S. 99 für bV-Zähler aufzeichnet ($\varPhi_K$ um $180°$ gegen K verschoben).

[2]) Dieser zusätzliche Fehler bei Stromüberlastung wurde mit Rücksicht auf die Wechsel- und Drehstromzähler zugelassen, deren Lastkurve ja infolge der Stromdämpfung bei Überstrom abfällt.

X. Beglaubigungsvorschriften; Genauigkeit der Zähler.

vorzunehmen; etwaiger Leerlauf vor- oder rückwärts darf höchstens 0,2% der Drehzahl bei Nennlast betragen.

Wir wollen Δ_B nach Gleichung 1 für einige Fälle berechnen. Ein Drehstrom-wV-Zähler (Abb. 64) sei für $3 \times 10\,A$ und $3 \times 1000\,V = 3 \times 1\,\text{kV}$ gebaut $\left(\text{Sternspannung }\dfrac{1}{\sqrt{3}}\,\text{kV}\right)$; $N_\Re = \sqrt{3}\cdot 1 \cdot 10 = 17{,}32\,\text{kW}$; er sei belastet

a) gleichseitig induktiv; $J_1 = J_2 = J_3 = 12{,}5\,A$ (Linienströme), also 25% Stromüberlastung; $\varphi = +60°$, $\cos\varphi = 0{,}5$ [1])

$$\eta = 1{,}25 \cdot 0{,}5 = 0{,}625 \qquad \eta' = 1{,}25$$

$$\cos\varphi' = \frac{N}{N_s'} = \frac{0{,}5 \cdot 1{,}25 \cdot 17{,}32}{\dfrac{1}{\sqrt{3}} \cdot 12{,}5 \cdot 3} = 0{,}5 \qquad \text{tg}\,\varphi' = 1{,}732$$

$$\Delta_B = \pm\left[3 + \frac{0{,}2}{0{,}625} + \left(1 + \frac{0{,}2}{1{,}25}\right) \cdot 1{,}732 + \frac{25}{10}\right] = \pm 7{,}8\%,$$

b) einseitig induktionslos; $J = 10\,A$, $\varphi = 0$, $\cos\varphi = 1$

$$\eta = \frac{10}{17{,}32} = 0{,}577 \qquad \eta' = \frac{2 \cdot 10}{3 \cdot 10} = 0{,}667$$

$$\cos\varphi' = \frac{10}{\dfrac{1}{\sqrt{3}} \cdot 10 \cdot 2} = 0{,}866 \qquad \text{tg}\,\varphi' = 0{,}577$$

$$\Delta_B = \pm\left[3 + \frac{0{,}2}{0{,}577} + \left(1 + \frac{0{,}2}{0{,}667}\right) \cdot 0{,}577\right] = \pm 4{,}1\%,$$

c) einseitig induktiv; $J = 1{,}732\,A$, $\varphi = +60°$, $\cos\varphi = 0{,}5$

$$\eta = \frac{1{,}732 \cdot 0{,}5}{17{,}32} = 0{,}05 \qquad \eta' = \frac{2 \cdot 1{,}732}{3 \cdot 10} = 0{,}115$$

$$\cos\varphi' = \frac{1{,}732 \cdot 0{,}5}{\dfrac{1}{\sqrt{3}} \cdot 1{,}732 \cdot 2} = 0{,}434 \qquad \text{tg}\,\varphi' = 2{,}08$$

$$\Delta_B = \pm\left[3 + \frac{0{,}2}{0{,}05} + \left(1 + \frac{0{,}2}{0{,}115}\right) \cdot 2{,}08\right] = \pm 12{,}7\%.$$

---

[1]) φ bedeutet die Verschiebung im Stromverbraucher. Bei gleichseitig belasteten Drehstrom- und Einphasenanlagen ist stets $\varphi' = \varphi$, bei einseitig belasteten Drehstromanlagen (Fall b und c) ist $\varphi' \neq \varphi$.

Möllinger, Wirkungsweise. 2. Aufl.

X. Beglaubigungsvorschriften; Genauigkeit der Zähler.

Bei einseitiger Belastung mit $\varphi = 60°$ ist $1{,}732\,A$ der kleinste Strom, für den die Vorschriften noch gelten, da dabei $\eta = 0{,}05$.

In Abb. 101 ist der Verlauf von $\varDelta_B$ für Wechselstrom- und gleichbelastete sowie einseitig belastete Drehstromzähler dargestellt; η'' bedeutet den Strom einer stromdurchflossenen Leitung, geteilt durch seinen Nennwert; bei a), b), c) ist also η'':

$$\frac{12{,}5}{10} = 1{,}25 \qquad \frac{10}{10} = 1 \qquad \frac{1{,}732}{10} = 0{,}1732\,.$$

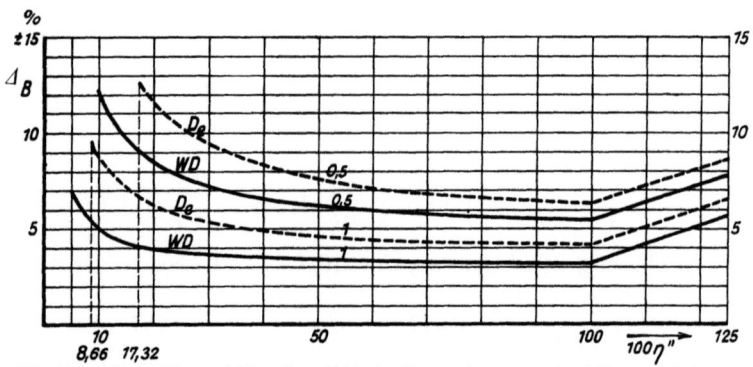

Abb. 101. Beglaubigungsfehler $\varDelta_B$; η'' ist der Strom einer stromdurchflossenen Leitung, geteilt durch seinen Nennwert. WD Wechselstrom- und gleichbelasteter Drehstromzähler. D_e einseitig belasteter Drehstromzähler (Last zwischen 1, 2 oder 2, 3 oder 3, 1). Die Kurven mit 1 und $0{,}5$ gelten für wV-Zähler bei $\cos\varphi = 1$ bzw. $0{,}5$, für bV-Zähler bei $\sin\varphi = 1$ bzw. $0{,}5$ (φ Verschiebung im Stromverbraucher).

Hinsichtlich der Genauigkeit der Zähler gegenüber der durch die Beglaubigungsvorschriften geforderten sei folgendes bemerkt:

Bei neuzeitlichen Wechsel- und Drehstromzählern ist die Krümmung der Lastkurve gering[1]), und der Spannungsfluß wird vom Stromfluß nur sehr wenig beeinflußt (s. F. N. 1, S. 87); sie können daher leicht so eingestellt werden, daß ihre Fehler besonders bei Phasenverschiebung viel kleiner als $\varDelta_B$ sind. Die Fehler bleiben, da Ankergewicht und Reibung klein, auch bei langer Betriebsdauer praktisch ungeändert. Der Anlauf erfolgt bei $0{,}3\% \div 0{,}5\%$ der Nennlast.

Bei G-Zählern läßt sich (s. Tabelle S. 22) mittels der Hilfsspule über den ganzen Verlauf der Lastkurve eine Einstellung erzielen, welche sehr kleine Fehler — viel kleinere als $\varDelta_B$ — ergibt. Die

---

[1]) In der Regel geringer als bei $\varDelta''$ und $\varDelta_{60}$ in Abb. 45, S. 97.

Fehler sind jedoch bei kleiner Last, besonders nach einiger Betriebszeit, nicht konstant infolge der veränderlichen Remanenz des Schutzbleches und der nicht unwesentlichen, ebenfalls veränderlichen Bürsten- und Lagerreibung (hohes Ankergewicht der G-Zähler!); außerdem hängen bei kleiner Last die Angaben von der Lage der Zähler zum Erdfeld ab. Immerhin werden die Fehler der G-Zähler selbst nach einiger Betriebszeit noch kleiner als $\varDelta_B$ sein.

Bei den A-Zählern, die — wie fast stets — ohne Kompensation arbeiten, hat die Lastkurve zwischen $1/1$ und $1/20$ Strom eine Durchbiegung in der Größe von vielleicht 8%. Bei der Einstellung kann man also z. B. den Fehler $+3\%$ bei $1/1$ und -5% bei $1/20$ erreichen. Die Fehler der A-Zähler sind aber bei kleinen Lasten ebenfalls nicht konstant. Außer der Bürsten- und Lagerreibung macht sich infolge der geringen Bürstenspannung — in unserem Beispiel S. 42 etwa $0{,}05 V$ bei $1/20$ Strom — der Übergangswiderstand am Kollektor störend bemerkbar; die Minusfehler bei kleinen Lasten nehmen zu und können nach längerer Betriebszeit Fehler von der Größe von $\varDelta_B$ aufweisen. Der Anlauf der G- und A-Zähler erfolgt bei $0{,}5\% \div 1\%$.

XI. Verhalten der Motorzähler bei Belastungsstößen.

In manchen Betrieben, wo es sich z. B. um die Messung des Verbrauchs von Aufzügen, von Punkt-Schweißapparaten usw. handelt, ist der Verbrauchsstrom J sehr starken, schnell aufeinanderfolgenden Schwankungen unterworfen (Belastungsstöße).

Wir wollen untersuchen, ob die betrachteten Zähler auch in solchen Fällen die verbrauchte Arbeit richtig anzeigen[1]). Zunächst betrachten wir einen G-Zähler; die Reibung sei durch die Hilfsspule ausgeglichen.

Es besteht die Gleichung[2])

$$\omega = \frac{D}{b}\left(1 - e^{-\frac{b}{K}t}\right),$$

---

[1]) Orlich und Günther-Schulze: El. u. Maschinenb. 1909, S. 801. — Schmiedel: daselbst 1911, S. 555.
[2]) Ableitung der Gleichungen. Siehe Schluß dieses Abschnittes.

worin

$\omega = \dfrac{2\pi n}{60}$ Winkelgeschwindigkeit des Ankers zur Zeit t,

$K =$ dessen Trägheitsmoment,

$b =$ Dämpfungskonstante (Dämpfungsmoment bei der Winkelgeschwindigkeit Eins),

$e = 2{,}718\ldots$ Basis der natürlichen Logarithmen; n ist die Drehzahl (Umdrehungszahl je Minute), ω, D, b, K, t sind im absoluten Maßsystem (cgs) gemessen.

Aus der vorstehenden Gleichung läßt sich ω für jedes t berechnen. Vorausgesetzt ist, daß zur Zeit $t = 0$ der Belastungsstrom J auf den stillstehenden Zähler, dessen Spannungskreis erregt ist, geschaltet wird, und daß J und damit D sofort seinen während der Zeit t konstant bleibenden Wert annimmt. Gemäß der Gleichung wächst die Geschwindigkeit ω des Ankers an und erreicht nach einiger — theoretisch nach unendlich langer — Zeit den konstanten Wert ω_g (gleichförmige Bewegung). Alsdann ist

$$\omega = \omega_g = \frac{D}{b}$$

$$D = \omega_g b.$$

Das Drehmoment ist gleich dem Dämpfungsmoment. In den früheren Abschnitten hatten wir immer angenommen, daß die letzte Gleichung erfüllt ist, also vorausgesetzt, daß der Anker bereits die gleichförmige Bewegung angenommen habe (stationärer Zustand). Bei den Zählern hat nämlich $\dfrac{b}{K}$ stets solche Werte, daß ω bereits nach einigen Sekunden dem Wert ω_g praktisch gleich geworden ist; im folgenden Beispiel mit $\dfrac{b}{K} = 1{,}5$ unterscheiden sich beide nach 3 sec nur noch um 1%. Beim Abzählen der Zähler bei den Eichungen ist also stets die Endgeschwindigkeit ω_g vorhanden.

Hätte der Anker das Trägheitsmoment Null, so würde er sofort die Endgeschwindigkeit $\dfrac{D}{b} = \omega_g$ annehmen, wie auch aus der ersten Gleichung hervorgeht.

Nach t_1 Sekunden möge der Anker die Geschwindigkeit ω_1 haben. Wir schalten jetzt den Belastungsstrom J aus. Der

XI. Verhalten der Motorzähler bei Belastungsstößen.

Anker läuft mit fortwährend abnehmender Geschwindigkeit noch eine Zeitlang weiter. Es besteht für die Geschwindigkeit ω' beim Auslauf die Gleichung

$$\omega' = \omega_1 e^{-\frac{b'}{K}t'},$$

wo also ω_1 die Geschwindigkeit im Moment des Ausschaltens bedeutet und t' von da ab gerechnet wird; b' ist die Dämpfungskonstante beim Auslauf. Beim G-Zähler ist $b' = b$, beim Induktionszähler ist $b' < b$ (s. unten).

Ein G-Zähler zeige bei konstanter Last genau richtig; sein Drehmoment betrage bei $J = 5\,A$

$$D = 7{,}18 \text{ cmg} = 7{,}18 \cdot 981 = 7050 \text{ cm-Dyn}$$

und seine Drehzahl im stationären Zustande $n_g = 66{,}1$, also

$$\omega_g = \frac{2\pi n_g}{60} = \frac{2\pi}{60} \cdot 66{,}1 = 6{,}92\,.$$

Er hat also die Dämpfungskonstante

$$b = \frac{D}{\omega_g} = \frac{7050}{6{,}92} = 1020\,.$$

Das Trägheitsmoment des Ankers sei $K = 681 \text{ cm}^2\text{g}$, also

$$\frac{b}{K} = \frac{1020}{681} = 1{,}5\,.$$

Der Zähler werde eine Sekunde lang mit $J = 5\,A$ belastet. J steigt zur Zeit $t = 0$ momentan auf $5\,A$ an und fällt bei $t = 1$ sec momentan auf Null. ω und ω' für den Anlauf bzw. Auslauf sind nach obigen Gleichungen berechnet und in Abb. 102 dargestellt. Der Anker hat beim Ausschalten die Geschwindigkeit

$$\omega_1 = 5{,}38 = 0{,}778\,\omega_g\,,$$

erreicht also nur 77,8% der einem Strom von $5\,A$ entsprechenden, in der Abbildung eingezeichneten gleichförmigen Geschwindigkeit ω_g.

Falls der Zähler den Stromstoß richtig anzeigt, muß er sich um den Winkel

$$\alpha = \omega_g t = \omega_g \cdot 1$$

drehen. α ist durch das Rechteck $0\,1\,d\,c$, die tatsächliche Drehung durch die von den Kurven ω und ω' und der t-Achse eingeschlossene

182   XI. Verhalten der Motorzähler bei Belastungsstößen.

Fläche dargestellt. Durch Planimetrieren findet man, daß die beiden schraffierten Flächen einander gleich sind. Die Drehung während des Anlaufs ist um den Betrag $o\,c\,d\,c'$ zu klein, aber der

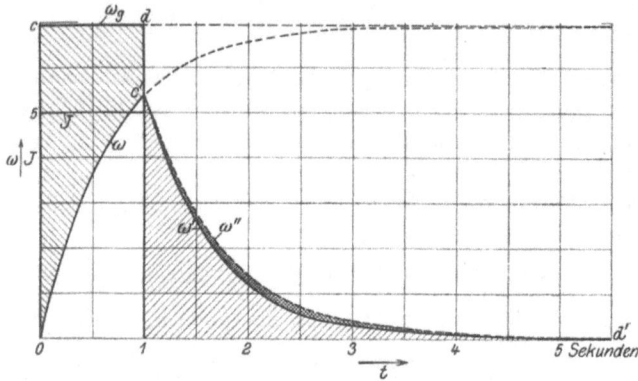

Abb. 102. Anlauf- und Auslaufkurven eines G-Zählers (Winkelgeschwindigkeiten ω und ω') und eines Induktionszählers (ω und ω''). Ein Stromstoß $J = 5\,A$ eine Sekunde lang.

fehlende Betrag wird durch die Drehung beim Auslauf $1\,c'\,\omega'\,d'$ genau gedeckt. Der Zähler zeigt den Stromstoß richtig an. Dasselbe folgt aus Gleichung 6, S. 186.

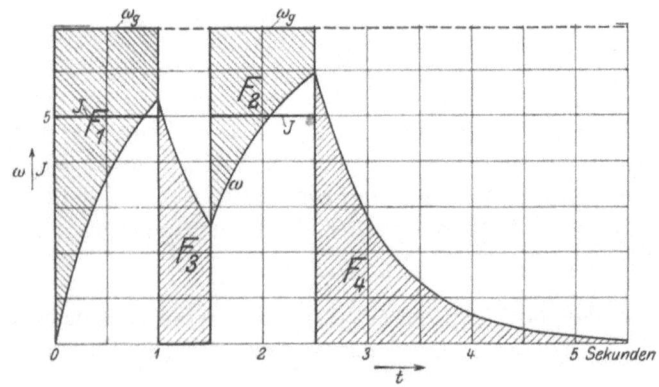

Abb. 103. Kurven eines G-Zählers, wenn zur Zeit $t = 1\,5\,s$ ein neuer Stromstoß $J = 5\,A$ von einer Sekunde erfolgt.

Läßt man zur Zeit $t = 1,5$ sec noch einen zweiten Stromstoß $J = 5\,A$ eine Sekunde lang wirken, so ergeben sich gemäß Gleichung 2, S. 184 die in Abb. 103 dargestellten Verhältnisse. Auch hier

XI. Verhalten der Motorzähler bei Belastungsstößen.

läßt sich in der gleichen Weise zeigen, daß die von der Kurve und der t-Achse eingeschlossene Fläche gleich $2\omega_g$ ist $(F_1 + F_2 = F_3 + F_4)$.

Der G-Zähler zeigt richtig. Dies ist, wie sich zeigen läßt, bei einem mit Reibungsausgleich versehenen Zähler auch dann der Fall, wenn J — statt plötzlich auf $5\,A$ zu springen —, sämtliche dazwischenliegende Stromstärken durchlaufend, von Null auf $5\,A$ anwächst. Wir kommen also zu dem Ergebnis: ein richtig geeichter G-Zähler zeigt auch Belastungsstöße richtig an.

Wir betrachten nun einen Induktionszähler, welcher dieselben Verhältnisse aufweist, also ebenfalls bei konstanter Last genau richtig zeigt, bei $5\,A\,\cos\varphi = 1$ das Drehmoment 7050 cm-Dyn, die Geschwindigkeit $\omega_g = 6{,}92$, die Dämpfungskonstante $b = 1020$, das Trägheitsmoment 681 cm²g hat. Auch diesen Zähler schalten wir eine Sekunde mit $5\,A\,\cos\varphi = 1$ ein. Die Anlaufkurve wird genau dieselbe sein wie bei unserem G-Zähler; die Auslaufkurve wird aber etwas höher liegen, weil dabei die Dämpfungskonstante (b') infolge des Fehlens der Stromdämpfung kleiner ist $(b' < b)$. Die Auslaufkurve ω'' ist unter der Voraussetzung, daß b' um 10% kleiner ist als b, in Abb. 102 gestrichelt eingezeichnet. Der Induktionszähler zeigt also bei dem Belastungsstoß um die doppeltschraffierte Fläche zwischen den Kurven ω' und ω'' zu viel. Diese Fläche geteilt durch die von ω und ω' begrenzte $\times\,100$ gibt den prozentualen Fehler. Bei den Induktionszählern der Praxis ist das Trägheitsmoment und der Einfluß der Stromdämpfung kleiner, die Dämpfungskonstante größer als oben angenommen. Der Plusfehler ist bei den in der Praxis vorkommenden Fällen vernachlässigbar (s. Beispiel S. 186).

Eine einfache Versuchsanordnung zur Prüfung von Zählern bei Belastungsstößen wurde von Möllinger und v. Krukowski angegeben: ETZ 1917, Heft 25, S. 332.

Ableitung der Gleichungen. Nach einem Grundgesetz der Mechanik ist Kraft = Masse × Beschleunigung. Bei einer drehenden Bewegung, wie sie unser Zähleranker besitzt, tritt an die Stelle dieser drei Größen das Drehmoment, das Trägheitsmoment, die Winkelbeschleunigung. Man erhält daher, falls die Reibung ausgeglichen, die Gleichung:

$$D - \omega b = K \frac{d\omega}{dt} \tag{1}$$

oder

$$dt = K \frac{d\omega}{D - \omega b},$$

XI. Verhalten der Motorzähler bei Belastungsstößen.

wo D und ω die Werte zur Zeit t bedeuten. Die Gleichung 1 ergibt sich aus folgender Überlegung: das Drehmoment D des Zählers, vermindert um das hemmende Moment ωb der Bremsung, gibt das für die Beschleunigung zur Verfügung stehende Drehmoment. Wir setzen stets voraus, daß das Drehmoment zur Zeit $t=0$ plötzlich vom Wert Null auf den Wert D springt, daß D konstant bleibt und dann wieder plötzlich auf Null sinkt. Bei $D = \text{const}$ kann man für $d\omega$ schreiben:

$$d\omega = -\frac{d(D-\omega b)}{b},$$

und es ist

$$dt = -\frac{K}{b}\frac{d(D-\omega b)}{D-\omega b}$$

oder nach Integration

$$t = -\frac{K}{b}\ln(D-\omega b) + c.$$

Soll für $t=0$ $\omega = \omega_0$ sein, so ist

$$0 = -\frac{K}{b}\ln(D-\omega_0 b) + c.$$

Wenn man c hieraus berechnet und in die Gleichung für t einsetzt, erhält man:

$$t = -\frac{K}{b}\ln\frac{D-\omega b}{D-\omega_0 b}$$

$$-\frac{b}{K}t = \ln\frac{D-\omega b}{D-\omega_0 b}$$

$$e^{-\frac{b}{K}t} = \frac{D-\omega b}{D-\omega_0 b}$$

$$e^{-\frac{b}{K}t}(D-\omega_0 b) - D = -\omega b$$

$$\omega = \frac{D}{b}\left(1 - e^{-\frac{b}{K}t}\right) + \omega_0 e^{-\frac{b}{K}t}. \tag{2}$$

Ist $\omega_0 = 0$, d. h. erfolgt der Stromstoß zur Zeit $t=0$ auf den stillstehenden Zähler, so ist

$$\omega = \frac{D}{b}\left(1 - e^{-\frac{b}{K}t}\right). \tag{3}$$

Bei $t = \infty$ sowie bei $K = 0$ ist $\omega = \frac{D}{b} = \omega_q$.

Für den auslaufenden Zähler ($D=0$) ist entsprechend Gleichung 1:

$$-\omega' b' = K\frac{d\omega'}{dt'},$$

XI. Verhalten der Motorzähler bei Belastungsstößen.

woraus
$$-\frac{b'}{K}dt = \frac{d\omega'}{\omega'}$$
$$-\frac{b'}{K}t' = \ln\omega' + c.$$

Ist für $t' = 0$ $\omega = \omega_1$, so muß sein
$$0 = \ln\omega_1 + c,$$
und wenn man daraus c berechnet und oben einsetzt,
$$-\frac{b'}{K}t' = \ln\frac{\omega'}{\omega_1},$$
woraus
$$\omega' = \omega_1 e^{-\frac{b'}{K}t'}, \qquad (4)$$

Theoretisch kommt der Zähler also erst nach unendlich langer Zeit zum Stillstand.

Ein Zähler, der t_1 Sekunden eingeschaltet war, erlangt nach Gleichung 3 die Geschwindigkeit
$$\omega_1 = \frac{D}{b}\left(1 - e^{-\frac{b}{K}t_1}\right).$$

Das Einsetzen dieses Wertes in Gleichung 4 ergibt für seine Geschwindigkeit nach t' Sekunden nach dem Ausschalten den Wert
$$\omega' = \frac{D}{b}\left(1 - e^{-\frac{b}{K}t_1}\right)e^{-\frac{b'}{K}t'} \qquad (5)$$

Schaltet man den stillstehenden Zähler zur Zeit $t = 0$ ein und zur Zeit $t = t_1$ aus, so dreht sich der Anker um den Winkel
$$\alpha = \underbrace{\int_0^{t_1} \omega\, dt}_{\text{Anlauf}} + \underbrace{\int_0^\infty \omega'\, dt'}_{\text{Auslauf}}.$$

Wenn man ω und ω' aus Gleichung 3 bzw. 5 ersetzt, erhält man:
$$\alpha = \int_0^{t_1}\frac{D}{b}\left(1 - e^{-\frac{b}{K}t}\right)dt + \frac{D}{b}\left(1 - e^{-\frac{b}{K}t_1}\right)\int_0^\infty e^{-\frac{b'}{K}t'}dt'$$
$$= \frac{D}{b}\int_0^{t_1}dt - \frac{D}{b}\int_0^{t_1}e^{-\frac{b}{K}t}dt + \frac{D}{b}\left(1 - e^{-\frac{b}{K}t_1}\right)\int_0^\infty e^{-\frac{b'}{K}t'}dt',$$

woraus sich, da
$$\int e^{-\frac{b}{K}t}dt = -\frac{K}{b}e^{-\frac{b}{K}t} + c,$$

XI. Verhalten der Motorzähler bei Belastungsstößen.

ergibt

$$\begin{aligned}\alpha &= \frac{D}{b}t_1 - \frac{DK}{b}\left(-\frac{e^{-\frac{b}{K}t_1}}{b} + \frac{1}{b}\right) + \frac{DK}{b}\left(-\frac{e^{-\frac{b}{K}t_1}}{b'} + \frac{1}{b'}\right) \\ &= \frac{D}{b}t_1 + \frac{DK}{b}\left(1 - e^{-\frac{b}{K}t_1}\right)\left(\frac{1}{b'} - \frac{1}{b}\right)\end{aligned} \qquad (6)$$

Beim G-Zähler ist die Dämpfungskonstante beim Anlauf und beim Auslauf dieselbe ($b' = b$); es ist

$$\alpha = \frac{D}{b}t_1 = \omega_g t_1.$$

Der G-Zähler zeigt also den Belastungsstoß richtig an, denn seine Drehung ist gleich der der Belastung entsprechenden Geschwindigkeit im stationären Zustand, multipliziert mit der Belastungszeit.

Bei Induktionszählern ist b' um einige Prozent kleiner als b, weil beim Auslauf die beim Anlauf vorhandene Stromdämpfung wegfällt.

Da $b' < b$, zeigt der Zähler zuviel, und zwar um

$$\Delta = \frac{\alpha - \frac{D}{b}t_1}{\frac{D}{b}t_1} \cdot 100\% = \frac{K\left(1 - e^{-\frac{b}{K}t_1}\right)\left(\frac{1}{b'} - \frac{1}{b}\right)}{t_1} \cdot 100\%.$$

Beispiel: Wenn ein Drehstromzähler-Anker aus zwei Aluminiumscheiben (spez. Gewicht $s = 2{,}7$) vom Durchmesser 100 mm = 10 cm, Radius $r = 5$ cm und Dicke $\vartheta = 1$ mm $= 0{,}1$ cm besteht, so ist, wenn wir die Achse, die sehr dünn sei, außer acht lassen, die Masse des Ankers

$$m = \pi r^2 \cdot 2\vartheta \cdot s = \pi 5^2 \cdot 0{,}2 \cdot 2{,}7 = 42{,}4 \text{ g}$$
$$K = \tfrac{1}{2} m r^2 = \tfrac{1}{2} \cdot 42{,}4 \cdot 5^2 = 530 \text{ cm}^2 \text{ g}.$$

(Siehe z. B. Kohlrausch: Praktische Physik. 12. Aufl., S. 114.)

Ist ferner $n_\mathfrak{N} = 40$, $D_\mathfrak{N} = 10$ cmg $= 9810$ cm-Dyn und beträgt die Stromdämpfung bei Nennstrom 4% der Gesamtdämpfung bei 5 A — alles Werte, wie sie den praktischen Verhältnissen entsprechen —, so ist

$$\omega_g = \frac{2\pi \cdot 40}{60} = 4{,}19, \quad b = \frac{D}{\omega_g} = \frac{9810}{4{,}19} = 2340, \quad b' = 0{,}96\, b = 2247$$

und

$$\Delta = 530\left(1 - e^{-\frac{2340}{530}}\right)\left(\frac{1}{2247} - \frac{1}{2340}\right) 100 = +0{,}94\%,$$

wenn der Stromstoß bei Nennstrom erfolgte und eine Sekunde dauerte ($t_1 = 1$).

XII. Meßwandler.

1. Zweck der Wandler. Wie unter VI, 11 auseinandergesetzt, macht es Schwierigkeiten, Induktionszähler für höhere Stromstärken und Spannungen einzurichten. Wo es sich daher in Wechselstromanlagen um die Messung großer Leistungen handelt, muß man Strom- und Spannungswandler (Meßwandler) verwenden, welche die zu messenden Ströme und Spannungen in solche umwandeln, für die sich die Wicklung und die Isolation der Induktionszähler bequem ausführen lassen (z. B. 5 A bzw. 100 V oder 110 V).

Ferner bieten die Meßwandler den Vorteil, daß die Meßapparate durch die zwischen Primär- und Sekundärwicklung der Wandler befindliche Isolation, die in der Fabrik einer sehr scharfen Durchschlagsprobe unterzogen wird, von der Hochspannung getrennt sind. Es ist zulässig und empfehlenswert, je einen Punkt der sekundären Wicklungen der Wandler, seinen Eisenkern und das Zählergehäuse zu erden, es kann dann auch beim Defektwerden der Wandlerisolation an keinem Teil, mit dem man bei der Ablesung der Meßapparate zufällig in Berührung kommt, eine lebensgefährliche Spannung auftreten; auch statische Ladungen sind durch die Erdung unschädlich gemacht.

2. Anforderungen an die Wandler. Andererseits können durch die Meßwandler Fehler in die Messung kommen, wenn die sekundäre Größe nicht genau um 180° gegen die primäre verschoben ist (Fehlwinkel δ, s. S. 72) und wenn die Übersetzung U nicht den richtigen Wert hat[1]). Wir werden uns damit auf S. 193 eingehend beschäftigen. Vorläufig sei dazu folgendes bemerkt:

Wird ein Zähler an einen Strom- und Spannungswandler angeschlossen und nach dem die Primärleistung zeigenden Wattmeter eingestellt, mit den Wandlern „zusammengeeicht" und dann mit denselben Wandlern in eine Anlage eingeschaltet, so kommen durch den Spannungswandler keine Fehler in die Messung hinein,

---

[1]) Die Ungenauigkeit der Übersetzung wird neuerdings beim Spannungswandler und Stromwandler durch den „Spannungsfehler" Δ_K bzw. „Stromfehler" Δ_J ausgedrückt; Δ_K und Δ_J sind die prozentualen Fehler von K_2 bzw. J_2 gegen ihren Sollwert (s. XII, 5, S. 194). — Den Fehlwinkel δ bezeichnen wir, wo es sich um die Unterscheidung von Spannungs- und Stromwandlern handelt, mit δ_K bzw. δ_J.

denn seine Übersetzung U und sein Fehlwinkel δ sind in die Eichung eingeschlossen und bleiben, da er konstant belastet ist, konstant. Ob die Übersetzung U des Wandlers mit der auf seinem Schild aufgeschriebenen $U_\mathfrak{N}$ übereinstimmt und ob δ groß oder klein, ist dabei natürlich vollständig gleichgültig.

Der Stromwandler dagegen wird je nach der Belastung der Anlage von sehr verschiedenen Strömen durchflossen. Dabei ändert sich (s. S. 72 unten) δ und U, und zwar ist U bei kleinen Stromstärken verhältnismäßig zu groß, der sekundäre Strom also verhältnismäßig zu klein. Man kann diesen Fehler des Wandlers durch die Einstellung der Zählerhilfskraft teilweise ausgleichen, indem man diese kräftiger wirken läßt als bei Zählern ohne Stromwandler. Ferner bringt, wenigstens wenn die Anlage induktiv, z. B. mit Motoren, belastet ist, die Änderung von δ Fehler in die Messung.

Falls man diese Fehler in Kauf nehmen will, kann man also mit verhältnismäßig unvollkommenen Wandlern auskommen, wenn man Zähler und Wandler zusammen eicht. Natürlich darf mit diesen Wandlern stets nur der eine zugehörige Zähler betrieben werden; dies ist ebenfalls ein Nachteil, denn das Elektrizitätswerk kann im Bedarfsfalle nicht noch weitere Apparate anschließen und kann im Fall eines Defektes am Zähler diesen nicht durch einen beliebigen anderen auf Lager befindlichen Zähler für gleiche Stromstärke und Spannung ersetzen.

Um diese Übelstände zu vermeiden, arbeitet man neuerdings nach folgenden Gesichtspunkten: Man verwendet sehr vollkommene Meßwandler, bei denen der gleichzeitige Anschluß einer Anzahl Zähler oder Instrumente zulässig und bei denen bei allen Belastungen bis zur zulässigen Höchstbelastung die Abweichungen der Übersetzung vom aufgeschriebenen Wert und der Fehlwinkel δ sehr klein sind. Ferner wird bei jedem Wandler, ehe er die Fabrik verläßt, mittels der später beschriebenen Prüfeinrichtungen die Übersetzung sehr genau gemessen und auf das Schild aufgeschrieben. Die Zähler werden ohne Meßwandler für sich geeicht. Man kann an solche Meßwandler beliebige Apparate — Zähler und Meßinstrumente — geeigneter Nennspannung und geeigneten Nennstroms anschließen. Solange die Meßwandler dadurch nicht über die zulässige Höchstbelastung belastet sind, ergibt die Angabe der Apparate, multipliziert mit dem aufgeschriebenen Wert $U_\mathfrak{N}$ der Übersetzung, mit großer

3. Schildaufschriften und deren Bedeutung.

Genauigkeit die primären Größen. Natürlich ist es unter Zugrundelegung der Nennübersetzungen $U_\mathfrak{N}$ möglich, die Zähler so einzurichten, daß ihre Ablesung direkt die primäre Größe ergibt (s. S. 193).

3. Schildaufschriften und deren Bedeutung.

Die Schilder der Meßwandler tragen beispielsweise folgende Aufschriften:

Spannungswandler:	Stromwandler:
Frequenz 40 ÷ 60	Frequenz 40 ÷ 60
Leistung 30 VA	Bürde 0,6 Ω
10 000/100 V	50/5 A

Zu diesen Aufschriften sei folgendes bemerkt: 10 000 V und 100 V heißen primäre bzw. sekundäre „Nennspannung" ($K_{1\mathfrak{N}}$, $K_{2\mathfrak{N}}$). Mit den Spannungen sind natürlich die Klemmenspannungen gemeint. Entsprechend heißen bei unserem Stromwandler 50 A und 5 A „Nennströme" ($J_{1\mathfrak{N}}$, $J_{2\mathfrak{N}}$). $\frac{10\,000}{100} = 100$, und $\frac{50}{5} = 10$ ist der Nennwert der Übersetzung („Nennübersetzung" $U_\mathfrak{N}$). 30 VA und 0,6 Ω heißen „Nennleistung" bzw. „Nennbürde"; bis zu diesen Werten darf man mit der Belastung gehen, ohne daß die Spannungsfehler Δ_K bzw. Stromfehler Δ_J und die Fehlwinkel bestimmte Grenzen (z. B. die Beglaubigungsgrenzen, s. weiter unten) überschreiten[1]). Die Nennleistung versteht sich bei Nennspannung. Obigem Spannungswandler dürfen also bei 100 V bis zu 30 VA, also Ströme bis 0,3 A entnommen werden. Es muß daher der Widerstand oder Scheinwiderstand (Impedanz) des Stromverbrauchers, den der Spannungswandler speist, mindestens 100 : 0,3 = 333 Ω betragen. Wenn z. B. der Spannungskreis eines für 100 V bewickelten Zählers 0,02 A aufnimmt, so können die Spannungsspulen von 15 solcher Zähler, die selbstverständlich alle parallel liegen, an den Wandler angeschlossen werden.

Bei Nennbürde und dem Nennstrom hat unser Stromwandler eine Klemmenspannung von 0,6 · 5 = 3 V und gibt die Leistung oder Scheinleistung 15 VA ab. Wenn der Spannungsabfall an der Stromspule eines 5 A-Zählers 0,5 V beträgt, kann unser

---

[1]) Oft wird außerdem eine „Grenzleistung" bzw. „Grenzbürde" auf dem Schild angegeben, welche mit Rücksicht auf die Erwärmung nicht überschritten werden darf (Meßwandler-Regeln ETZ 1921, S. 209 und 836).

Stromwandler die in Reihe geschalteten Stromspulen von 6 solchen Zählern speisen, falls der Widerstand der Verbindungsleitungen sehr klein ist. Die „Bürde" beträgt dann 0,6 Ω.

Beide Wandler können im Bereich von 40 ÷ 60 Perioden je Sekunde benutzt werden, ohne daß die Fehler und Fehlwinkel die Grenzen überschreiten.

4. Unterschied zwischen Spannungswandlern und Stromwandlern. In Abb. 104 ist die Schaltung dreier Zähler Z_1, Z_2, Z_3 dargestellt. Z_1 arbeitet ohne Wandler, bei Z_2 wird die Spannungsspule von einem Spannungswandler, bei Z_3 die Stromspule von einem Stromwandler gespeist. Wir wollen uns den grundlegenden Unterschied zwischen Strom- und Spannungswandlern klarmachen[1]):

Der Spannungswandler arbeitet bei konstanter Spannung, weil K_1 der Anlage praktisch konstant ist. Die Streu-Blindwiderstände und Widerstände der Wicklungen und daher die Abfälle in diesen sind sehr klein; sie betragen bei allen zulässigen Belastungen höchstens 1% der induzierten EMKe. Infolgedessen sind, wie wir sahen, die Klemmenspannungen K_1 und K_2 stets sehr nahe gleich den EMKen E_1 bzw. E_2; es ist $\frac{K_1}{K_2} \approx \frac{E_1}{E_2} = \frac{s_1}{s_2}$: die Übersetzung $U = \frac{K_1}{K_2}$ ist praktisch gleich dem Verhältnis der Windungszahlen; K_1 und K_2 sind fast genau um 180° verschoben.

Da K_2 praktisch konstant, ist die vom Spannungswandler abgegebene Leistung um so größer, je kleiner der Widerstand ist, auf den er geschlossen ist (Spannungskreis von Z_2 in Abb. 104).

Man arbeitet zwecks billiger Herstellung mit ziemlich hohen Eiseninduktionen, z. B. $\mathfrak{B} = 10\,000$, und erhält daher hohe Leerlaufströme J_0, die oft von der Größenordnung des primären Nutzstromes sind, aber, da R_1 und X_1 klein, nur kleine Abfälle und kleine Fehler hervorbringen. Da K_1 und daher auch E_1 und Φ praktisch konstant sind, gilt dies auch vom Leerlaufstrom J_0.

Der Spannungswandler arbeitet ähnlich wie ein ganz schwach belasteter Leistungswandler und darf nie über einen zu kleinen Widerstand, geschweige denn kurzgeschlossen werden.

Ganz anders liegen die Verhältnisse beim Stromwandler. Wenn

---

[1]) Siehe auch S. 72 und 73.

4. Unterschied zwischen Spannungswandlern und Stromwandlern.

in dem Dreieck mit den Seiten J_1, J_2, J_0 (Abb. 27) J_0 verschwindend klein, ist J_1 um $180°$ gegen J_2 verschoben, und es ist $J_1 \approx J_2$ bei gleicher Windungszahl oder

$$J_1 s_1 \approx J_2 s_2$$

bei den Windungszahlen s_1 und s_2; die primäre Amperewindungszahl ist nahezu gleich der sekundären, und die Ströme sind nahezu um $180°$ verschoben. Die primären und sekundären Amperewindungen heben sich fast auf; es bleibt nur eine ganz kleine Resultante, die den Eisenkern magnetisiert. Diesem Ideal muß man beim Stromwandler möglichst nahekommen, man muß also den Leerlaufstrom J_0 sehr klein halten und arbeitet daher mit Eiseninduktionen von nur einigen hundert Linien und gibt dem magnetischen Kreis möglichst geringen Widerstand.

Die Ströme stehen dann unabhängig von der Belastung im umgekehrten Verhältnis der Windungszahlen, die Übersetzung

$$U = \frac{J_1}{J_2} \approx \frac{s_2}{s_1}$$

ist praktisch konstant, und es ist $\delta \approx 0$.

Die sekundäre Klemmenspannung K_2 des Stromwandlers beträgt höchstens einige Volt, denn sie ist gleich dem Spannungsabfall in der Stromspule des zu speisenden Apparates (in Abb. 104 des Zählers Z_3). Die Klemmenspannung K_2 des Stromwandlers, seine EMK E_2, sein Fluß Φ sind daher, solange er auf derselben Stromspule arbeitet, proportional J_2 und somit praktisch proportional J_1; dasselbe gilt annähernd für den Leerlaufstrom J_0: alle diese Größen ändern sich also beim Stromwandler mit dem Verbrauchsstrom J_1, also der Belastung der Anlage (Abb. 104) innerhalb sehr weiter Grenzen; damit ändern sich auch Δ_J und δ_J etwas (s. Abb. 118); dagegen ist beim Spannungswandler Δ_K und δ_K von der Belastung der Anlage unabhängig, da K_1 konstant.

Bei demselben J_1 bleibt, da $U \approx s_2:s_1$, J_2 praktisch dasselbe, auch wenn man die Stromspule eines zweiten Zählers mit derjenigen von Z_3 in Reihe schalten würde; K_2 wäre dann doppelt so groß; der Stromwandler würde die doppelte Leistung abgeben, E_2, Φ und J_0 wären größer.

Ein Stromwandler ist also um so stärker belastet und arbeitet mit um so größerem J_0, also um so ungünstiger, je größer die

„Bürde", d. i. der an seine Sekundärklemmen angeschlossene Widerstand oder Scheinwiderstand ist. Der Stromwandler ist daher am wenigsten belastet, wenn er sekundär kurzgeschlossen ist und soll im Betrieb sekundär nie offen bleiben (s. S. 220). Die Abfälle in den Wicklungen sind bei Stromwandlern sehr groß gegen die induzierten EMKe; sie können z. B. die Hälfte oder mehr der letzteren betragen.

5. Zusammenarbeiten von Zählern und Wandlern. A) Wechselstromzähler. a) Schaltung. In eine Anlage (Abb. 104) mit $K_1 = 550\ V$, die mit einem Strom von $J_1 = 20\ A$ arbeitet, sind drei Zähler Z_1, Z_2, Z_3 eingeschaltet. Z_1 ist für $20\ A$ $550\ V$, Z_2 für $20\ A$ $110\ V$, Z_3 für $5\ A$ $550\ V$ bewickelt. Z_2 arbeitet mit einem

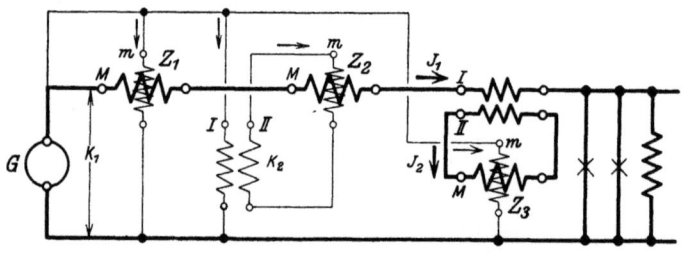

Abb. 104. Zusammenarbeiten von Zählern und Wandlern. Die 3 Zähler Z_1, Z_2 und Z_3 haben dieselbe Drehrichtung, falls sie im gleichen Sinne bewickelt und die Meßwandlerklemmen gemäß Abb. 26 bezeichnet sind.

Spannungswandler mit der Nennübersetzung $U_\Re = \frac{550}{110}\ V$, Z_3 mit einem Stromwandler mit $U_\Re = \frac{20}{5}\ A$ zusammen. Bei allen drei Zählern seien die Spulen in gleichem Sinn gewickelt und in gleicher Weise an die Zählerklemmen M bzw. m angeschlossen. M und m sind wieder (s. III, 16) so gewählt, daß die Zähler vorwärts laufen, falls M und m mit der von der Maschine G kommenden Leitung verbunden werden. Die Klemmen der Wandler seien entsprechend Abb. 26 mit I und II bezeichnet, so daß die von dem gemeinsamen Fluß induzierten EMKe gleichzeitig in der primären und sekundären Spule von I bzw. II gegen die unbezeichneten Klemmen gerichtet sind[1]). Dann verlaufen — da K_1 gegen K_2 und ebenso J_1 gegen J_2 um $180°$ verschoben

---

[1]) Nach den Meßwandlerregeln (ETZ 1921, S. 209 u. 836) werden die Klemmen der Spannungswandler primär mit U, V, sekundär mit u, v, die der Stromwandler primär mit L_1, L_2, sekundär mit l_1, l_2 bezeichnet, und zwar ist zu ersetzen: I durch U, II durch u bzw. I durch L_1, II durch l_1.

5. Zusammenarbeiten von Zählern und Wandlern.

ist — die Klemmenspannungen und Ströme primär und sekundär in dem gleichen Moment entsprechend den in Abb. 104 eingezeichneten Pfeilen[1]); die Strom- und Spannungsflüsse haben bei allen drei Zählern dieselbe Richtung. Sind die Klemmen der Zähler und Meßwandler wie oben mitgeteilt bezeichnet, so hat man sie nach Abb. 104 zusammenzuschalten, damit sich die Zähler im richtigen Sinne drehen.

b) Eichung. Gewöhnlich werden die Zähler, die mit Wandlern zusammenarbeiten sollen, wie oben erwähnt, ohne Wandler, jedoch unter Berücksichtigung des Nennwertes $U_\mathfrak{N}$ der Übersetzung derselben geeicht.

Da die Leistung unserer Anlage (550 V 20 A), 11 kW bei $\cos\varphi = 1$ beträgt, versehen wir alle drei Zähler gemäß Tabelle (S. 33) mit Zifferblatt 00000, der Übersetzung $\gamma = 1:2400$ und der Aufschrift: „240 Umdrehungen je kWh"; $a_\mathfrak{E} = 240:3600 = 0{,}067$. Den Zähler Z_1 eichen wir in der bekannten Weise, er muß bei 11 kW 60 Umdrehungen in $\dfrac{60}{11 \cdot 0{,}067} = 81{,}7\,s$ machen.

Den Zähler Z_2 eichen wir ohne Wandler wie einen gewöhnlichen Zähler für 110 V 20 A, nur stellen wir ihn bei $11\,\tfrac{110}{550} = 2{,}2\,\text{kW}$[2]) auf $u = 60$ in $t = 81{,}7\,s$ ein.

Den Zähler Z_3 eichen wir ebenfalls ohne Wandler wie einen Zähler für 550 V 5 A, stellen ihn jedoch bei $11\,\tfrac{5}{20} = 2{,}75\,\text{kW}$ auf $u = 60$ in $t = 81{,}7\,s$ ein.

c) Meßfehler durch ungenaue Übersetzung und Fehlwinkel. Wenn die Wandler nicht die bei der Eichung vorausgesetzte Übersetzung $U_\mathfrak{N}$ haben, zeigen die Zähler beim Zusammenschalten mit ihnen falsch. Hat z. B. der Spannungswandler von Z_2 die Übersetzung

$$U = \frac{550}{107{,}8},$$

so herrscht bei $K_1 = 550\,V$ am Zähler nur $107{,}8\,V$, während $110\,V$ herrschen sollte. Die Übersetzung ist zu groß ($U > U_\mathfrak{N}$),

---

[1]) Die auf den Linien angebrachten Pfeile (Abb. 26) bedeuten die positiven Richtungen, die neben den Linien angebrachten (Abb. 104) die Richtungen im gleichen Zeitmoment t.

[2]) Diese Leistung wirkt bei der Primärleistung 11 kW auf den Zähler, wenn der Spannungswandler $\tfrac{550}{110}\,V$ übersetzt.

Möllinger, Wirkungsweise. 2. Aufl.

194   XII. Meßwandler.

die sekundäre Klemmenspannung zu klein. Der „Spannungsfehler" Δ_K des Wandlers und der dadurch hervorgerufene Meßfehler ist

$$\Delta_K = \frac{107,8 - 110}{110} \cdot 100 = -2,0\%\ ^1).$$

Entsprechendes gilt bei Stromwandlern („Stromfehler" Δ_J). —
Um die durch die Fehlwinkel δ bei Zählern und Wattmetern[2]) verursachten Fehler zu bestimmen, wollen wir annehmen, daß der Spannungswandler und der Stromwandler in Abb. 104 genau die Übersetzung Eins ($K_1 = K_2$, $J_1 = J_2$) und die Fehlwinkel δ_K bzw. δ_J hätten, ferner daß die umgeklappten Sekundärgrößen den primären voreilen, wobei wir die Fehlwinkel als positiv rechnen. Ferner möge K_1 mit J_1 in Phase sein ($\varphi_1 = \sphericalangle K_1/J_1 = 0$). Endlich sei bei jedem der drei Zähler Z_1, Z_2, Z_3 der Spannungsfluß um genau 90° gegen die Klemmenspannung an der Spannungsspule verschoben ($\chi = 90°$, $\psi_J = 0$). Wir haben dann das Diagramm Abb. 105. Es sollte — wie bei Z_1 — der Strom J_1 mit dem Spannungsfluß Φ_{K1}, der um 90° gegen K_1 ver-

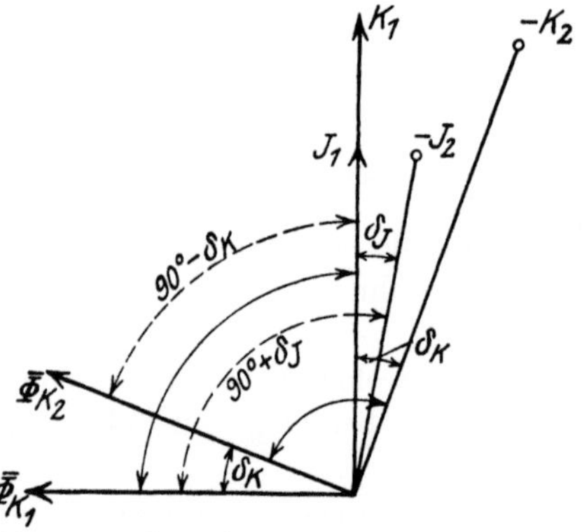

Abb. 105. Lage der Vektoren mit und ohne Wandler. Die Flußverschiebung σ_0 beträgt mit Wandlern 90° − δ_K bzw. 90° + δ_J statt 90° ohne Wandler.

---

[1]) $\Delta_K = \left(\frac{107,8}{110} - 1\right) 100$ oder allgemein $\Delta_K = \left(\frac{K_2}{K_1 : U_\mathfrak{R}} - 1\right) 100$
$= \left(\frac{U_\mathfrak{R}}{U} - 1\right) 100$; um den wirklichen Verbrauch aus den Angaben des Zählers zu finden, hat man diese mit $\frac{110}{107,8}$ oder allgemein mit $\frac{U}{U_\mathfrak{R}} = C'_U$ („Korrektionsfaktor der Übersetzung") zu multiplizieren; wie man sieht, ist $\Delta_K = \left(\frac{1}{C'_U} - 1\right) 100$ oder $C'_U = \frac{1}{1 + \frac{\Delta_K}{100}} \approx 1 - \frac{\Delta_K}{100}$ (s. S. 27, F. N. 1, Formel a); zwischen Δ_K und C'_U besteht dieselbe Beziehung wie zwischen Δ und C' (s. III, 5, S. 17).

[2]) Bei Meßwandlern, die nur Strommesser oder Spannungsmesser speisen, sind natürlich die Fehlwinkel ohne schädlichen Einfluß.

5. Zusammenarbeiten von Zählern und Wandlern.

schoben ist, zusammenarbeiten. Wenn der Spannungswandler zwischengeschaltet wird (wie bei Z_2, Abb. 104), wirkt J_1 mit dem Fluß Φ_{K2}, welcher gegen $-K_2$ um $90°$ verschoben ist; die Verschiebung zwischen Strom und Fluß ist um δ_K zu klein. Der Zähler zeigt nach VI, 7 den Fehler:

$$\Delta_{\delta K} = -0{,}0291\, \delta_K^{(t)}\, \text{tg}\, \varphi_1\%.$$

Schaltet man den Stromwandler zwischen (wie bei Z_3, Abb. 104), so arbeitet das umgeklappte J_2 mit Φ_{K1}, die Verschiebung zwischen Strom und Fluß ist um δ_J zu groß:

$$\Delta_{\delta J} = 0{,}0291\, \delta_J^{(t)}\, \text{tg}\, \varphi_1\%.$$

Sind Spannungs- und Stromwandler zwischengeschaltet, so ist:

$$\Delta_\delta = 0{,}0291\, (\delta_J^{(t)} - \delta_K^{(t)})\, \text{tg}\, \varphi_1\%.$$

$\delta_K^{(t)}$, $\delta_J^{(t)}$ und φ_1 sind stets einschließlich ihres Vorzeichens einzusetzen; bei induktiver Belastung der Anlage ($\varphi_1 > 0$) bringen also positive Fehlwinkel der Spannungswandler Minusfehler, positive Fehlwinkel der Stromwandler Plusfehler hervor. Die durch die Fehlwinkel verursachten Fehler sind bei induktionsloser Belastung der Anlage Null[1]) und wachsen schnell mit der Verschiebung φ_1. Wenn die Wandler auf Induktionszähler arbeiten, sind $\delta_K^{(t)}$ und $\delta_J^{(t)}$ gewöhnlich beide positiv, die Fehler heben sich dann nach der letzten Gleichung zum Teil auf.

Der Gesamtfehler Δ wird erhalten, indem man die durch die Fehlwinkel und die durch ungenaue Übersetzung verursachten Fehler einschließlich ihres Vorzeichens addiert.

Beispiel: Ein Zähler, der an einen Strom- und an einen Spannungswandler mit den Aufschriften

$$\frac{100}{5}A \text{ bzw. } \frac{2000}{100}V$$

angeschlossen ist, sei unter Zugrundelegung dieser Nennübersetzungen für sich geeicht; betragen nun die wirklichen Übersetzungen:

$$\frac{100}{5{,}1}A \text{ (also } \Delta_J = +2{,}0\%)$$

$$\frac{2000}{97}V \text{ (also } \Delta_K = -3{,}0\%)$$

---

[1]) Vgl. übrigens F. N. 2, S. 100.

und die Fehlwinkel

$$\delta_J^{(r)} = +30' \quad \delta_K^{(r)} = +60',$$

so ist der Meßfehler, falls der Leistungsfaktor der Anlage $\cos\varphi_1 = 0{,}5$ und die Belastung induktiv ist:

$$\varDelta = +2{,}0 - 3{,}0 + 0{,}0291\,(30' - 60')\,\mathrm{tg}\,60° = -2{,}5\%.$$

B) **Drehstromzähler mit drei Leitungen. a) Schaltung.**
In Abb. 106 sind zwei gleiche Drehstromzähler ohne Meßwandler

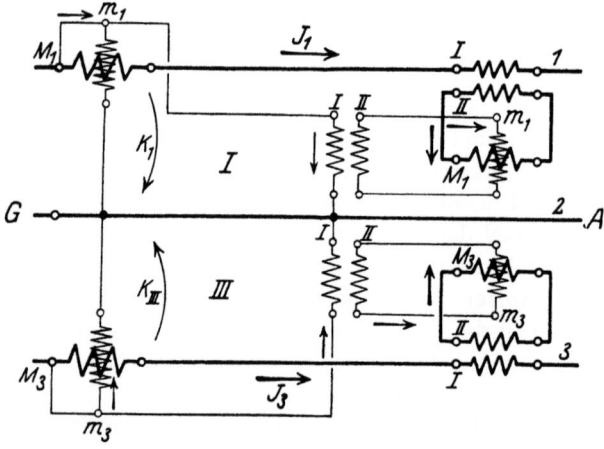

Abb. 106. Derselbe Drehstromzähler links ohne, rechts mit Meßwandler eingeschaltet; Drehrichtung dieselbe, wenn die Bezeichnungen I und II der Meßwandler gemäß Abb. 26 angebracht sind.

und mit Meßwandler eingeschaltet; wenn die Bezeichnungen an den Wandlerklemmen gemäß Abb. 26 angebracht sind, drehen sich beide Zähler in der gleichen Richtung, denn wie die Pfeile zeigen, ist die Stromrichtung in den Strom- und Spannungsspulen bei beiden Zählern in jedem Augenblick die gleiche.

b) **Meßfehler.** Die Einzelfehler $\varDelta_I$ und $\varDelta_{III}$, die in den Drehmomenten der Meßwerke I und III des Zählers durch Zwischenschaltung der Wandler auftreten, kann man, wie unter A, c) angegeben, berechnen. Wir bezeichnen der Kürze halber mit b_I die algebraische Summe der Strom- und Spannungsfehler der Wandler, die Meßwerk I speisen, und mit β_I die Differenz ihrer Fehlwinkel $\delta_J - \delta_K$, multipliziert mit 0,0291; entsprechend bei Meß-

5. Zusammenarbeiten von Zählern und Wandlern.

werk III[1]). Dann ist:
$$\varDelta_I = b_I + \beta_I \operatorname{tg}\varphi_I$$
$$\varDelta_{III} = b_{III} + \beta_{III} \operatorname{tg}\varphi_{III},$$

wo φ_I und φ_{III} die Verschiebungen zwischen K_1 und J_1 bzw. zwischen K_{III} und J_3 bedeuten, und zwar einschließlich der Vorzeichen; bei nacheilendem Strom ist φ_I und φ_{III} mit dem positiven, bei voreilendem mit dem negativen Zeichen einzusetzen. Wie die Einzelfehler $\varDelta_I$ und $\varDelta_{III}$ in den Fehler $\varDelta$ des Drehstromzählers eingehen, hängt natürlich davon ab, welchen Anteil die Einzeldrehmomente am Gesamtdrehmoment des Zählers haben: Es ist daher

$$\varDelta = \frac{\varDelta_I N_I + \varDelta_{III} N_{III}}{N_I + N_{III}}\ [2]),$$

wo $N_I = K_1 J_1 \cos\varphi_I$ und $N_{III} = K_{III} J_3 \cos\varphi_{III}$ die auf die Meßwerke I und III wirkenden Leistungen bedeuten; also

$$\varDelta = \frac{(b_I + \beta_I \operatorname{tg}\varphi_I) K_1 J_1 \cos\varphi_I + (b_{III} + \beta_{III} \operatorname{tg}\varphi_{III}) K_{III} J_3 \cos\varphi_{III}}{K_1 J_1 \cos\varphi_I + K_{III} J_3 \cos\varphi_{III}}.$$

Nach dieser Gleichung kann man den Fehler $\varDelta$ des Drehstromzählers, der durch Zwischenschaltung der Wandler entsteht,

---

[1]) Würde man bei beiden Meßwerken die Wandler des letzten Beispiels verwenden, so wäre
$$b_I = b_{III} = +2 - 3 = -1 = b$$
$$\beta_I = \beta_{III} = 0{,}0291(30' - 60') = -0{,}873 = \beta,$$
falls die Wandler hier ebenso belastet sind wie dort.

[2]) Beweis: Wenn die Wattmeter I und III in Abb. 60 die prozentualen Fehler $\varDelta_I$ bzw. $\varDelta_{III}$ haben, so bestehen zwischen ihren Angaben α_1 und α_3 und den Leistungen N_I und N_{III}, die sie anzeigen sollten, die Beziehungen:
$$\frac{\alpha_1}{N_I} = 1 + \frac{\varDelta_I}{100}, \quad \frac{\alpha_3}{N_{III}} = 1 + \frac{\varDelta_{III}}{100}.$$

Der Fehler $\varDelta$ in der Messung der Drehstromleistung ist:
$$\varDelta = \frac{\alpha_1 + \alpha_3 - N_I - N_{III}}{N_I + N_{III}} \cdot 100\%$$
oder, wenn man α_1 und α_3 durch N_I bzw. N_{III} ausdrückt:
$$\varDelta = \frac{\varDelta_I N_I + \varDelta_{III} N_{III}}{N_I + N_{III}}\%.$$

198   XII. Meßwandler.

für alle Belastungsfälle ermitteln, wenn die Strom- und Spannungsfehler und Fehlwinkel der Wandler, also b_I, b_{III}, β_I, β_{III} für den vorliegenden Belastungsfall bekannt sind; J_1 und J_3, φ_I und φ_{III} muß man, wenn die Verbrauchsströme J_a, J_b, J_c nach Größe und Phase gegeben sind, mittels des Diagramms bestimmen (vgl. Abb. 62).

Gewöhnlich soll der Fehler entweder bei einseitiger oder bei gleichseitiger Belastung bestimmt werden. Wenn bei einseitiger Belastung der Stromverbraucher (Verschiebung φ) zwischen *1* und *2* oder zwischen *2* und *3* liegt (Abb. 106), also nur ein Meßwerk arbeitet, ist der Fehler Δ

$$b_I + \beta_I \operatorname{tg}\varphi \quad \text{bzw.} \quad b_{III} + \beta_{III} \operatorname{tg}\varphi$$

wie bei Einphasenstrom. Bei einphasiger Belastung zwischen *1* und *3* (Fall A) oder bei gleichseitiger Belastung (Fall B) vereinfacht sich unter der Voraussetzung gleicher Spannungen und gleicher Meßwandler ($K_1 = K_2 = K_3$, $b_I = b_{III} = b$, $\beta_I = \beta_{III} = \beta$) die obige Gleichung für Δ, da auch $J_1 = J_3$, zu

$$\Delta = b + \beta \operatorname{tg}\frac{\varphi_I + \varphi_{III}}{2}\,{}^1).$$

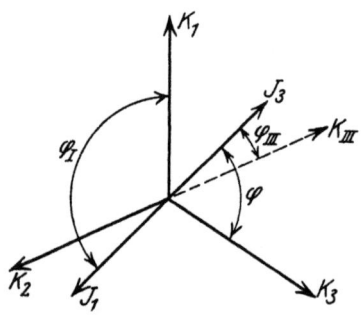

Abb. 107. Drosselspule mit Verschiebung φ zwischen *3* und *1* (Abb. 106): $\varphi_I = \varphi + 60°$, $\varphi_{III} = \varphi - 60°$.

Für einseitige Last zwischen *1* und *3* ist nach Abb. 107 (bei der gewählten Phasenfolge K_1, K_2, K_3):

$$\varphi_I = \varphi + 60°, \quad \varphi_{III} = \varphi - 60°, \quad \text{also} \quad \frac{\varphi_I + \varphi_{III}}{2} = \varphi.$$

Für gleichseitige Last (s. F. N. 2, S. 128) ist

$$\varphi_I = \varphi + 30°, \quad \varphi_{III} = \varphi - 30°, \quad \text{also} \quad \frac{\varphi_I + \varphi_{III}}{2} = \varphi.$$

Es berechnet sich daher unter den gemachten Voraussetzungen auch für die Fälle A) und B) der Fehler Δ wie bei Einphasenstrom.

---

[1]) Es ist nämlich $\dfrac{\sin\varphi_I + \sin\varphi_{III}}{\cos\varphi_I + \cos\varphi_{III}} = \operatorname{tg}\dfrac{\varphi_I + \varphi_{III}}{2}$.

6. Fehlschaltungen und ihre Korrektionsfaktoren.

Sind, was in der Praxis öfters vorkommt, die Meßwandler nicht einander gleich, so ist für die Fälle A) und B) bei gleicher Spannung:

$$\varDelta = \frac{b_I \cos\varphi_I + \beta_I \sin\varphi_I + b_{III} \cos\varphi_{III} + \beta_{III} \sin\varphi_{III}}{\cos\varphi_I + \cos\varphi_{III}}.$$

Je nachdem man darin

oder
$$\varphi_I = \varphi + 60°, \quad \varphi_{III} = \varphi - 60°$$
$$\varphi_I = \varphi + 30°, \quad \varphi_{III} = \varphi - 30°$$

einsetzt, erhält man:

$$\varDelta_A = \tfrac{1}{2}[b_I + b_{III} + \sqrt{3}(\beta_I - \beta_{III}) + \operatorname{tg}\varphi\,(\beta_I + \beta_{III} - \sqrt{3}(b_I - b_{III}))]$$
(Fehler für einseitige Last zwischen 1 und 3)

oder
$$\varDelta_B = \tfrac{1}{2}[b_I + b_{III} + \tfrac{1}{3}\sqrt{3}(\beta_I - \beta_{III}) + \operatorname{tg}\varphi\,(\beta_I + \beta_{III} - \tfrac{1}{3}\sqrt{3}(b_I - b_{III}))]$$
(Fehler für gleichseitige Last).

Der Index I bezieht sich dabei stets auf das Meßwerk, dessen Strom dem des anderen Meßwerkes bei gleichseitiger Last um 120° nacheilt (vgl. VII, A, 1 am Schluß). In praktischen Fällen muß man daher erst ermitteln, welches Meßwerk mit I zu bezeichnen ist; φ ist natürlich einschließlich seines Vorzeichens einzusetzen.

6. Fehlschaltungen und ihre Korrektionsfaktoren. Bei über Meßwandler angeschlossenen Drehstromzählern geben die vielen Verbindungsleitungen oft zu Fehlschaltungen Anlaß, zumal Zähler und Wandler häufig in getrennten Räumen aufgestellt sind, so daß sich die Verbindungsleitungen schwer verfolgen lassen. Fehlschaltungen haben falsche Messungen zur Folge. Wir wollen einige Fehlschaltungen betrachten. Behufs Nachberechnung des Stromverbrauches für die Zeit, wo der Zähler falsch geschaltet war, benötigt man den Korrektionsfaktor C'. Da es sich meistens um Anlagen mit Motoren handelt, für die man gleichseitige Belastung annimmt, wollen wir C' hierfür ermitteln. Statt eines Drehstromzählers mit Meßwandlern betrachten wir dazu der Einfachheit halber ein Drehstromwattmeter und greifen daher auf VII, A, 1 zurück. Wir denken uns die drehbaren Spulen der Wattmeter in Abb. 60 auf dieselbe Achse gesetzt, dann haben wir ein

XII. Meßwandler.

Drehstrom-Wattmeter (Ausschlag α). Es sei $K_1 = K_2 = K_3 = K$; bei gleichseitiger Last ist auch $J_1 = J_3 = J$; wir wollen beide gleich Eins setzen ($K = 1$, $J = 1$, $N = \sqrt{3} \cdot \cos\varphi$), dann ist

$$\alpha = \cos J_1'/J_1 + \cos J_3'/J_3 \quad \text{(s. Gleichung 13, S. 67).}$$

Für die richtige Schaltung (Abb. 60) ist, wie Abb. 62 zeigt,

$$J_1'/J_1 = \varphi + 30°, \quad J_3'/J_3 = \varphi - 30°\,^1),$$

also

$$\alpha = \cos(\varphi + 30°) + \cos(\varphi - 30°) = \sqrt{3}\cos\varphi.$$

Das Drehstrom-Wattmeter zeigt die Drehstromleistung.

1. Bei Meßwerk *I* ist Strom- oder Spannungsspule umgepolt[2]); Angabe des Drehstrom-Wattmeters oder Zählers:

$$\alpha' = -\cos(\varphi + 30°) + \cos(\varphi - 30°) = \sin\varphi\,^3)$$

$$C' = \frac{\alpha}{\alpha'} = \sqrt{3}\cot\varphi.$$

Man muß bei dieser Fehlschaltung die Angaben α' mit $\sqrt{3}\cot\varphi$ multiplizieren, um die wirkliche Leistung bzw. den wirklichen Verbrauch zu erhalten.

2. Bei Meßwerk *III* ist Strom- oder Spannungsspule umgepolt:

$$\alpha' = \cos(\varphi + 30°) - \cos(\varphi - 30°) = -\sin\varphi$$

$$C' = \frac{\alpha}{\alpha'} = -\sqrt{3}\cot\varphi.$$

$\alpha'\sqrt{3}$ gibt wieder die Blindleistung, doch läuft der Zähler rückwärts, wenn $\varphi > 0$ (induktive Last), vorwärts, wenn $\varphi < 0$ (kapazitive Last).

---

[1]) Bei $\varphi = 0$ (Abb. 62) sind also diese Winkel $+30°$ bzw. $-30°$; positive Winkel bedeuten Nacheilen der Ströme $J_1 J_3$ gegen ihre Spannungsströme $J_1' J_3'$; φ ist die Verschiebung in den drei Stromverbrauchern (Motorwicklungen).

[2]) Falsche Polarität kann bei Zählern mit Meßwandlern auch bei richtiger Verbindung an Ort und Stelle vorhanden sein, nämlich wenn ein Meßwandler in der Fabrik falsche Klemmenbezeichnungen erhielt.

[3]) Bei gleichseitiger Last und $K = 1$ und $J = 1$ ist $N_b = \sqrt{3}\sin\varphi$ die Blindleistung der Drehstromanlage; die Zählwerksablesung mal $\sqrt{3}$ gibt also bei dieser Fehlschaltung den Blindverbrauch. Der Zähler läuft vorwärts bei induktiver Last (Magnetisierungsblindverbrauch, $\varphi > 0$).

6. Fehlschaltungen und ihre Korrektionsfaktoren.

3. Anfänge der Spannungsspulen vertauscht, Enden bleiben an Leitung 2 (Abb. 108).
J'_1 ist in Phase mit K_{III}, J'_3 mit K_1; nach Abb. 109 ist:

$$\sphericalangle J'_1/J_1 = \varphi + 90°, \quad \sphericalangle J'_3/J_3 = \varphi - 90°$$
$$\alpha' = \cos(\varphi + 90°) + \cos(\varphi - 90°) = 0.$$

Bei dieser Vertauschung der Leitungen steht also ein vorher richtig geschalteter Drehstromzähler **bei allen gleichseitigen Belastungen und Phasenverschiebungen still**. Hiervon wird oft Gebrauch gemacht, um die Richtigkeit der Schaltung von Drehstromzählern zu prüfen.

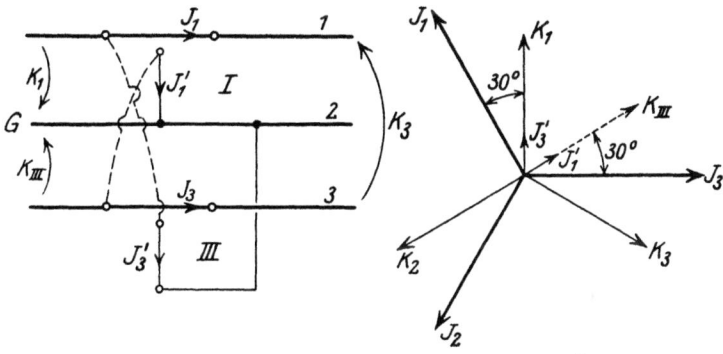

Abb. 108 und 109. Fehlschaltung 3 nebst Diagramm für $\varphi = 0$: $\sphericalangle J'_1/J_1 = +90°$, J_1 eilt nach; $\sphericalangle J'_3/J_3 = -90°$, J_3 eilt vor.

4. Spannungsspulen bleiben, wie in Abb. 108, Stromspule I umgepolt:

$$\alpha' = -\cos(\varphi + 90°) + \cos(\varphi - 90°) = 2\sin\varphi$$
$$C' = \frac{\sqrt{3}\cos\varphi}{2\sin\varphi} = \tfrac{1}{2}\sqrt{3}\cot\varphi.$$

Der Zähler zeigt richtig ($C' = 1$) bei $\varphi = 41°$, $\cos\varphi = 0{,}76$. Da in vielen Anlagen der Leistungsfaktor diesem Wert naheliegt, zeigt bei dieser Fehlschaltung der Zähler keinen unwahrscheinlichen Verbrauch an, sie bleibt daher oft längere Zeit unentdeckt.

5. Spannungsspule I an 2 und 3, Spannungsspule III an 1 und 3 wie in Abb. 110 (zyklische Vertauschung der Spannungsspulen).

J_1' ist mit K_2, J_3' mit $-K_3$ in Phase; nach Abb. 111 ist:

$$J_1'/J_1 = \varphi - 90°, \quad J_3'/J_3 = \varphi - 150°$$
$$\alpha' = \cos(\varphi - 90°) + \cos(\varphi - 150°) = \sqrt{3}\sin(\varphi - 30°)\,^1),$$
$$C' = \frac{\cos\varphi}{\sin(\varphi - 30°)}.$$

6. Die Enden der Spannungsspulen seien miteinander, aber nicht mit Leitung 2 verbunden (Abb. 112); dieser Fall kommt in der Praxis gelegentlich vor, wenn die beiden Primärklemmen der Spannungswandler (Abb. 106, S. 196) durch einen gemeinsamen

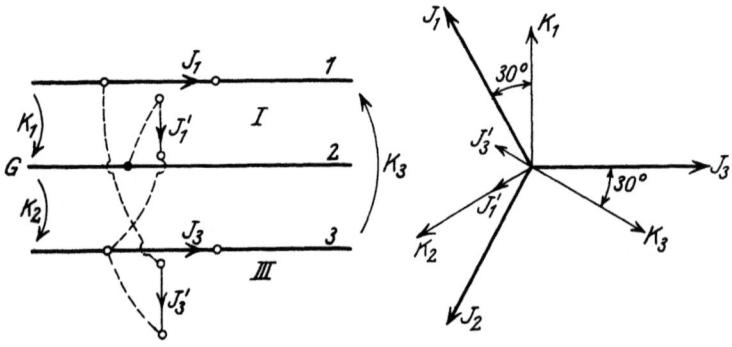

Abb. 110 und 111. Fehlschaltung δ nebst Diagramm für $\varphi = 0$: $\sphericalangle J_1'/J_1 = -90°$; $\sphericalangle J_3'/J_3 = -150°$.

Draht mit Leitung 2 verbunden sind und eine in diesem Draht liegende Sicherung durchbrennt.

$-J_1'$ und J_3' sind in Phase mit K_3 und sind, da die beiden Spannungskreise jetzt in Reihe an der Spannung liegen, nur halb so groß wie bei der richtigen Schaltung;

$$J_1'/J_1 = \varphi - 30°, \quad J_3'/J_3 = \varphi + 30° \quad \text{(Abb. 113)}$$
$$\alpha' = \tfrac{1}{2}(\cos(\varphi - 30°) + \cos(\varphi + 30°)) = \tfrac{1}{2}\sqrt{3}\cos\varphi$$
$$C' = 2.$$

---

^{1}) Da $\sqrt{3}\sin(\varphi - 30°) = 0{,}866\sqrt{3}(\sin\varphi - \operatorname{tg}30°\cos\varphi) = \alpha'$, zeigt der Zähler in dieser Fehlschaltung die Bussmannsche Differenz d (Überschuß-Blindverbrauchzähler S. 150) für $\varphi_0 = 30°$, wenn man seine Angaben mit $\dfrac{1}{0{,}866}$ multipliziert. Man sieht leicht ein, daß dies auch für ungleichseitige Last zutrifft (s. S. 160; dort ist $\sigma_0 = 216{,}8°$, hier ist $\sigma_0 = 120° + 90° = 210°$).

Man kann danach, wenn in einer Anlage ein Spannungswandler durchgeschlagen ist, behelfsweise den Verbrauch messen, indem man den anderen Spannungswandler primär an Leitung *1* und *3* anschließt und beide Spannungsspulen des Drehstromzählers **parallel** an seine Sekundärklemmen legt. Wenn die Anlage gleich belastet ist, zeigt der Zähler den Verbrauch richtig an.

7. Diagramme der Wandler.

Die Diagramme, welche wir im folgenden aufstellen, geben ein sehr anschauliches Bild der Arbeitsweise der Wandler; sie gestatten, die prozentuale Abweichung der Übersetzung von dem Verhältnis der Windungszahlen sowie den

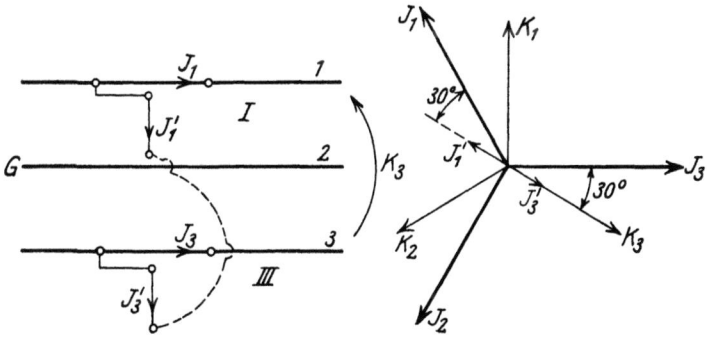

Abb. 112 und 113. Fehlschaltung *6* nebst Diagramm für $\varphi = 0$: $\sphericalangle J_1'/J_1 = -30°$; $\sphericalangle J_3'/J_3 = +30°$.

Fehlwinkel für jede Belastung abzulesen; sie gestatten auch $\varDelta_K$ und $\varDelta_J$ abzulesen, wenn bekannt ist, um wieviel Prozent (p) die aufgeschriebene Übersetzung $U_\mathfrak{R}$ von dem Verhältnis der Windungszahlen abweicht. Die Diagramme können für jeden vorliegenden Wandler, nachdem einige Größen desselben durch Versuch oder rechnerisch an Hand des Entwurfes bestimmt sind, aufgezeichnet werden.

A) **Spannungswandler.** Bei der Aufstellung des Diagramms (Abb. 114) gehen wir aus vom gestrichelten Diagramm Abb. 27, S. 68. Es sei $s_1 = s_2$, die Frequenz sei 50. Der Wandler sei für eine sekundäre Klemmenspannung $K_2 = 1000 V$[1]) und eine

---

[1]) Wir machen die Annahmen $s_1 = s_2$ und $K_2 = 1000 V$, die natürlich den praktischen Verhältnissen nicht entsprechen, um die Betrachtung zu vereinfachen; später werden wir den Wandler so abändern, daß er $\frac{2000}{100} V$ übersetzt, und zeigen, daß das Diagramm für jede Übersetzung gilt.

maximale sekundäre Scheinleistung $N_{s2} = 30\,VA$, also einen maximalen Sekundärstrom $J_2 = 0,03\,A$ gebaut. Es sei an demselben folgendes gemessen worden:

Widerstände der Wicklungen: $R_1 = 130\,\Omega$, $R_2 = 100\,\Omega$, also
$$R_a = R_1 + R_2 = 230\,\Omega.$$

Primärer Leerlaufstrom bei $E_2 = K_{2,0} = 1000\,V$, $J_0 = 0,0312\,A$, $K_{2,0}$ ist dabei ebenso wie bei der folgenden Messung mit einem Spannungsmesser zu messen, der keinen Stromverbrauch hat, z. B. Elektrometer.

Leistungsverbrauch im Eisen[1]) $N_0 = 11,2\,W$ bei $K_{2,0} = 1000\,V$. Daraus ergibt sich

$$J_w = \frac{11,2}{1000} = 0,0112\,A$$

$$J_m = \sqrt{J_0^2 - J_w^2} = 0,0291\,A$$

$$\mathrm{tg}\,\psi = \frac{J_w}{J_m} = \frac{0,0112}{0,0291} = 0,385$$

$$\psi = 21°.$$

Um X_1 und X_2 zu bestimmen, schalten wir die beiden Wicklungen (gleiche Windungszahl!) so in Reihe, daß sie den Eisenkern in entgegengesetztem Sinn zu magnetisieren suchen — es ist also in Abb. 26 der Belastungswiderstand RL zu entfernen, I mit II zu verbinden, und die unbezeichneten Enden sind an die Maschine zu legen —, und beschicken sie mit einem Strom von $J = 0,03\,A$ bei der Frequenz 50. Dieser Strom entspricht bei $K_2 = 1000\,V$ der von uns angenommenen maximalen sekundären Last $N_{s2} = 30\,VA$. Es werde dabei mit einem Spannungsmesser, der keinen Strom verbraucht, an beiden Wicklungen zusammen die Spannung $K = 8,0\,V$, an der primären Wicklung allein die Spannung $K' = 4,3\,V$ gemessen. Der gemeinsame Fluß Φ ist bei dieser Schaltung Null, es treten nur die Streuflüsse Φ' und Φ'' auf. Die von ihnen induzierten Spannungen setzen sich mit den Ohmschen Abfällen zu K bzw. K' zusammen. Es ist, da die Streuspannungen auf den Ohmschen senkrecht stehen:

$$K^2 = J^2(R_1 + R_2)^2 + J^2(X_1 + X_2)^2$$
und
$$K'^2 = J^2 \cdot R_1^2 + J^2 \cdot X_1^2,$$

---

[1]) Man hat also $J_0^2 R_1$ von der gemessenen Leerlaufsleistung abzuziehen.

7. Diagramme der Wandler.

woraus sich durch Einsetzen von R_1, R_2, K und K' die Streu-Blindwiderstände $X_1 = 60\,\Omega$, $X_2 = 73\,\Omega$:

$$X_a = X_1 + X_2 = 133\,\Omega$$

bei der Frequenz 50 ergeben[1]). Den Gesamtblindwiderstand X_a kann man auch durch einen „Kurzschlußversuch" bestimmen. Gemäß Abb. 27 ist

$$K_1^2 = J_2^2(R_1 + R_2)^2 + J_2^2(X_1 + X_2)^2$$

für $K_2 = 0$, da dann Φ und daher J_0 praktisch Null sind. Der Sekundärstrom ist gleich dem Primärstrom; wenn wir daher unseren Wandler sekundär kurzschließen, 0,03 A durch die primäre Wicklung senden und dabei an ihren Klemmen K_{1K} Volt messen, so können wir $X_1 + X_2$ aus folgender Gleichung berechnen:

$$\frac{K_{1K}}{(0{,}03)^2} = (230)^2 + (X_1 + X_2)^2.$$

Die Einzelwerte X_1, X_2 erhält man beim Kurzschlußversuch nicht.

Wir betrachten zunächst den Winkel γ zwischen K_2 und E_2; falls $J_2 = 0$, ist $\gamma = 0$; falls $J_2 = 0{,}03\,A$ und $\varphi_2 = 0$, ist, da $J_2 R_2$ in die Richtung von K_2 fällt, nach Abb. 27

$$\operatorname{tg}\gamma = \frac{J_2 X_2}{K_2 + J_2 R_2} = \frac{0{,}03 \cdot 73}{1000 + 0{,}03 \cdot 100} = 0{,}00218$$

$$\gamma^{(')} = 3440 \cdot 0{,}00218 = 7{,}5 \text{ Minuten}\,[2]).$$

Dieses ist, wenn wir wieder kapazitive Last, die praktisch nicht vorkommt, ausschließen, der größte Wert, den γ bei $J_2 = 0{,}03\,A$ annehmen kann.

Wir wollen das Verhalten des Wandlers für eine Belastung von höchstens 30 VA mit einer Verschiebung φ_2 von höchstens 60° untersuchen und nur nacheilenden Strom (induktive Belastung) berücksichtigen.

Wir zeichnen nun das Diagramm Abb. 114 dieses Wandlers für

$K_2 = 1000\,V = \text{const}$ $\qquad N_{s2} = 30\,VA$
$J_2 = 0{,}03\,A \qquad$ und zunächst für $\varphi_2 = \sphericalangle K_2/J_2 = 0$,

---

[1]) Dieses Verfahren zur Bestimmung der Einzelstreuungen ist von Rogowski angegeben worden.
[2]) Siehe F. N. 1, S. 100.

wobei wir stets den in der Abbildung rechts gezeichneten Maßstab K' verwenden. $K_2 = 1000\,V$ wird nach unten abgetragen.

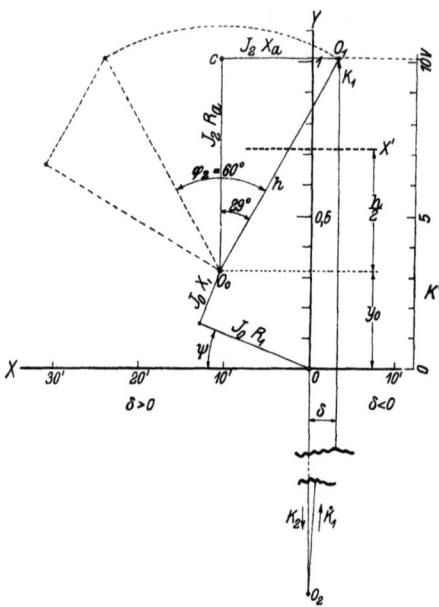

Abb. 114. Diagramm des Spannungswandlers. Die Teilung der Y-Achse gibt an, um wieviel Prozent $K_1:K_2$ größer ist als $s_1:s_2$; diejenige der X-Achse gibt den Fehlwinkel δ.

Da die Strecke

$$K_2 = OO_2$$

länger würde als das Papier, ist sie abgebrochen gezeichnet. J_m hätten wir senkrecht zu E_2 anzutragen, da jedoch $\gamma = \sphericalangle E_2 \mid K_2$, wie wir eben gesehen haben, höchstens $7{,}5'$ beträgt, dürfen wir J_m senkrecht zu K_2 antragen. Um den Winkel $\psi = 21°$ voreilend, liegt J_0.

Mit J_0 in Phase liegt $J_0 R_1$. Senkrecht dazu steht $J_0 X_1$.

$J_2 R_a$ ist, da $\varphi_2 = 0$, parallel zu K_2, $J_2 X_a$ senkrecht dazu aufgetragen (ausgezogenes Dreieck). Diese Größen haben die Werte:

$$J_0 R_1 = 0{,}0312 \cdot 130 = 4{,}05\,V$$
$$J_0 X_1 = 0{,}0312 \cdot 60 = 1{,}87\,V$$
$$J_2 R_a = 0{,}0300 \cdot 230 = 6{,}9\,V$$
$$J_2 X_a = 0{,}0300 \cdot 133 = 4{,}0\,V$$

O_1 ist, wie wir aus Diagramm Abb. 27 sehen, der Endpunkt von K_1, welches von O_2 nach O_1 läuft. Winkel $OO_2O_1 = \delta$ ist der Fehlwinkel. Wie man sieht, ist zufolge der Abfälle in den Wicklungen $K_1 > K_2$. Da δ sehr klein, kann man K_1 und K_2 als parallel ansehen, und es ist K_1 um $10{,}1\,V$ oder um $\dfrac{10{,}1}{1000} \cdot 100 = 1{,}01 = y$ Prozent größer als K_2;

$$K_1 = 1{,}0101\,K_2 = \left(1 + \frac{y}{100}\right) K_2.$$

7. Diagramme der Wandler.

y ist dabei die Ordinate von O_1, abgelesen an der Teilung[1]) der Y-Achse. Es ist also:

$$U = \frac{K_1}{K_2} = 1 + \frac{y}{100}. \qquad (1)$$

Bei $N_{s2} = 30\,VA$, $K_2 = 1000\,V$ und veränderlichem φ_2 bewegt sich der Endpunkt von K_1 auf dem gezeichneten Kreisbogen. Die Lage des Dreiecks bei $\varphi_2 = 60°$ ist gestrichelt eingezeichnet. Ist die sekundäre Last kleiner als $30\,VA$, so sind die Seiten des Dreiecks proportional zu verkleinern. Ist der Wandler sekundär offen, so wird die Seite des Dreiecks gleich Null, der Endpunkt von K_1 fällt nach O_0. Die primäre Klemmenspannung ist dabei um $y_0 = 0{,}32\%$ größer als die sekundäre ($U_{\min} = 1{,}0032$). Dieses ist, da wir kapazitive Last ausschließen, der kleinste Wert von K_1 und U.

Das größte K_1 und U, nämlich

$$K_{1\max} = K_2\left(1 + \frac{y_0 + h}{100}\right) = K_2\left(1 + \frac{0{,}32 + 0{,}8}{100}\right) = 1{,}0112\,K_2$$

und

$$U_{\max} = 1{,}0112,$$

tritt auf, wenn man Dreieck $O_0 O_1 c$, welches der Höchstbelastung ($30\,VA$) entspricht, so weit nach links verdreht, daß seine Hypotenuse h parallel zur Y-Achse liegt. Dies ist hier der Fall, wenn der an den Wandler angeschlossene Stromverbraucher eine Verschiebung von $\varphi_2 = 29°$ hat.

Die mittlere Übersetzung

$$U_m = \frac{1{,}0112 + 1{,}0032}{2} = 1{,}0072$$

ist also um $y = y_0 + \dfrac{h}{2} = 0{,}72\%$ größer, als dem Verhältnis der Windungszahlen entspricht.

Die Übersetzung U ist nach Gleichung 1 um y Prozent größer als $s_1 : s_2$; wählen wir den Nennwert $U_\mathfrak{N}$ der Übersetzung um

---

[1]) Diese ist so gewählt, daß dem Teilstrich *10* des Maßstabes K' der Teilstrich *1* gegenübersteht.

p Prozent größer als $s_1:s_2$, so ist $U_\mathfrak{R}$ um $p-y$ Prozent größer als U:

$$\varDelta_K = p - y\%\,^1).$$

Gibt man unserem Wandler die Windungszahlen $s_1:s_2 = 1:1{,}0072 \approx 1 - 0{,}0072$ (s. S. 27, F. N. 1, Formel a) und schreibt auf das Schild die Übersetzung

$$\tfrac{1'000}{1000}V, \quad \text{also} \quad U_\mathfrak{R} = 1,$$

so ist $U_\mathfrak{R}$ um $0{,}72\%$ größer als $s_1:s_2$:

$$p = 0{,}72 \quad \text{und} \quad \varDelta_K = 0{,}72 - y\%.$$

Ist an unseren Wandler mit dieser Bewicklung und Schildaufschrift sekundär ein Elektrometer angeschlossen ($N_{s2} = 0$, $U = U_{\min}$), so ist $\varDelta_K = 0{,}72 - 0{,}32 = +0{,}4$, da man im Diagramm $y = 0{,}32$ abliest; die sekundäre Klemmenspannung ist um $0{,}4\%$ zu groß, der Korrektionsfaktor der Übersetzung (F. N. 1, S. 194) ist $C'_U = 0{,}996$. Ist dagegen ein induktiver Widerstand mit $\varphi_2 = 29°$ angeschlossen, der $30\,VA$ aufnimmt ($U = U_{\max}$), so ist

$$y = 1{,}12, \quad \varDelta_K = 0{,}72 - 1{,}12 = -0{,}4\%, \quad C'_U = 1{,}004\,^2).$$

Die Ordinaten, gemessen von einer um p Prozent — hier $0{,}72\%$ — höher liegenden Achse X' (Abb. 114), geben $\varDelta_K$, und zwar ist $\varDelta_K$ negativ, falls der Endpunkt von K_1 oberhalb X' liegt und umgekehrt.

---

[1] $U = 1 + \dfrac{y}{100}$; $U_\mathfrak{R} = 1 + \dfrac{p}{100}$. Nach F. N. 1, S. 194 ist

$$\varDelta_K = \left(\frac{U_\mathfrak{R}}{U} - 1\right) 100 = \left(\frac{1 + \dfrac{p}{100}}{1 + \dfrac{y}{100}} - 1\right) 100 \approx p - y\%$$

(s. S. 27, F. N. 1, Formel b); wählt man $U_\mathfrak{R} = \dfrac{s_1}{s_2}$, also $p = 0$, so ist natürlich $\varDelta_K = -y$.

[2] Der Spannungsfehler $\varDelta_K$ beträgt hier, wo wir $U_\mathfrak{R} = \dfrac{s_1}{s_2}\cdot 1{,}0072 = U_m$ gewählt haben, für alle Belastungen zwischen 0 und $30\,VA$ (kapazitive Last ausgeschlossen!) höchstens $\dfrac{h}{2} = 0{,}4\%$.

7. Diagramme der Wandler.

Wir beschäftigen uns jetzt mit der Ermittlung des Fehlwinkels δ [1]). Die Abszisse x des Punktes O_1 gibt ein Maß für δ, denn es ist:

$$\operatorname{tg}\delta = \frac{x}{1000 + K'},$$

wo K' den am Maßstab rechts abzulesenden primären Spannungszuwachs in Volt bedeutet; da K' klein ist gegen 1000, kann man schreiben:

$$\operatorname{tg}\delta = \frac{x}{1000},$$

also

$$\delta^{(\prime)} = \frac{x}{1000} \cdot 3440 \text{ Minuten} [2]),$$

wobei x in Einheiten des Maßstabes auszudrücken ist.

entspricht
$$x = 10$$
$$\delta^{(\prime)} = 34{,}4'.$$

So ist die Teilung auf der X-Achse ermittelt, δ ist gemäß unserer Festsetzung auf S. 194 als positiv bezeichnet, wenn K_1 links von der Y-Achse liegt, d. h. wenn das umgeklappte K_2 gegen K_1 voreilt. Für $N_{s2} = 30\,VA$, $\varphi_2 = 0$ liest man ab $\delta^{(\prime)} = -3{,}1'$.

Bei $N_{s2} = 30\,VA$ und $\varphi_2 = 60°$ tritt — da wir größere φ_2 nicht in Betracht ziehen — der größte Fehlwinkel $\delta^{(\prime)} = +24{,}3'$ auf.

Wir geben jetzt unserem Spannungswandler eine andere Übersetzung, und zwar in der Weise, daß wir die sekundäre Wicklung in 10 gleichwertige Abteilungen zerlegen; sie sind von $0{,}03\,A$ durchflossen und haben an ihren Enden je $100\,V$. Diese 10 Abteilungen waren bisher in Reihe geschaltet; wir schalten sie jetzt parallel, erhalten an der neuen sekundären Wicklung die Klemmenspannung $100\,V$ und nehmen den Strom $10 \cdot 0{,}03 = 0{,}3\,A$ heraus; ferner denken wir uns den Draht der Primärwicklung durch eine einen Durchmesser bildende, unendlich dünne Isolationsschicht seiner ganzen Länge nach in zwei Teile gespalten; sie zerfällt dadurch in zwei einander gleichwertige, bisher parallel

---

[1]) In anderen Abschnitten, wo zwischen Spannungswandlern und Stromwandlern unterschieden werden soll, mit δ_K bezeichnet.
[2]) Siehe F. N. 1, S. 100.

Möllinger, Wirkungsweise. 2. Aufl.

geschaltete Wicklungen; wir schalten jetzt diese beiden Wicklungen in Reihe.

Nach diesen Umschaltungen ist $s_1 : s_2 = 20$. An der Wirkungsweise des Wandlers ändert sich dadurch, daß wir das **vorhandene** Kupfer anders unterteilten und schalteten, nichts; jeder Teil der Wicklung ist jetzt von dem gleichen Strom durchflossen, und an seinen Enden herrscht die gleiche Spannung wie früher. Bei demselben N_{s2} und φ_2 ist also die **prozentuale** Änderung und die gegenseitige Lage der Klemmenspannungen (Fehlwinkel δ) in beiden Fällen dieselbe; deshalb gilt auch für den Wandler mit der neuen Bewicklung das Diagramm Abb. 114; er hat jetzt die Übersetzung

$$U = 20\left(1 + \frac{y}{100}\right),$$

wo y aus dem Diagramm zu entnehmen ist und die gezeichneten Dreiecke einer sekundären Belastung von $30\ VA$, also $J_2 = 0{,}3\ A$ entsprechen.

Seine mittlere Übersetzung ist:

$$U_m = 20\left(1 + \frac{0{,}72}{100}\right) = 20 \cdot 1{,}0072\ .$$

Überhaupt stellt Abb. 114 das Verhalten unseres Wandlers für beliebige Windungszahlen s_1 und s_2 dar, vorausgesetzt, daß die Wicklungen den gleichen Raum ausfüllen und dieselbe Kupfermenge enthalten, und daß man den Wandler stets mit demselben Fluß Φ, also denselben Leerlaufs-Ampere-Windungen, arbeiten läßt, d. h. K_2 wie s_2 ändert. Es ist also unter den oben gemachten Voraussetzungen für beliebige Windungszahlen

$$U = \frac{s_1}{s_2}\left(1 + \frac{y}{100}\right)$$

und falls

$$U_\mathfrak{R} = \left(1 + \frac{p}{100}\right)\frac{s_1}{s_2} :$$

$$\Delta_K \approx p - y\%$$

$$C'_U \approx 1 - \frac{\Delta_K}{100} = 1 - \frac{p - y}{100}\ ;$$

7. Diagramme der Wandler.

y ist an der Teilung der Y-Achse, der Fehlwinkel δ an der X-Achse abzulesen.

Abb. 114 gilt für 30 VA; sollen die Größen y und δ für eine andere Belastung ermittelt werden, so sind die Seiten des Dreiecks proportional zu verändern.

Nach dem Diagramm kann man Schaulinien zeichnen, die das Verhalten des Wandlers darstellen[1]). —

Die Anforderungen, die die Reichsanstalt an amtlich beglaubigungsfähige Spannungswandler stellt (ETZ 1922, S. 944), sind die folgenden:

Der Spannungsfehler darf höchstens $\pm 0,5\%$, der Fehlwinkel

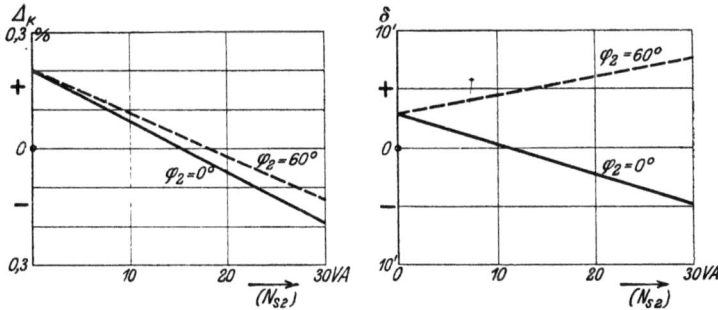

Abb. 115. Eigenschaften eines Spannungswandlers (nach Messungen der Reichsanstalt). $K_1 = K_{1\Re}$, $f = 50$.

höchstens $\pm 20'$ betragen, und zwar für alle Belastungswiderstände, deren Ohmzahl zwischen ∞ und $\dfrac{K_{2\Re}^2}{30}$ und deren Leistungsfaktor zwischen 0,5 und 1 liegt[2]).

Diese Bedingungen müssen auch für Spannungen, die um $\pm 20\%$ vom Nennwert abweichen, erfüllt sein.

Ein Spannungswandler mit $K_{2\Re} = 110\,V$ muß also die Bedingungen erfüllen bei Belastung mit Widerständen, deren Ohmzahl zwischen ∞ (Leerlauf) und $\frac{110^2}{30} = 404\,\Omega$ und deren Leistungsfaktor zwischen 0,5 und 1 liegt.

Abb. 115 veranschaulicht die Eigenschaften eines beglaubigten Spannungswandlers nach Messungen der Reichsanstalt. Wie die

---

[1]) Ein ähnliches Diagramm kann man auch für Drehstromspannungswandler aufzeichnen (s. Gewecke: ETZ 1915, S. 253).

[2]) Auf den Widerstand $\dfrac{K_{2\Re}^2}{30}$ leistet der Wandler 30 VA bei der Nennspannung $K_{2\Re}$.

Schaulinie für Δ_K zeigt, ist die Sekundärspannung K_2 bei Leerlauf um 0,2% größer, bei induktionsloser Belastung mit 30 W um 0,2% kleiner, als der aufgeschriebenen Übersetzung entspricht; bei induktionsloser Belastung von 15 W ist $U = U_\mathfrak{N}$.

B) **Stromwandler.** Es sei ein Stromwandler gegeben, der für den sekundären Nennstrom 5 A gebaut ist, also zur Speisung der Stromspulen von Zählern oder Meßinstrumenten für 5 A dienen soll; er werde mit der Frequenz 50 betrieben. Seine primäre Windungszahl sei gleich der sekundären ($s_1 = s_2$); der Widerstand der sekundären Spule sei zu $R_2 = 0,25\,\Omega$ gemessen; ferner sei (z. B. mittels des Wechselstromkompensators s. XIII, 1) J_m und J_w für verschiedene sekundäre EMKe E_2 gemessen und in Abb. 116 in Abhängigkeit von E_2 dargestellt. Um den sekundären Streu-Blindwiderstand X_2, welcher für die Aufstellung des Diagramms ebenfalls nötig ist, zu bestimmen, schalten wir, wie beim Spannungswandler, die beiden Wicklungen (gleiche Windungszahl!) so in Reihe, daß sie den Eisenkern im entgegengesetzten Sinne zu magnetisieren suchen, und beschicken sie bei der Frequenz 50 mit einem Strom von 5 A; dabei sei an der sekundären Wicklung mit einem Instrument, welches keinen Strom verbraucht, die Spannung $K_2' = 1{,}955\,V$ gemessen worden. Es ist wieder

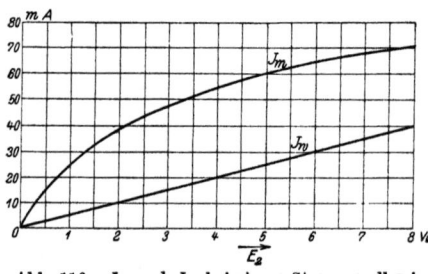

Abb. 116. J_w und J_m bei einem Stromwandler in Abhängigkeit von E_2.

$$(J_2 X_2)^2 + (J_2 R_2)^2 = K_2'^{\,2},$$

woraus sich für $J_2 = 5\,A$, $K_2' = 1{,}955\,V$ und $R_2 = 0{,}25\,\Omega$ ergibt:

$$X_2 = 0{,}3\,\Omega \quad \text{bei} \quad f = 50\,[1]).$$

---

[1]) Der Streu-Blindwiderstand X_1 und der Widerstand R_1 der Primärwicklung werden für die Aufstellung des Diagramms nicht benötigt, sie sind für die Übersetzung $U = \dfrac{J_1}{J_2}$ und den Fehlwinkel ohne Einfluß; dagegen hängt die an den Klemmen der Primärwicklung des Stromwandlers herrschende Klemmenspannung K_1 von R_1 und X_1 ab; es ist

$$[K_1 = -E_1 - J_1 X_1 + J_1 R_1];$$

es betrug übrigens bei unserem Wandler

$$X_1 = 0{,}3\,\Omega \quad \text{bei} \quad f = 50; \quad R_1 = 0{,}35\,\Omega.$$

7. Diagramme der Wandler.

Wir stellen zuerst das Diagramm auf für den Fall, daß die Sekundärwicklung des Wandlers über einen induktionslosen Widerstand $R = 0{,}6\ \Omega$ geschlossen ist (Abb. 117 ausgezogene Linien). Wir verändern den Primärstrom so lange, bis $J_2 = 5\ A$ fließt. Es ist dann $K_2 = 3\ V$ und ist mit J_2 in Phase ($\varphi_2 = 0$). Der Wandler gibt an den Belastungsstromkreis $15\ W$ ab. Für den Sekundärkreis gelten die Gleichungen (s. S. 71):

$$[E_2 + J_2 X_2 = J_2(R_2 + R) = J_2 R_2 + K_2]$$

oder

$$[E_2 = J_2 R_2 - J_2 X_2 + K_2].$$

Wir wählen die Richtung von J_2 senkrecht nach unten; in dieselbe Richtung fällt der Ohmsche Spannungsabfall in der Sekundärspule $J_2 R_2 = 5 \cdot 0{,}25 = 1{,}25\ V$ und, da $\varphi_2 = 0$, auch die se-

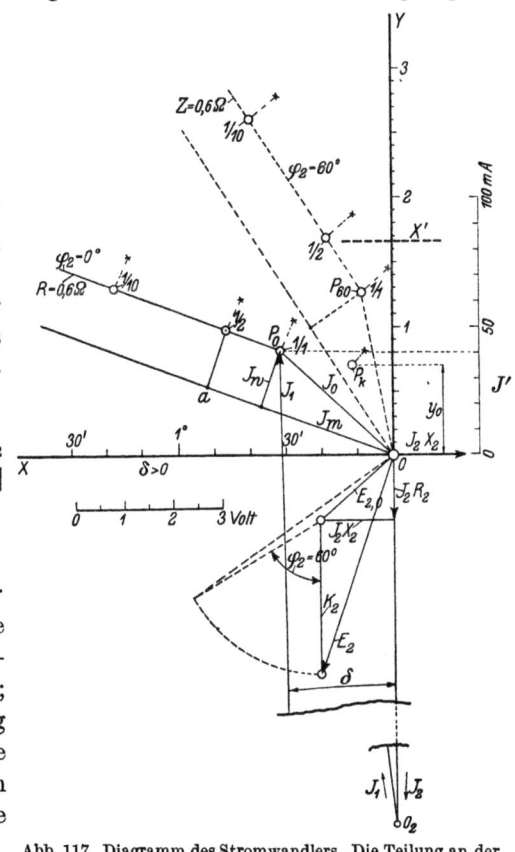

Abb. 117. Diagramm des Stromwandlers. Die Teilung an der Y-Achse gibt an, um wieviel Prozent die Übersetzung größer ist als $s_2:s_1$; diejenige der X-Achse gibt den Fehlwinkel δ.

kundäre Klemmenspannung $K_2 = 3\ V$; senkrecht darauf steht der sekundäre Streuabfall $J_2 X_2 = 5 \cdot 0{,}3 = 1{,}5\ V$. Wir konstruieren jetzt unter Benutzung des beigezeichneten Voltmaßstabes gemäß der vorstehenden Gleichung die sekundäre EMK und erhalten dafür $E_2 = 4{,}5\ V$. Dabei wurde $J_2 X_2$ nach links angesetzt, da es in der Gleichung mit dem negativen Vorzeichen vorkommt. Die Resultante $E_{2,0}$ von $J_2 R_2$ und $J_2 X_2$ stellt den gesamten Spannungsabfall in der Sekundärspule bei $5\,A$ dar oder die sekundäre EMK bei Kurzschluß.

Beim Einzeichnen der Ströme in das Diagramm benutzen wir den rechts in Abb. 117 gezeichneten Maßstab J', welcher mit dem Ordinatenmaßstab in Abb. 116 übereinstimmt. Der Strom J_2 ist von O nach O_2 gerichtet und wird, da er $5 \cdot 1000 = 5000$ mA beträgt, durch eine Strecke $(\overline{OO_2})$ dargestellt, die 100 mal so lang ist wie die Strecke $\overline{0\,50}$ des Maßstabes. Der gemeinsame Fluß Φ eilt E_2 um $90°$ vor, mit Φ in Phase ist der Magnetisierungsstrom J_m, darauf senkrecht steht J_w. Für $E_2 = 4{,}5\,V$ ergibt sich aus Abb. 116:

$$J_m = 57{,}5 \text{ mA} \qquad J_w = 22{,}0 \text{ mA}.$$

Aus J_m und J_w erhält man den Leerlaufstrom J_0 mit dem Endpunkt P_0, welcher auch der Endpunkt von J_1 ist[1]); J_1 läuft von O_2 nach P_0. Da δ sehr klein, kann man wieder J_1 und J_2 als parallel ansehen, und es ist J_1 infolge des Leerlaufstromes um 40 mA oder um $\dfrac{0{,}040}{5} \cdot 100 = 0{,}8\%$ größer als J_2:

$$J_1' = 1{,}008 \cdot J_2\,.$$

Um also durch die über $R = 0{,}6\,\Omega$ geschlossene sekundäre Wicklung $5\,A$ zu treiben, muß man in der primären Wicklung gleicher Windungszahl $5 \cdot 1{,}008\,A$ fließen lassen. Die primäre Amperewindungszahl ist $1 + \dfrac{y}{100}$ mal so groß als die sekundäre. Für einen Stromwandler mit den Windungszahlen s_1 und s_2 kann man schreiben:

$$J_1 s_1 = J_2 s_2 \left(1 + \frac{y}{100}\right),$$

$$U = \frac{J_1}{J_2} = \frac{s_2}{s_1}\left(1 + \frac{y}{100}\right).$$

y ist dabei die Ordinate von P_0 (allgemein des Endpunktes von J_1), abgelesen an der Teilung der Y-Achse, welche so gewählt ist, daß dem Teilstrich 40 des Maßstabes der Teilstrich 0,8 gegenübersteht.

---

[1]) $[J_1 = -J_2 + J_m - J_w = -J_2 + J_0]$, da $[J_0 = J_m - J_w]$; — J_2 ist von unten nach oben, $-J_w$ ist E_2 entgegen gerichtet; man hat also J_m und $-J_w$ an $-J_2$ anzusetzen, um J_1 zu erhalten. — Die strichpunktierten Linien mit den Kreuzen beziehen sich auf eine spätere Betrachtung (XII, 7, C).

7. Diagramme der Wandler. 215

Die Abszisse x von P_0 (Projektion von J_0 auf die X-Achse) ist wieder ein Maß für den Fehlwinkel δ[1]) zwischen J_1 und der negativen Richtung von J_2

$$\operatorname{tg}\delta = \frac{x}{5000 + J'},$$

wo J' den am Maßstab rechts abzulesenden primären Stromzuwachs in mA bedeutet; da J' klein ist gegen 5000, kann man schreiben:

$$\operatorname{tg}\delta = \frac{x}{5000},$$

also

$$\delta^{(\prime)} = \frac{x}{5000} \cdot 3440 \text{ Minuten }[2]),$$

wobei x in Einheiten des Maßstabes auszudrücken ist; $x = 50$ entspricht $\delta^{(\prime)} = 34{,}4'$. Daraus ergibt sich der eingezeichnete Maßstab der X-Achse. Der betrachteten Belastung entspricht $\delta = +31{,}6'$. Das umgeklappte J_2 eilt gegen J_1 vor.

Wir schwächen jetzt J_1, bis J_2 auf $2{,}5\,A$ gesunken ist. Dann behält E_2 seine Lage, seine Größe sinkt, da K_2, $J_2 R_2$ und $J_2 X_2$ auf die Hälfte zurückgehen, auf $2{,}25\,V$. Hierfür entnehmen wir aus Abb. 116:

$$J_m = 41\,\text{mA} \qquad J_w = 11\,\text{mA}.$$

Wir stellen nun die Stromeinheit durch die doppelte Strecke dar wie bisher. J_2 und J_w, welche beide jetzt halb so groß sind, werden also durch dieselbe Strecke dargestellt wie früher. Der Endpunkt von J_2 fällt wieder nach O_2, J_m erhält die Länge Oa, welche gleich 2×41 nach unserem Maßstab ist. So erhalten wir den Punkt „$1/2$" mit

$$y = 0{,}98 \qquad J_1 = 1{,}0098\,J_2 \qquad \delta = +47'.$$

Dadurch, daß wir bei $J_2 = 2{,}5\,A$ die Stromeinheit durch die doppelte Strecke darstellen wie bei $J = 5\,A$, können wir nämlich für beide Fälle dieselben Teilungen auf der X- und Y-Achse benutzen. Entsprechend stellen wir bei $J_2 = 0{,}5\,A$ die Stromeinheit durch die zehnfache Strecke dar wie bei $5\,A$ usw., dann

---

[1]) In anderen Abschnitten, wo zwischen Spannungswandlern und Stromwandlern unterschieden werden soll, mit δ_J bezeichnet.
[2]) Siehe F. N. 1, S. 100.

gelten die Teilungen für alle Stromstärken. Für $J_2 = 0{,}5\,A$ (Punkt $^1/_{10}$ im Diagramm) finden wir

$$y = 1{,}28 \quad \text{und} \quad \delta = 1°\,18{,}2'.$$

Wie Abb. 116 zeigt, sinkt J_w proportional mit E_2, also mit J_2, J_m dagegen langsamer. J_w wird daher im Diagramm Abb. 117 für alle Ströme J_2 durch dieselbe Strecke dargestellt: die Endpunkte aller J_1 liegen bei demselben R auf einer zu J_m parallelen Geraden; dagegen wird J_m bei kleineren Strömen durch eine größere Strecke dargestellt: y und d fallen bei kleinerer Strombelastung größer aus.

Wir schließen jetzt den Wandler über $R = 1{,}2\,\Omega$; die vom Wandler abgegebene Leistung ist dann doppelt so groß als bei $R = 0{,}6\,\Omega$, ebenso seine Klemmenspannung; es ist daher E_2 und somit J_w und J_m größer als bei $R = 0{,}6\,\Omega$. Man erhält bei $J_2 = 5\,A$ ($N_2 = 30\,W$, $K_2 = 6\,V$) auf dieselbe Weise wie oben

$$y = 1, \quad \delta = 42'.$$

Es ist $J_1 = 1{,}01\,J_2 = 5{,}05\,A$, während wir bei $R = 0{,}6\,\Omega$, $J_1 = 1{,}008\,J_2 = 5{,}04\,A$ erhalten hatten. Man erkennt, daß in beiden Fällen die Übersetzung praktisch dieselbe ist, daß also der Wandler praktisch den gleichen Sekundärstrom abgibt, gleichgültig, ob man ihn über $0{,}6\,\Omega$ oder $1{,}2\,\Omega$ schließt.

Bei Kurzschluß ($R = 0$) und $J_2 = 5\,A$ ist

$$E_2 = E_{2,0} = 1{,}955\,V$$

und nach Abb. 116:

$$J_m = 37{,}5\,\text{mA} \quad J_w = 10\,\text{mA},$$

und nach dem eben benutzten Verfahren würde man

$$y_0 = 0{,}7 \quad \delta_0 = +11{,}65'$$

finden (Punkt P_K).

Der Fall $R = 0$ ist natürlich praktisch ohne Bedeutung; der Wandler gibt dabei nach außen keine Leistung ab, J_2 kann nicht gemessen, der Wandler also nicht benutzt und nicht geprüft werden. Man nähert sich diesem Fall, wenn man einen Apparat an die Wandler anschließt, dessen Stromspule einen sehr kleinen Spannungsabfall hat.

Wir schließen jetzt den Wandler durch eine Drosselspule mit dem Ohmschen Widerstand $R = 0{,}3\,\Omega$ und dem Blindwider-

7. Diagramme der Wandler. 217

stand $X = 0{,}52\,\Omega$ bei $f = 50$. Der Scheinwiderstand (Impedanz) ist dann:

$$Z = \sqrt{R^2 + X^2} = \sqrt{(0{,}3)^2 + (0{,}52)^2} = 0{,}6\,\Omega,$$

und bei $5\,A$ ist wieder $K_2 = 3\,V$; jedoch eilt K_2 jetzt um $60°$ gegen J_2 vor ($\varphi_2 = 60°$), da

$$\operatorname{tg}\varphi_2 = \frac{X}{R} = \frac{0{,}52}{0{,}3} = 1{,}732\,.$$

Man findet im Diagramm $E_2 = 4{,}95\,V$ und aus Abb. 116:

$$J_m = 60\,\text{mA} \qquad J_w = 25\,\text{mA}.$$

Beim Einzeichnen der Ströme benutzen wir jetzt wieder den rechts gezeichneten Maßstab. Man gelangt so zu $P_{0,60}$, dem Endpunkt von J_1 bei $J_2 = 5\,A$, $Z = 0{,}6\,\Omega$ und $\varphi_2 = 60°$. Die Größen für $Z = 0{,}6\,\Omega$, $\varphi_2 = 60°$ sind gestrichelt eingezeichnet. y ist größer, δ kleiner als bei $J_2 = 5\,A$, $R = 0{,}6\,\Omega$ und $\varphi_2 = 0$. Für $J_2 = 2{,}5\,A$ und $0{,}5\,A$ erhalten wir die mit $1/2$ und $1/10$ bezeichneten Punkte.

Wir können aus dem Vorstehenden die folgenden Schlüsse ziehen:

Die Fehler der Stromwandler werden durch den Leerlaufstrom verursacht. Stromwandler müssen also so konstruiert werden, daß sie möglichst kleine Leerlaufströme haben. Sie arbeiten um so günstiger, und ihre Belastung ist um so kleiner, je kleiner die Widerstände sind, durch die sie geschlossen werden. Bei demselben Belastungswiderstande sind y und δ um so größer, je kleiner die Stromstärke ist. Letzteres kommt daher, daß im unteren Teil der Magnetisierungskurve, den man beim Stromwandler benutzen muß, J_m langsamer abnimmt als Φ[1]), also als E_2 und J_2. Induktionslose Last (Hitzdrahtstrommesser) ergibt kleine y und große δ; induktive Last (Stromspulen von Induktionszählern) große y und kleine δ.

Die kleinste Übersetzung $U_{\min} = 1{,}007$ unseres Wandlers tritt bei $J_2 = 5\,A$ und $R = 0$ (Kurzschluß), die größte $U_{\max} = 1{,}0262$ bei $J_2 = 0{,}5$, $Z = 0{,}6$, $\varphi_2 = 60°$ auf, wenn wir Belastungen mit $R > 0{,}6$, $Z > 0{,}6$ und $\varphi_2 > 60°$ und mit Stromstärken, die kleiner sind als $1/10$ Nennstrom, außer Betracht lassen. Die mitt-

---

[1]) Siehe S. 73 und 74.

lere Übersetzung beträgt $\frac{1{,}007 + 1{,}0262}{2} = 1{,}0166$ oder allgemein $U_m = \frac{s_2}{s_1}\left(1 + \frac{1{,}66}{100}\right)$, ist also um 1,66% größer, als dem Verhältnis der Windungszahlen entspricht.

Um unserem Wandler die mittlere Übersetzung $\frac{5}{5}A$ zu geben, erhöhen wir gemäß der letzten Gleichung s_1 um 1,66%. Soll er für die mittlere Übersetzung $\frac{10}{5}A$ gewickelt werden, so erhält er dieselbe Sekundärwicklung und primär $0{,}5 \cdot 1{,}0166$ mal soviel Windungen wie sekundär.

Der Primärwicklung gibt man zweckmäßig beim 10 A-Wandler den doppelten Drahtquerschnitt wie beim 5 A-Wandler. Es ist dann der Leistungsverlust beim 10 A-Wandler ebenso groß, die primäre Klemmenspannung halb so groß[1]) wie beim 5 A-Wandler.

Es ist wieder

$$U = \left(1 + \frac{y}{100}\right)\frac{s_2}{s_1}$$

und falls

$$U_\Re = \left(1 + \frac{p}{100}\right)\frac{s_2}{s_1}:$$

$$\Delta_J \approx p - y\%$$

$$C'_U \approx 1 - \frac{p - y}{100}.$$

Abb. 118 zeigt den aus Abb. 117 entnommenen Verlauf von δ und von Δ_J bei $p = 1{,}66$; Δ_J kann in Abb. 117 von der Achse X' aus abgegriffen werden (s. auch Spannungswandler S. 208).

Die Anforderungen, die die Reichsanstalt an amtlich beglaubigungsfähige Stromwandler stellt (ETZ 1922, S. 944), sind die folgenden:

Der Stromfehler Δ_J und der Fehlwinkel δ_J dürfen höchstens betragen: $\pm 0{,}5\%$ bzw. $\pm 40'$ vom Nennwert des Stromes bis herab zum fünften Teil desselben; $\pm 1\%$ bzw. $\pm 60'$ von $^1/_5$ Nennstrom ab bis $^1/_{10}$ Nennstrom.

---

[1]) Man kann sich nämlich zwei gleiche, von 5 A durchflossene Wicklungen vorstellen, die beim 5 A-Wandler in Reihe, beim 10 A-Wandler parallel geschaltet sind.

7. Diagramme der Wandler.

Diese Bedingungen müssen erfüllt sein für alle Belastungswiderstände (Bürden) aufwärts bis zu $\dfrac{15}{J_{2\Re}^2}$ Ohm[1]), deren Leistungsfaktor zwischen 0,5 und 1 liegt.

Bei einem Wandler für $\tfrac{5}{5} A$ darf also $\varDelta_J$ und δ_J höchstens betragen: $\pm 0{,}5\%$ bzw. $\pm 40'$ von $5 A$ bis $1 A$; $\pm 1\%$ bzw. $\pm 60'$ von $1 A$ abwärts bis $0{,}5 A$. Diese Bedingungen müssen erfüllt sein bei allen Bürden bis zu $\tfrac{15}{5^2} = 0{,}6\ \Omega$ herauf, deren Leistungsfaktor zwischen 0,5 und 1 liegt[2]).

Wir betrachten nochmals den Wandler mit $s_1 = s_2$, wenn er sekundär über $R = 0{,}6\ \Omega$ geschlossen ist; seine Primärwicklung sei in einer Hochspannungsanlage mit dem Strom $J_1 = 5{,}04\ A$ eingeschaltet; wie wir oben sahen, ist dann

$$J_2 = \frac{J_1}{1{,}008} = 5\ A.$$

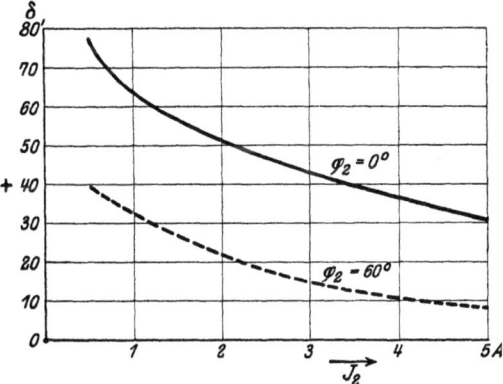
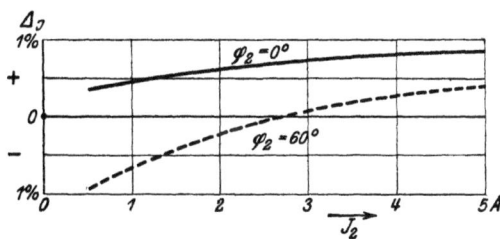

Abb. 118. Eigenschaften eines Stromwandlers, entnommen dem Diagramm Abb. 117. Bürde $0{,}6\ \Omega$, $p = 1{,}66$.

Die Ströme J_0, J_1 und J_2 für diesen Fall sind durch das Dreieck OP_0O_2 (Abb. 117) dargestellt und haben die Größe $0{,}06\ A$, $5{,}04\ A$ und $5\ A$. J_1 und J_2 sind nahezu entgegengesetzt gerichtet und heben sich fast auf,

---

[1]) Auf diesen Widerstand gibt der Wandler bei Nennstrom $15\ VA$ ab.
[2]) Belastet man mit der unter VI, 4 betrachteten Stromspule, so beträgt die Bürde $\dfrac{0{,}29}{5} = 0{,}058\ \Omega$, ihr Leistungsfaktor $\cos 38{,}8° = 0{,}78$. Ein beglaubigter Wandler hält also bei Belastung mit 10 solchen Stromspulen die Beglaubigungsfehlergrenzen ein, falls der Widerstand der Verbindungsleitungen sehr klein ist.

ihre Resultante, die der Fluß Φ erzeugt, beträgt nur rd. 1,2% von J_1.

Wird jetzt der sekundäre Kreis des Wandlers unterbrochen, so bleibt der Primärstrom J_1, der durch die Belastung der Anlage gegeben ist, unverändert, dagegen fällt der entgegenwirkende Sekundärstrom J_2 weg. Der ganze Betriebsstrom wird also jetzt als Leerlaufstrom durch die Primärwicklung getrieben, er ist $5{,}04:0{,}06 = 84$ mal so groß als bei normalem Betrieb; dabei entsteht im Eisenkern eine sehr hohe Magnetisierung. Diese induziert erstens in den Wicklungen hohe Spannungen, die besonders bei Wandlern für kleine Stromstärken, also mit hohen Windungszahlen, gefährlich werden können; zweitens verursacht sie sehr hohe Verluste durch Hysteresis und Wirbelströme und daher sehr starke Erhitzung und führt, wenn dieser Zustand lange andauert, zur Zerstörung des Wandlers. Die hohe Magnetisierung kann bewirken, daß in dem Eisen eine Remanenz auftritt, welche auch dann noch vorhanden ist, wenn der Wandler wieder in normaler Weise arbeitet und eine Erhöhung des Leerlaufstromes und daher schlechtere Eigenschaften herbeiführt. Der Kern kann durch Entmagnetisieren — indem man z. B. bei offenem Sekundärkreis primär den Nennstrom durchschickt und ihn ganz allmählich auf Null herabreguliert — wieder in seinen früheren magnetischen Zustand versetzt werden. Bei Verwendung von legiertem Blech, die bei Stromwandlern üblich, ist die Remanenz geringer als bei gewöhnlichem Blech.

Es darf aus diesen Gründen der sekundäre Kreis des Stromwandlers im Betrieb niemals offen sein; will man den Zähler abnehmen, so muß man den Sekundärkreis des Wandlers vorher kurzschließen.

C) **Einfluß von Schutzwiderständen.** Den Primärklemmen der Spannungswandler werden gelegentlich Ohmsche Widerstände vorgeschaltet. Sie verflachen die Stirn der Wanderwellen und vermindern so die Gefährdung des Wandlers etwas. Vor allem begrenzen sie den Strom bei einem Kurzschluß im Wandler („Dämpfungswiderstände"). Ihren Einfluß auf den Spannungsfehler und den Fehlwinkel ersieht man aus dem Diagramm, indem man R_1 um den Schutzwiderstand erhöht.

Beim Stromwandler werden die Primärklemmen fast immer durch Ohmsche Widerstände überbrückt, wodurch ein sehr wirksamer Schutz gegen Wanderwellen erzielt wird. Hierdurch wird die Messung beeinflußt, denn von dem zu messenden Strom J_1 geht ein Teil (J_s) durch den Schutzwiderstand (R_s) und nicht durch die Primärwicklung des Wandlers, mit anderen Worten: bei gegebenem J_2 muß man, um den in der Anlage fließenden Strom J_{1A} zu erhalten, im Diagramm Abb. 117 noch J_s an J_1 ansetzen. Wir wollen bei dem betrachteten Stromwandler ($J_{\Re 2} = 5 A$, $s_1 = s_2$, $R_1 = 0{,}35\,\Omega$, $X_1 = 0{,}3\,\Omega$ bei $f = 50$) bei einer Belastung von $J_2 = 5 A$, $\varphi_2 = 0$, $R = 0{,}6\,\Omega$ den Einfluß des Schutzwiderstandes ermitteln, wenn dieser 500 Ω beträgt. Die primäre Klemmenspannung K_1 bestimmt man — genau wie $K_{1,0}$ in Abb. 27 — durch Ansetzen der Abfälle in der Primärwicklung an das umgeklappte E_2. Die Abfälle betragen $J_1 R_1 \approx J_2 R_1$ $= 5 \cdot 0{,}35 = 1{,}75\,V$ und $J_1 X_1 \approx J_2 X_1 = 5 \cdot 0{,}3 = 1{,}5\,V$. Beim Aufzeichnen erhielte man[1]: $K_1 = 6{,}75\,V$ gegen $-E_2$ um 8° voreilend, J_s eilt ebenfalls um 8° gegen $-E_2$ vor und beträgt

$$\frac{K_1}{R_s} = \frac{6{,}75 \cdot 1000}{500} = 13{,}5\,\text{mA}.$$

Dieser Wert ist, nach dem rechts angebrachten Maßstab im Punkt P_0 um 8° gegen J_w nach rechts geneigt, in Abb. 117 **strichpunktiert** eingetragen. Der Endpunkt (Kreuz) ist der Endpunkt von J_{1A} bei $J_2 = 5 A$ und $R = 0{,}6\,\Omega$, $\varphi_2 = 0$. Ebenso wurde J_{1A} für die anderen Belastungen bestimmt und eingetragen.

Man sieht, daß der Schutzwiderstand wie eine Vergrößerung des Wattstromes J_w wirkt. Der Stromfehler wird durch die 500 Ω etwas vergrößert, der Fehlwinkel etwas verringert. Beim Wandler für 10/5 A kann man, da seine primäre Klemmenspannung bei 10 A nur 6,75:2 V beträgt (Scheinwiderstand ein Viertel des 5 A-Wandlers), 125 Ω parallel schalten; es treten dann dieselben Verhältnisse auf wie beim 5/5 A-Wandler bei 500 Ω. Bei kleineren Bürden als 0,6 Ω ist der Einfluß der Schutzwiderstände geringer.

8. Summenschaltung von Stromwandlern. Es ist oft nötig, die Summe zweier Ströme $[J_{1a} + J_{1b} = J_1]$ auf die Stromspule S eines Zählers einwirken zu lassen, z. B. wenn durch einen Maximumzeiger die Summe der durch die Leitungen a und b

---

[1] Um die Abb. 117 nicht zu verwirren, wurde K_1 dort nicht eingezeichnet.

(Abb. 119) von den Sammelschienen X abgenommenen Leistung bestimmt werden soll[1]). Am einfachsten würde man dazu die Sammelschienen bei y durchschneiden und hier die Stromspule S des Zählers einschalten; wo dies nicht möglich ist, wird die Sum-

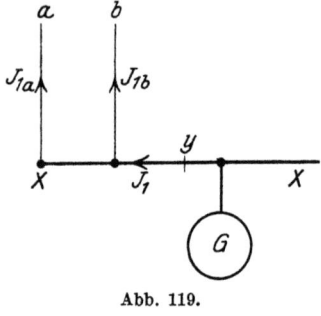

Abb. 119.

mierung durch Stromwandler vorgenommen (Abb. 120). Wir wollen die hierbei auftretenden Fehler ermitteln. Die beiden Wandler seien gleich dem im Diagramm Abb. 117 behandelten mit $s_1 = s_2$, $J_{2\mathfrak{N}} = 5\,A$. Sie seien ganz nahe beieinander aufgestellt und ihre Sekundärklemmen kurz miteinander verbunden; die Leitung von hier nach der Stromspule des Zählers — diese ist für $10\,A$ einzurichten — habe einschließlich der Stromspule $0{,}3\,\Omega$. Der Blindwiderstand der Stromspule sei gegen den gesamten Ohmschen Widerstand der Spule und der Zuleitungen vernachlässigbar ($\varphi_2 = 0$). Dann ist, wenn jede der

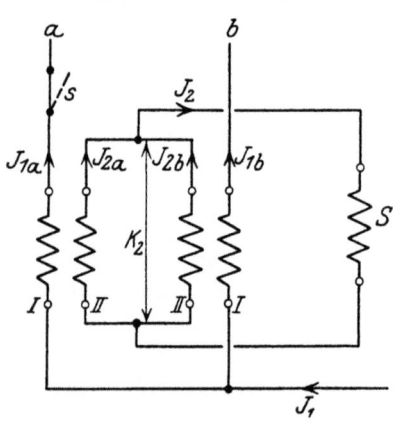

Abb. 120. Summenschaltung zweier Stromwandler a und b; S Stromspule des Zählers.

Leitungen a und b $5\,A$ führt und beide Ströme gleichphasig sind, jeder Wandler genau so belastet wie oben bei $J_2 = 5\,A$, $R = 0{,}6\,\Omega$, $\varphi_2 = 0$, $\varDelta_J$ und δ sind dieselben wie dort.

Wir wollen nun $\varDelta_J$ und δ bestimmen für den Fall: $J_{2a} = 1\,A$, $J_{2b} = 5\,A$, wenn J_{2b} um $60°$ gegen J_{2a} zurückbleibt. Wie Abb. 121 (links oben) zeigt, fließt dann $J_2 = 5{,}57\,A$ durch die Spule S; J_{2a} und J_{2b} eilen gegen J_2 um $51°$ vor bzw. $9°$ nach.

Wir legen wieder J_2 (Abb. 121) senkrecht nach unten und tragen auf den $51°$ vor- und $9°$ nacheilenden Strahl die Ohmschen

---

[1]) Siehe auch F. N. 1, S. 174.

8. Summenschaltung von Stromwandlern.

Abfälle in den Sekundärspulen

$$J_{2a} R_2 = 0{,}25 V \qquad J_{2b} R_2 = 1{,}25 V$$

und senkrecht dazu die Streuabfälle

$$J_{2a} X_2 = 0{,}3 V$$
$$J_{2b} X_2 = 1{,}5 V$$

ab. Daran setzen wir in beiden Fällen parallel mit J_2 die sekundäre Klemmenspannung

$$K_2 = J_2 R = 5{,}57 \cdot 0{,}3 = 1{,}67 V.$$

Für die so ermittelten EMKe

$$E_{2a} = 1{,}64 V$$
und
$$E_{2b} = 3{,}4 V$$

entnehmen wir aus Abb. 116 die Magnetisierungs- und Wattströme

$$J_{ma} = 34 \text{ mA},$$
$$J_{wa} = 8 \text{ mA},$$
$$J_{mb} = 50 \text{ mA},$$
$$J_{wb} = 17 \text{ mA}$$

und setzen sie senkrecht bzw. parallel zu den EMKen E_{2a} bzw. E_{2b} an den Ur-

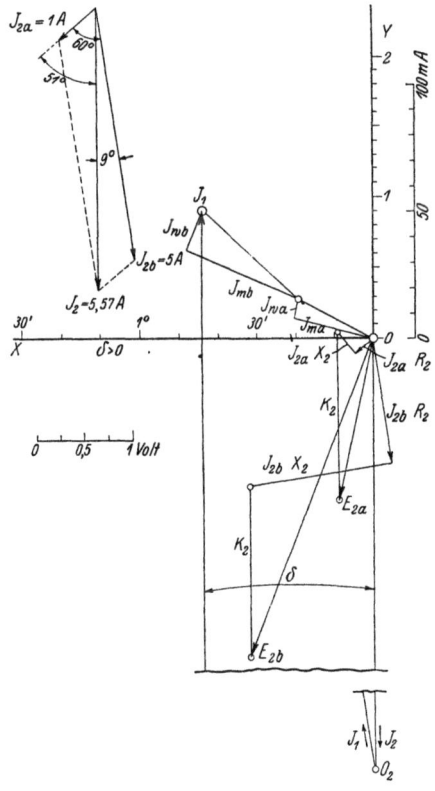

Abb. 121. Diagramm zur Summenschaltung.

sprung 0 an; so gelangt man zu dem Endpunkt von J_1; J_1 ist bei $s_1 = s_2$ um 50 mA, also $\frac{50}{5570} \cdot 100 = 0{,}9\%$ größer als J_2; wenn die Wandler (s. S. 218) die Windungszahlen $s_1 = 1{,}0166 \, s_2$ und die Aufschrift 5/5 A erhalten, ist der Stromfehler

$$\varDelta_J = 1{,}66 - 0{,}9 = +0{,}76\%.$$

Die Abszisse des Endpunkts von J_1, gemessen in Milliampere, beträgt 70,7, also

$$\operatorname{tg}\delta = \frac{70{,}7}{5570}, \quad \delta^{(\prime)} = \frac{70{,}7}{5570} \cdot 3440 = 43{,}7 \text{ Minuten} = \sphericalangle -J_2/J_1{}^1).$$

Bei Primärströmen von etwa $1\,A$ und $5\,A$ und einer gegenseitigen Verschiebung derselben von etwa $60°$ treten also die eben ermittelten Stromfehler $\varDelta_J$ und Fehlwinkel δ auf. Auf dieselbe Weise können diese auch für andere Belastungsverhältnisse bestimmt werden.

Wir wollen noch den Fall betrachten, daß der Schalter s in der Leitung a (Abb. 120) geöffnet ist: $J_{1a}=0$, $J_{1b}=J_1$. Es geht dann der Leerlaufstrom J_{0a} des Wandlers a für die Messung verloren. Wir wollen $\varDelta_J$ und δ ermitteln, z. B. für $J_2 = 5A$. Dabei hätte man so vorzugehen: Man bestimmt zuerst J_{0a}. Bei $J_2 = 5A$, $R=0{,}3\,\Omega$ ist

$$K_2 = 5\cdot 0{,}3 = 1{,}5 V;$$

$K_2 \approx E_{2a}$, da wir die Abfälle, die J_{0a} in der Wicklung von Wandler a verursacht, vernachlässigen dürfen; letzterer nimmt bei $E_{2a}=1{,}5V$ nach Abb. 116 die Ströme

$$J_{ma}=33\,\text{mA}, \quad J_{wa}=7\,\text{mA}, \quad \text{also } J_{0a}=\sqrt{33^2+7^2}\approx 34\,\text{mA}$$

auf. Ferner ist:

$$\operatorname{tg}\psi = \frac{J_{wa}}{J_{ma}} = \frac{7}{33} = 0{,}212, \quad \psi = 12°;$$

J_{0a} bleibt gegen K_2 und auch gegen den Strom J_2, welcher (vgl. Abb. 117) senkrecht von oben nach unten gerichtet ist, um $90°-\psi = 78°$ zurück. Nun zeichnet man das Diagramm des Stromwandlers, wie oben unter XII B) angegeben, für $J_2=5A$, $R=0{,}3\,\Omega$, $\varphi_2=0$ auf, ohne Rücksicht auf Wandler a, denkt sich also diesen von der Spule S abgeschaltet[2]). An den so gefundenen Endpunkt des Primärstromes hat man noch den

---

[1]) So sind die Teilungen auf den Achsen in Abb. 121 gewonnen; man hätte auch dieselben Teilungen wie in Abb. 117 benutzen können, dann hätte man die am Maßstab rechts abgegriffenen Längen im Verhältnis $\frac{5000}{5570}$ verkleinert ins Diagramm einzeichnen müssen.

[2]) Wir dürfen nämlich die Spannungsverluste, da sie eigentlich nur eine Korrektion bedeuten, gleich $J_2 R_2$ und $J_2 X_2$ setzen, also $J_{0a} = 34$ mA gegen $J_2 = 5000$ mA vernachlässigen. Es ist demnach J_{0a} auf E_{2b} und daher J_{mb} und J_{wb} praktisch ohne Einfluß.

umgeklappten Leerlaufstrom $J_{0a} = 34$ mA anzusetzen; damit hat man den Endpunkt von J_1 bei eingeschaltetem Wandler a. Das Diagramm würde ergeben: $\delta^{(\prime)} = 47{,}1'$, $J_1 = 1{,}0088\, J_2$, also bei $s_1 = 1{,}0166\, s_2$ und $U_\Re = 5:5\, A$

$$\varDelta_J = 1{,}66 - 0{,}88 = +0{,}78\%\,.$$

Überbrückt man die Primärklemmen des Wandlers a durch einen Widerstand, so nimmt er mehr Strom auf; der Fehler wird größer. Schließt man die Primärklemmen kurz, so entsteht ein sehr großer Stromfehler und Fehlwinkel, denn der Scheinwiderstand von Wandler a bei Kurzschluß beträgt

$$Z = \sqrt{(R_1 + R_2)^2 + (X_1 + X_2)^2}$$
$$= \sqrt{(0{,}35 + 0{,}25)^2 + (0{,}3 + 0{,}3)^2} = 0{,}85\, \Omega$$

bei $f = 50$. Man sieht also, daß der Scheinwiderstand des zur Spule S parallel geschalteten Wandlers nicht ganz 3 mal so groß ist als der Widerstand von Spule + Leitung, der Messung also einen sehr bedeutenden Teil des Stromes J_{2b} entzieht.

9. Untersuchungen an Meßwandlern.

A) Allgemeines. In erster Linie handelt es sich darum, die Übersetzung U oder die Strom- und Spannungsfehler und den Fehlwinkel δ zu bestimmen.

Das früher zur Bestimmung von U angewandte Verfahren, die primären und die sekundären Größen mit Spannungsmessern bzw. Strommessern zu messen, gewährleistet keine große Genauigkeit, da bei diesen Meßinstrumenten mit Fehlern von etwa $0{,}2\%$ gerechnet werden muß. Hat nun gar das Instrument, das die primäre Größe mißt, einen Plusfehler von $0{,}2\%$, das sekundäre einen gleichen Minusfehler, so wird die Übersetzung um $0{,}4\%$ falsch gemessen. Dieses Verfahren kommt daher bei der Forderung, daß die Übersetzung auf $0{,}5\%$ (Anforderungen an beglaubigungsfähige Wandler) genau sein soll, nicht mehr in Betracht.

Bei den neuzeitlichen Wandlerprüfeinrichtungen verwendet man das bei genauen Gleichstrommessungen längst übliche Kompensationsverfahren (Abb. 122). Bei der gewählten Polarität ist das Potential P_A bzw. P_B auf irgendeinem Punkt der induktionslosen Widerstände R_A und R_B, über die die Batterien A und B geschlossen sind, niedriger als das Potential von X; setzen wir dieses gleich Null, so ist

$$P_A = -J_A R_A, \quad P_B = -J_B R_B\,.$$

Die Potentialdifferenz, die den Strom durch das Galvanometer G treibt, ist $P_A - P_B = J_B R_B - J_A R_A$. Verschiebt man den Kontakt c so lange, bis das Galvanometer keinen Ausschlag mehr gibt, so ist
$$P_A - P_B = 0, \quad \text{also} \quad J_A R_A = J_B R_B.$$
Natürlich kann man auch abgleichen, wenn beide Ströme umgekehrte Richtung haben, dann ist das Potential auf den Widerständen höher als das von X; dagegen ist eine Abgleichung nicht möglich, wenn J_A und J_B verschiedene Richtungen haben.

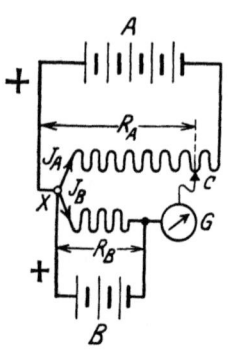

Abb. 122. Kompensationsschaltung. G gibt keinen Ausschlag, falls $J_A R_A = J_B R_B$.

Wenn wir das Kompensationsverfahren bei Wechselstrom anwenden, wobei die beiden Stromquellen A und B gleiche Frequenz haben müssen, hat man die Potentialdifferenz $[P_A - P_B = J_B R_B - J_A R_A]$ geometrisch zu bilden (Abb. 123); damit sie Null wird, müssen $J_A R_A$ und $J_B R_B$ erstens zahlenmäßig gleich und zweitens phasengleich sein. Der Galvanometerausschlag Null zeigt also, daß diese beiden Bedingungen erfüllt sind.

Bei der Wandlerprüfeinrichtung wird als Galvanometer gewöhnlich ein Vibrationsgalvanometer von großer Empfindlichkeit verwendet, so daß man die abzulesenden Größen (z. B. R_A) sehr genau einstellen kann. Da sich außerdem die Präzisionswiderstände mit einer großen Genauigkeit herstellen lassen, kann man mit diesen Verfahren die

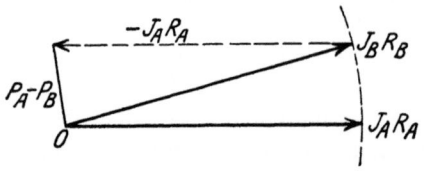

Abb. 123. Wenn bei Wechselstrom G keinen Ausschlag gibt, ist $J_A R_A$ und $J_B R_B$ gleich und phasengleich.

Übersetzung auf einige Zehntel Promille und den Fehlwinkel auf wenige Minuten genau bestimmen.

Wir wollen nur die Prüfeinrichtungen der Reichsanstalt betrachten, da diese in Deutschland fast ausschließlich verwendet werden[1]).

---

[1]) Andere Prüfverfahren s. Gewecke: Elektrische Kraftbetriebe und Bahnen 1914, Heft 8, S. 141.

B) **Die Prüfeinrichtung der Reichsanstalt für Stromwandler**[1]) ist in Abb. 124 dargestellt.

Alle Widerstände sind induktionslos, nur der Belastungswiderstand R_w kann natürlich auch induktiv sein. R_1 und R_2 sind Normalwiderstände; an R_1 liegt ein Widerstand R_a, von dem ein Teil R' durch den Kontakt c an dem Schleifdraht S abgegriffen werden kann. Ein regelbarer Kondensator C, an dem die eingestellte Kapazität in Mikrofarad (C_μ) abgelesen werden kann, liegt parallel zu R_4, kann aber auch mittels eines (nicht gezeichneten) Umschalters an die Punkte $a\,e$ gelegt werden.

Das Vibrationsgalvanometer VG, welches als Nullinstrument benutzt wird, liegt einerseits am Kontakt c, andererseits am Drehpunkt eines (nicht gezeichneten) Kurbelumschalters, mittels dessen es an viele Punkte eines zu R_2 parallel liegenden Widerstandes R_b angeschlossen werden kann.

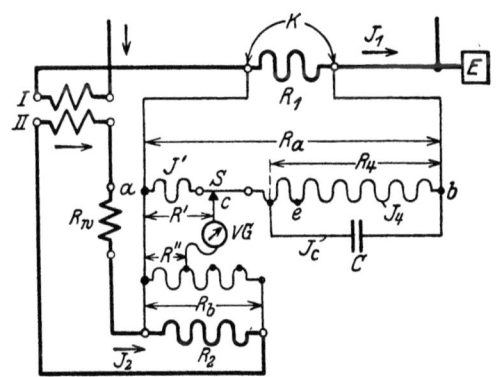

Abb. 124. Prüfeinrichtung der Reichsanstalt für Stromwandler.

So wird ein in weiten Grenzen wählbarer Bruchteil $(R'' : R_b)$ des sekundären Abfalles über das Vibrationsgalvanometer gegen einen Bruchteil $(R' : R_a)$ des primären Abfalles geschaltet. Dadurch wird es, wie wir später sehen werden, möglich, mittels **weniger** primärer Normalwiderstände den Stromfehler bei Wandlern mit sehr verschiedener Übersetzung **direkt** abzulesen. Der in R_a fließende Zweigstrom ist gegen den in R_1 fließenden sehr klein.

Den Strom J' im Abgleichwiderstand R' kann man, je nachdem der Kondensator an R_4 oder an $a\,e$ gelegt ist, gegen K,

---

[1]) Näheres s. Zeitschrift für Instrumentenkunde Bd. 37, S. 98. 1917, und Drucksachen der Fa. Hartmann & Braun, welche diese Einrichtung und auch die zur Prüfung von Spannungswandlern (s. XII, 9, C) baut. S. auch Schering und Alberti: Archiv für Elektrotechnik Bd. 2, S. 263. 1914 (ältere Einrichtung der Reichsanstalt).

also J_1, vor- bzw. rückwärts verschieben (s. unten) und so mit J_2 in Phase bringen. Hat man durch Verschieben des Kontaktes c (Änderung von R') und Einstellen des Kondensators C erreicht, daß das Galvanometer keinen Ausschlag mehr gibt, so ist J' in Phase mit J_2, und $\not\prec J'/J_1 = \not\prec J'/K$ ist der Fehlwinkel δ; es ist für $f = 50$, wie wir zeigen werden, bei der Prüfeinrichtung der Reichsanstalt

$$\delta^{(')} = +100\, C_\mu \text{ Minuten} \qquad (2)$$

oder

$$\delta^{(')} = -50\, C_\mu \text{ Minuten,} \qquad (3)$$

je nachdem dabei C an R_4 oder an ae gelegt ist. Da C_μ von $0 \div 1\, \mu F$ verstellbar ist, können Wandler mit Fehlwinkeln, die zwischen $+100'$ und $-50'$ liegen, gemessen werden. Den Ausschlag Null kann man fast stets bei der ersten Schaltung (C an R_4) herbeiführen, da das umgeklappte J_2 fast stets gegen J_1 voreilt ($\delta > 0$, s. Abb. 117). Ist ausnahmsweise bei dem zu prüfenden Wandler $\delta < 0$, so kann nur nach Umlegen von C an ae der Ausschlag Null herbeigeführt werden.

Ferner ist beim Ausschlag Null die Spannung an R' gleich der an R'', also

$$J_1 R_I \frac{R'}{R_a} = J_2 R_{II} \frac{R''}{R_b}\,^1)$$

und

$$\frac{J_1}{J_2} = \frac{R_{II}}{R_I} \cdot \frac{R_a}{R'} \cdot \frac{R''}{R_b} = U, \qquad (4)$$

wo R_I und R_{II} die Widerstände der Normalwiderstände mit ihren Parallelwiderständen bedeuten, also

$$R_I = \frac{R_1 \cdot R_a}{R_1 + R_a} \quad \text{und} \quad R_{II} = \frac{R_2 \cdot R_b}{R_2 + R_b}$$

ist. Bei der Prüfeinrichtung der Reichsanstalt ist $R_a = 200\, \Omega$; R' ist um den Widerstand des Schleifdrahtes ($3\, \Omega$) von $48{,}5 \div 51{,}5\, \Omega$ veränderlich. Wenn der Kontakt c in der Mitte von S steht, ist $R' = 50\, \Omega$; der Schleifdraht hat von der Mitte (Teilstrich Null) aus nach beiden Seiten Teilungen, bei denen 1 Teilstrich $0{,}05\, \Omega = 1^0/_{00}$ von $50\, \Omega$ bedeutet. Ferner ist $R_b = 100\, \Omega$; R'' ist in Sprüngen

---

[1]) Der Kondensator ist, weil er auf die Größe der Ströme praktisch keinen Einfluß hat (s. unten), nicht berücksichtigt.

9. Untersuchungen an Meßwandlern.

von je $0{,}5\,\Omega$ zwischen $0{,}5\,\Omega$ und $100\,\Omega$ wählbar. Die Gleichung 4 lautet daher für die Prüfeinrichtung der Reichsanstalt

$$U = \frac{R_{II}}{R_I} \cdot \frac{200}{R'} \cdot \frac{R''}{100} = \left[\frac{R_{II}}{R_I} \cdot \frac{200}{100} \cdot \frac{R''}{50}\right] \cdot \frac{50}{R'}.$$

Für Wandler mit $J_{2\Re} = 5\,A$ — es kommen praktisch nur solche vor — wählt man $R_2 = 0{,}1001\,\Omega$, so daß also

$$R_{II} = \frac{R_2 \cdot R_b}{R_2 + R_b} = \frac{0{,}1001 \cdot 100}{100{,}1001} = 0{,}1000\,\Omega \text{ wird.}$$

R_1 wird nach der folgenden Tabelle gewählt:

$J_{1\Re}$	R_1	$R_I = \dfrac{R_1 \cdot 200}{R_1 + 200}$
Amp.	Ω	Ω
$\div 1$	2,0202	2,000
über $1 \div 10$	0,2002	0,200
,, $10 \div 100$	0,020002	0,020
,, $100 \div 1000$	0,002000	0,002

R'' wird nun so eingestellt, daß die eckige Klammer gleich der Nennübersetzung $U_\Re$ des zu prüfenden Wandlers wird, dann ist

$$U = U_\Re \cdot \frac{50}{R'},$$

und man kann den Stromfehler $\varDelta_J$ direkt ablesen; zur Prüfung von Meßwandlern bis $1000\,A$ sind nur vier Primärnormale nötig.

Beispiel: Ein Wandler mit $U_\Re = \frac{60}{5}\,A$ soll geprüft werden. $R_I = 0{,}02$; $R_{II} = 0{,}1$; R'' wird aus der Gleichung

$$\left[\frac{0{,}1}{0{,}02} \cdot \frac{200}{100} \cdot \frac{R''}{50}\right] = \frac{60}{5}$$

zu $R'' = 60\,\Omega$ gefunden.

Tritt der Ausschlag Null ein, wenn c auf Teilstrich Null steht ($R' = 50\,\Omega$), so hat der Wandler genau die Nennübersetzung $\frac{60}{5}\,A$, tritt er ein, wenn c um 2 Teilstriche nach rechts steht ($R' > 50\,\Omega$), so ist J_2 um $2\,\%_{00}$ größer als $U_\Re$ entspricht: $\varDelta_J = +2\,\%_{00}$.

Wir wollen nun die Gleichungen 2 und 3, die zur Bestimmung des Fehlwinkels benutzt werden, mittels des Diagramms Abb. 125 ableiten. Es sei der Kondensator an R_4 gelegt und die Kapazität C Farad eingestellt.

Beim Aufzeichnen des Diagramms beginnen wir mit J_4, welches wir als gegeben annehmen wollen. Mit J_4 in Phase liegt $J_4 R_4$, um $90°$ voreilend zeichnen wir

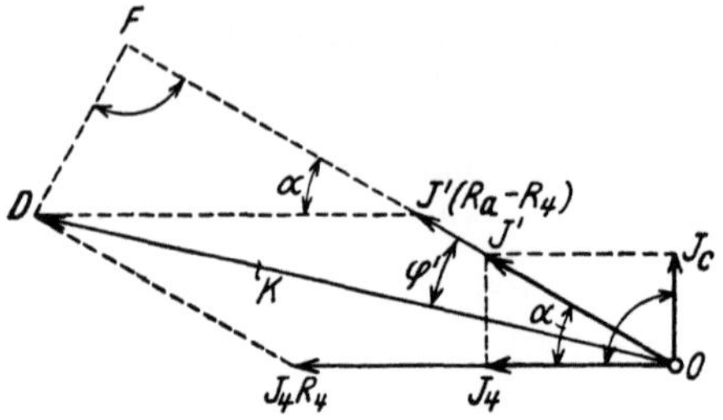

$$J_c = J_4 R_4 \omega C\ {}^1)$$

und bilden $[J' = J_4 + J_c]$. In dem übrigen Ohmschen Widerstand $R_a - R_4$ tritt der mit J' in Phase befindliche Abfall $J'(R_a - R_4)$ auf. Durch Zusammensetzen von $J'(R_a - R_4)$ und $J_4 R_4$ erhält man die an R_1 herrschende Klemmenspannung K. Aus dem Diagramm folgt:

Abb. 125. Diagramm zu Abb. 124.

$$\operatorname{tg}\varphi' = \frac{\overline{DF}}{\overline{OF}} = \frac{J_4 R_4 \sin\alpha}{J'(R_a - R_4) + J_4 R_4 \cos\alpha} = \frac{J_4 R_4 \operatorname{tg}\alpha}{J'(R_a - R_4):\cos\alpha + J_4 R_4}.$$

Da nun:

$$J' = \sqrt{J_4^2 + J_c^2} = J_4 \sqrt{1 + (R_4 \omega C)^2}$$

und

$$\operatorname{tg}\alpha = \frac{J_c}{J_4} = R_4 \omega C \text{ und } \cos\alpha = \frac{1}{\sqrt{1+\operatorname{tg}^2\alpha}} = \frac{1}{\sqrt{1 + (R_4 \omega C)^2}},$$

wird

$$\operatorname{tg}\varphi' = \frac{J_4 R_4^2 \omega C}{J_4 \sqrt{(1 + (R_4 \omega C)^2)} \cdot (R_a - R_4) + J_4 R_4}.$$

C kann höchstens 10^{-6} Farad werden, die dicke Klammer ist praktisch gleich Eins, und es wird:

$$\varphi' = \frac{R_4^2 \omega C}{R_a} \cdot 3440 \text{ Minuten,} \tag{5}$$

da φ' klein ist [2]).

Für den Apparat der Reichsanstalt mit

$$R_4 = 136{,}1\ \Omega, \quad R_a = 200\ \Omega$$

ergibt die Gleichung 5 für die Frequenz 50

$$\varphi' = 10^8 C = 100\ C_\mu \text{ Minuten,}$$

wenn C an R_4 liegt; bei der Frequenz f ist der Winkel $\frac{f}{50}$ mal so groß; da J' gegen den in R_1 fließenden Strom sehr klein, ist J_1 praktisch in Phase mit K, φ' ist der Fehlwinkel.

---

[1]) Siehe V, 6.
[2]) Siehe F. N. 1, S. 100.

9. Untersuchungen an Meßwandlern.

Die Nacheilung des in dem zu C parallel liegenden Widerstand (R_4) fließenden Stromes gegen K und J_1 ist

$$\alpha - \varphi' = \left(R_4\,\omega\,C - \frac{R_4^2\,\omega\,C}{R_a}\right) \cdot 3440 \text{ Minuten}[1].$$

Legt man C an $a\,e$, so wird dieser Strom zur Abgleichung benutzt; da der Widerstand zwischen $a\,e$ 72,8 Ω beträgt, so erhält man für $f = 50$ aus der letzten Gleichung für den Fehlwinkel:

$$72{,}8 \cdot 314 \cdot C \left(1 - \frac{72{,}8}{200}\right) \cdot 3440 = 0{,}5 \cdot 10^8 \cdot C = 50\,C_\mu \text{ Minuten.}$$

Einfluß des Kondensators auf den in R' fließenden Strom J'.
Die Gleichung 4 für die Bestimmung der Übersetzung haben wir unter Vernachlässigung des Kondensators C abgeleitet, also angenommen, daß $J' = \dfrac{K}{R_a}$ sei. Wir wollen nun zeigen, daß sich J' tatsächlich durch Zuschalten des Kondensators bei den gewählten Verhältnissen nur ganz wenig ändert.

Wenn wir C zu R_4 parallel legen, wird der Scheinwiderstand von $a\,S\,b$ kleiner als R_a, also J' zu groß. Indem man den von J_4 in R_a verursachten Spannungsverlust mit dem von J_c in $(R_a - R_4)$ verursachten rechtwinklig zusammensetzt, erhält man K:

$$(J_4\,R_a)^2 + (J_c(R_a - R_4))^2 = K^2$$

oder, da $J_c = J_4\,R_4\,\omega\,C$,

$$J_4 = \frac{K}{\sqrt{R_a^2 + ((R_a - R_4) \cdot R_4\,\omega\,C)^2}} = \frac{K}{R_a} \cdot \frac{1}{\sqrt{1 + \left(\dfrac{R_a - R_4}{R_a} \cdot R_4\,\omega\,C\right)^2}}; \quad (6)$$

da nun, wie oben gezeigt,

$$J' = J_4\sqrt{1 + (R_4\,\omega\,C)^2}$$

wird

$$J' = \frac{K}{R_a} \cdot \frac{\sqrt{1 + (R_4\,\omega\,C)^2}}{\sqrt{1 + ((1 - R_4 : R_a) \cdot R_4\,\omega\,C)^2}} > \frac{K}{R_a}.$$

Wenn man darin die Werte $R_a = 200\,\Omega$, $R_4 = 136{,}1\,\Omega$ und die größtmögliche Kapazität $C = 10^{-6}$ — entsprechend $C_\mu = 1\,\mu F$ — einsetzt, findet man, daß bei $f = 50$ J' um rd. 0,8 ⁰/₀₀ größer ist als bei $C = 0$. Man mißt also bei einem Wandler mit $\delta = +100'$ die Übersetzung um $\approx 0{,}8\,^0/_{00}$ falsch, und zwar wird, da J' zu groß, ein zu kleines R' abgelesen. Die tatsächliche Übersetzung ist zufolge Gleichung 4 kleiner als die gemessene.

---

[1]) α und φ' sind klein; sie sind in Abb. 125 der Deutlichkeit halber viel zu groß gezeichnet: $\alpha \leq 136{,}1 \cdot 314 \cdot 10^{-6} \cdot 3440 \leq 147'$; $\varphi' \leq 100'$; deshalb kann man statt der Tangente den Bogen setzen.

Wir betrachten jetzt den Fall, daß C an ae liegt: Wie Gleichung 6 zeigt, ist der in dem zum Kondensator parallel liegenden Widerstand fließende Strom kleiner als $\dfrac{K}{R_a}$, also etwas zu klein; die tatsächliche Übersetzung ist hier größer als die gemessene, doch ist der Fehler außerordentlich klein, da in der Gleichung 6 unter der Wurzel $((200 - 72{,}8) \cdot 72{,}8 \cdot 314 \cdot 10^{-6})^2$ gegen $(200)^2$ vollständig vernachlässigt werden kann.

C) **Die Prüfeinrichtung der Reichsanstalt für Spannungswandler.** Diese beruht auf derselben Grundlage wie die zur Prüfung von Stromwandlern. Die Schaltung zeigt Abb. 126. Natürlich sind sämtliche Widerstände der Meßeinrichtung in-

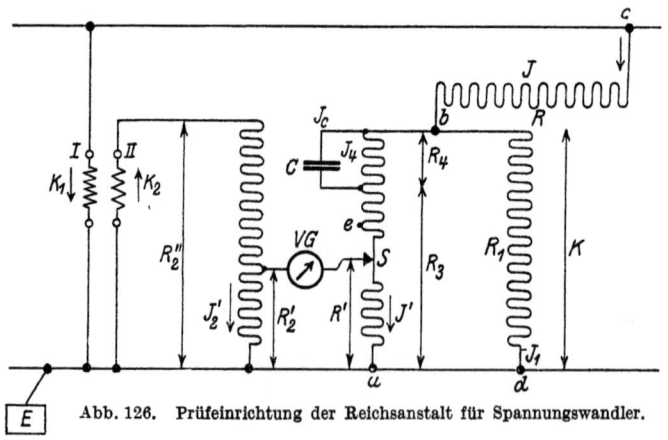

Abb. 126. Prüfeinrichtung der Reichsanstalt für Spannungswandler.

duktionslos; Abb. 127 gibt das Diagramm. Der Kondensator C ist, falls $-K_2$ gegen K_1 **voreilt** ($\delta > 0$), was sehr häufig der Fall ist, an R_4, falls es **nacheilt** ($\delta < 0$), mittels eines (nicht gezeichneten) Umschalters an die Punkte ae (Widerstand R_5) zu legen. In beiden Fällen ist, wenn man durch Regeln von R' und C den Ausschlag Null herbeigeführt hat, wie wir unten zeigen werden,

$$\delta^{(\prime)} = \pm\, 100\, C_\mu \text{ Minuten.}$$

Da C wieder von $0 \div 1\,\mu F$ verstellbar ist, können Wandler mit Fehlwinkeln von $+100'$ bis $-100'$ geprüft werden.

Ferner ist beim Ausschlag Null

$$J' R' = J'_2 R'_2,$$

9. Untersuchungen an Meßwandlern.

also, da $R_3 + R_4 = R_1$,

$$\frac{K_1 R'}{2\left(R + \frac{R_1}{2}\right)} = \frac{K_2 R'_2}{R''_2}$$

und

$$U = \frac{K_1}{K_2} = \frac{2 R'_2 \left(R + \frac{R_1}{2}\right)}{R''_2 R'}.$$

Bei der Prüfeinrichtung der Reichsanstalt ist R'_2, R''_2 und R je nach der Übersetzung des zu prüfenden Wandlers wählbar; ferner ist stets $R_1 = R_3 + R_4 = 500\,\Omega$, R' ist um den Widerstand des Schleifdrahtes $(3\,\Omega)$ von $98{,}5 \div 101{,}5\,\Omega$ veränderlich. Wenn der Kontakt in der Mitte von S steht, ist $R' = 100\,\Omega$; der Schleifdraht hat von der Mitte (Teilstrich Null) aus nach beiden Seiten Teilungen, bei denen 1 Teilstrich $0{,}1\,\Omega = 1\,^0/_{00}$ von $100\,\Omega$ bedeutet,

Die Gleichung für U lautet daher für die Prüfeinrichtung der Reichsanstalt:

$$U = \frac{2 R'_2 (R + 250)}{R''_2 \cdot R'} = \left[\frac{2 R'_2 (R + 250)}{100 \cdot R''_2}\right] \cdot \frac{100}{R'}.$$

Man wählt die eckige Klammer gleich der Nennübersetzung des zu prüfenden Wandlers; dann ist

$$U = U_\mathfrak{N} \cdot \frac{100}{R'}$$

und man kann $\varDelta_K$ wieder direkt ablesen.

Beispiel: Ein Wandler mit $U_\mathfrak{N} = \frac{10\,000}{100}\,V$ soll geprüft werden; man wählt

$R = 499\,750\,\Omega$, also $R + 250 = 500\,000\,\Omega$ und $R''_2 = 10\,000\,\Omega$[1]).

Dann ergibt sich, indem man die eckige Klammer gleich $10\,000:100$ setzt, $R'_2 = 100\,\Omega$. Steht der Gleitkontakt bei Ausschlag Null genau auf dem Teilstrich Null des Schleifdrahtes

---

[1]) Dabei hat man folgendes zu beachten: Je kleiner man R''_2 und R wählt, desto größer sind die Ströme und daher die an R'_2 und R' herrschenden Spannungen, also die Empfindlichkeit der Messung; andererseits darf man natürlich die für die Widerstände zulässige Strombelastung nicht überschreiten.

($R' = 100\,\Omega$), so ist $U = U_\mathfrak{R}$, $\varDelta_K = 0$; steht er dagegen auf dem Teilstrich 2 nach oben ($R' = 100{,}2$), so ist der Spannungsfehler $\varDelta_K = +\,2\,^0/_{00}$ [1]).

Die Widerstände R und R_1 bilden den „Spannungsteiler", er sorgt dafür, daß von der Primärspannung K_1 ein kleiner, **ganz bestimmter** Bruchteil (K) an dem Meßzweig $R_3 + R_4$ herrscht. Man könnte die Widerstände R und R_1 wegnehmen und den Meßzweig an die Sekundärwicklung eines Normalwandlers von geeigneter Nennübersetzung U_0 anschließen, dessen Primärwicklung an c und d liegt. Wie man leicht erkennt, geht dann die obige Gleichung für U über in

$$U = \left[U_0\,\frac{R_2'\cdot R_1}{100\cdot R_2''}\right]\cdot\frac{100}{R'}\,.$$

Wenn man die eckige Klammer gleich $U_\mathfrak{R}$ macht, kann man wieder $\varDelta_K$ direkt ablesen. Entsprechend den verschiedenen Primärspannungen benötigt man eine Anzahl — bei Wandler bis $50\,000\,V$ vier — Normalwandler, von denen jeder in einem bestimmten Spannungsbereich benutzt wird. Ihre Spannungsfehler und Fehlwinkel, die über den ganzen Bereich genau bekannt sein müssen, hat man zu den an der Prüfeinrichtung abgelesenen **algebraisch** zu addieren, um die des zu untersuchenden Wandlers zu erhalten. In der Tat verwendet man statt der Spannungsteiler, welche besonders für hohe Spannungen empfindliche und sperrige Geräte sind, vielfach Normalwandler.

Wir leiten jetzt die Gleichungen für den Fehlwinkel ab.
Liegt C an R_4, so ist nach Gleichung 5

$$\varphi' = \sphericalangle J'/K = \frac{R_4^2\,\omega\,C}{R_3 + R_4} = \frac{R_4^2\,\omega\,C}{R_1}\cdot 3440\ \text{Minuten}.$$

Da $J' \approx \dfrac{K}{R_1}$ (Beweis wie oben beim Stromwandler), also praktisch gleich J_1, ist (s. Abb. 127)

$$\sphericalangle J'/J = \frac{\varphi'}{2}\,.$$

Nun ist aber, da K nahezu in Phase mit J und da K sehr klein[2]) gegen JR

---

[1]) In Abb. 126 ist der Wandler nur durch R_3'', also fast nicht belastet; natürlich kann man bei der Prüfung auch eine beliebige Belastung an seine Sekundärklemmen anschließen.

[2]) In Abb. 127 ist der Deutlichkeit halber K viel zu groß gezeichnet; in obigem Beispiel beträgt K nur etwa $^1/_2\,^0/_{00}$ von K_1.

9. Untersuchungen an Meßwandlern. 235

ist, der Strom J praktisch in Phase mit der Primärspannung K_1, also

$$\sphericalangle J'/K_1 = \frac{\varphi'}{2}.$$

Nach erfolgter Abgleichung ist J' in Phase mit $-K_2$, daher

$$\sphericalangle -K_2/K_1 = \delta^{(\prime)} = \frac{\varphi'}{2} = \frac{R_4^2\, \omega\, C}{2\, R_1} \cdot 3440 \text{ Minuten}.$$

Da $R_4 = 304{,}4\, \Omega$, $R_1 = 500\, \Omega$, ergibt sich für $f = 50$ der Fehlwinkel

$$\delta^{(\prime)} = 100\, C_\mu \text{ Minuten}.$$

Wenn $-K_2$ gegen K_1 nacheilt, legt man C an ae mit dem Widerstand $R_5 = 103{,}4\, \Omega$. Dann hat der in R' fließende Strom, und beim Ausschlag Null auch $-K_2$, gegen J und K_1 die Nacheilung:

$$\alpha - \frac{\varphi'}{2} = \left(R_5\, \omega\, C - \frac{R_5^2\, \omega\, C}{2\, R_1}\right) \cdot 3440 \text{ Minuten}.$$

Wenn man darin $R_5 = 103{,}4\, \Omega$ und $R_1 = 500\, \Omega$ einsetzt, ergibt sich für $f = 50$

$$\delta^{(\prime)} = 10^8\, C = 100\, C_\mu \text{ Minuten}.$$

D) **Prüfung der Klemmenbezeichnung.** Um die Meßwandler richtig anschließen zu können (s. Schaltbilder Abb. 104 und 106), müssen die Klemmen bezeichnet sein. Die Bezeichnung wird in der Werkstätte, wo man den Wicklungssinn der Spulen und den Anschluß ihrer Enden verfolgen kann, aufgeschrieben, muß aber im Prüffeld bei jedem Wandler nachgeprüft werden.

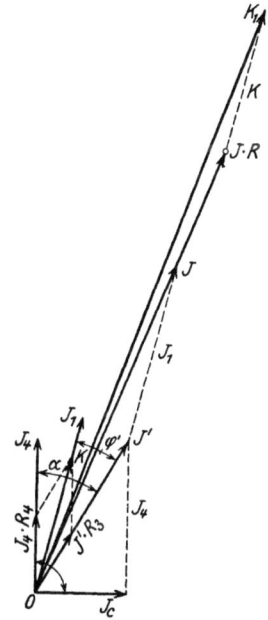

Abb. 127. Diagramm zu Abb. 126.

Bei den Prüfeinrichtungen B) und C) prüft man zuerst einen Wandler, von dem man weiß, daß die Bezeichnung I, II (Abb. 26 und 104) richtig angebracht ist. Man schließt dann alle zu prüfenden Wandler hinsichtlich ihrer Klemmen I, II an die Prüfeinrichtung in genau derselben Weise an. Ist bei einem die Bezeichnung falsch angebracht, so kann man nicht abgleichen. Stehen solche Prüfeinrichtungen nicht zur Verfügung, so schaltet man die auf richtige Bezeichnung zu prüfenden Spannungs- oder Stromwandler X mit Wandlern N, deren Bezeichnung bestimmt richtig ist, nach

Abb. 128 bzw. Abb. 129 zusammen. Wenn die an X angebrachten Bezeichnungen richtig sind, haben (Abb. 128) die Sekundärspannungen, die phasengleich sind, im gleichen Moment die Richtung der beigezeichneten Pfeile, es zeigt also V die Differenz von V_N und V_X.

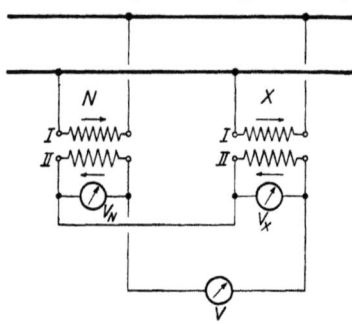

Abb. 128. Prüfung der Klemmenbezeichnung bei Spannungswandlern.

Entsprechendes gilt für Stromwandler. Wenn X richtig bezeichnet ist, haben (in Abb. 129) die Sekundärströme, die phasengleich sind, im gleichen Moment die Richtung der beigezeichneten Pfeile.

Es ist

$$J + J_X = J_N$$

oder

$$J = J_N - J_X.$$

Es muß also der mittlere Strommesser die Differenz der beiden äußeren zeigen.

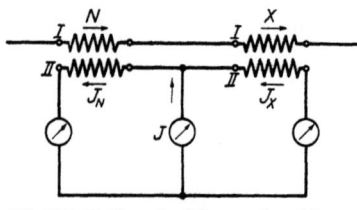

Abb. 129. Prüfung der Klemmenbezeichnung bei Stromwandlern.

XIII. Messungen mit dem Wechselstromkompensator an Wandlern und Zählern[1]).

1. J_m und J_w eines Stromwandlers. Der Wechselstromkompensator gestattet, kleine Wechselspannungen ohne Stromverbrauch zu messen. Abb. 130 zeigt die Schaltung desselben, um bei einem Stromwandler J_m und J_w in Abhängigkeit von E_2 zu bestimmen (Abb. 116). Der Generator G_1 sendet einen Strom J_e durch einen Strommesser und einen induktionslosen Widerstand. Am Anfang desselben ist das Vibrationsgalvanometer VG fest angeschlossen. Ein Schleifkontakt c gestattet, einen beliebigen, ab-

---

[1]) Näheres s. v. Krukowski: Vorgänge in der Scheibe eines Induktionszählers und der Wechselstromkompensator als Hilfsmittel zu deren Erforschung. Berlin: Julius Springer 1920.

1. J_m und J_w eines Stromwandlers.

lesbaren Teil R_c des Widerstandes abzugreifen. Ein zweiter Generator G_2 von gleicher Polzahl, dessen Magnetrad mit demjenigen von G_1 gekuppelt ist und der einen verdrehbaren Stator besitzt, sendet den Strom J_0 durch den induktionslosen Widerstand R_0 und die Primärwicklung des Stromwandlers[1]). Wir verbinden d mit a und f mit b und bringen das Vibrationsgalvanometer durch Verschieben von c und Verdrehen des Stators von G_2 auf Null. Dann ist $J_0 R_0 = J_c R_c$. Da J_c, R_c und R_0 bekannt, können $J_0 R_0$ und J_0 bestimmt werden. Dann verbinden wir d mit b und f mit g und verfahren ebenso.

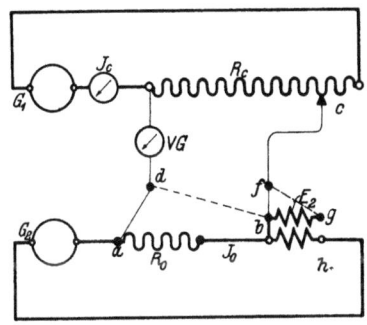

Abb. 130. Kompensationsschaltung für Wechselstrom. (Anwendung zur Bestimmung von J_m und J_w eines Stromwandlers.)

Diese Messung gibt E_2. Endlich legen wir d an a und f an g und bestimmen so die zwischen a und g herrschende Spannung K_{ag}. Natürlich muß während der ganzen Messung J_0 unverändert bleiben. Aus $J_0 R_0$, E_2 und K_{ag} konstruieren wir ein Dreieck (Abb. 131). Auf der Linie $J_0 R_0$ tragen wir J_0 auf. Die Projektion auf die Richtung von E_2 und auf eine dazu senkrechte Richtung gibt J_w bzw. J_m.

Man kann aber auch den Phasenverschiebungswinkel zwischen J_0 und E_2 direkt messen, wenn eine Gradteilung vorhanden ist, an der man die Verdrehung des Stators ablesen kann. Die Generatoren seien z. B. vierpolig; dann kommen auf den ganzen Umfang (360°) zwei volle Perioden, und wenn man den Stator von G_2 um $\alpha°$ verdreht, ändert sich dabei die Phase von J_0 und E_2 um 2α. Bei der ersten Messung (Verbindungen da und fb) war J_0, bei der zweiten (Verbindungen db und fg) war E_2 in Phase mit J_c. Es ist also der Phasenverschiebungswinkel zwi-

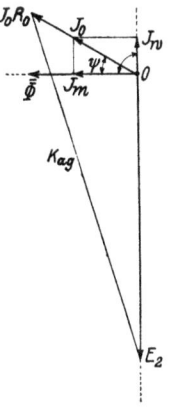

Abb. 131. Diagramm zu Abb. 130. Bestimmung von J_m und J_w.

---

[1]) Der Widerstand der Verbindungsleitung zwischen dieser und R_0 sei vernachlässigbar.

schen E_2 und J_0

$$\sphericalangle\, E_2 | J_0 = 2\,(\alpha_1 - \alpha_2),$$

wo α_1 und α_2 die Ablesungen an der Gradteilung bei der ersten und zweiten Messung waren.

2. J_0', K, E_K und E am Spannungseisen eines W-Zählers. Mit diesen Größen kann das Diagramm des Spannungskreises (Abb. 35, S. 86) aufgezeichnet werden. E_K und E werden an Hilfswicklungen bekannter Windungszahl (s) gemessen[1]), die vor dem Spannungspol bzw. unter der Spannungsspule (*15*, Abb. 33) angebracht sind. An Stelle der Primärwicklung des Stromwandlers wird in Abb. 130 die Spannungsspule des Zählers eingeschaltet. Die Spannung K daran kann man nicht direkt messen, da $J_c R_c$, selbst wenn der Kontakt c ganz rechts steht, nur wenige Volt beträgt; man legt daher an die Punkte $a\,h$ einen hohen Widerstand (R) mit zwei Abzweigklemmen, zwischen welchen z. B. $\dfrac{R}{20}$ liegt (Spannungsteiler). Die Punkte $d\,f$ werden nacheinander angelegt an R_0, die Abzweigklemmen des Spannungsteilers (Spannung K') und die beiden Hilfsspulen. Dabei wird jedesmal durch Verschieben von c und Drehen des Stators das Galvanometer VG auf Null gebracht und R_c sowie die Stellung des Stators an der Gradteilung abgelesen. So erhält man $J_0' = \dfrac{R_c J_c}{R_0}$, $K = 20\,K'$[2]), E_K und E und ihre gegenseitigen Phasenverschiebungen und kann das Diagramm des Spannungskreises aufzeichnen.

---

[1]) Die gemessenen Spannungen mal s' : s geben E_K bzw. E ($s' =$ Windungszahl der Spannungsspule).

[2]) Durch Benutzung des an $a\,h$ liegenden Spannungsteilers begeht man einen kleinen Fehler, indem man $[J_0' R_0 + K]$ statt K mißt; da jedoch $J_0' R_0$ gegen K sehr klein, ist der Fehler vernachlässigbar.

Verlag von Julius Springer in Berlin W 9

Messungen an elektrischen Maschinen. Apparate, Instrumente, Methoden, Schaltungen. Von Oberingenieur Dipl.-Ing. **Georg Jahn.** Fünfte, gänzlich umgearbeitete Auflage des von **R. Krause** begründeten gleichnamigen Buches. Mit 407 Abbildungen im Text und auf einer Tafel. (401 S.) 1925. Gebunden 21 Goldmark

Elektrotechnische Meßkunde. Von Dr.-Ing. **P. B. Arthur Linker.** Dritte, völlig umgearbeitete und erweiterte Auflage. Mit 408 Textfiguren. (583 S.) 1920. Unveränderter Neudruck. 1923.
Gebunden 11 Goldmark

Elektrotechnische Meßinstrumente. Ein Leitfaden. Von **Konrad Gruhn,** Oberingenieur und Gewerbestudienrat. Zweite, vermehrte und verbesserte Auflage. Mit 321 Textabbildungen. (227 S.) 1923.
Gebunden 7 Goldmark

Meßgeräte und Schaltungen für Wechselstrom - Leistungsmessungen. Von Oberingenieur **Werner Skirl.** Zweite, umgearbeitete und erweiterte Auflage. Mit 41 Tafeln, 31 ganzseitigen Schaltbildern und zahlreichen Textbildern. (258 S.) 1923.
Gebunden 8 Goldmark

Meßgeräte und Schaltungen zum Parallelschalten von Wechselstrom-Maschinen. Von Oberingenieur **Werner Skirl.** Zweite, umgearbeitete und erweiterte Auflage. Mit 30 Tafeln, 30 ganzseitigen Schaltbildern und 14 Textbildern. (148 S.) 1923. Gebunden 5 Goldmark

Die Prüfung der Elektrizitäts-Zähler. Meßeinrichtungen, Meßmethoden und Schaltungen. Von Dr.-Ing. **Karl Schmiedel.** Zweite, verbesserte und vermehrte Auflage. Mit 122 Abbildungen im Text. (165 S.) 1924. Gebunden 8.40 Goldmark

Der Wechselstromkompensator. Von Dr.-Ing. **W. v. Krukowski.** (Sonderabdruck aus der Abhandlung „Vorgänge in der Scheibe eines Induktionszählers und der Wechselstromkompensator als Hilfsmittel zu deren Erforschung".) Mit 20 Abbildungen im Text und auf einem Textblatt. (64 S.) 1920. 4 Goldmark

Verschleierung der Angaben von Elektrizitätszählern und Abhilfe. Von Prof. Dr.-Ing. **A. Geldermann.** Mit 109 Textabbildungen. (132 S.) 1923. 6 Goldmark

Verlag von Julius Springer in Berlin W 9

Hilfsbuch für die Elektrotechnik. Unter Mitwirkung namhafter Fachgenossen bearbeitet und herausgegeben von Dr. **Karl Strecker.** Zehnte, umgearbeitete Auflage. **Starkstromausgabe.** Mit 560 Abbildungen. (751 S.) 1925. Gebunden 13.50 Goldmark

Die wissenschaftlichen Grundlagen der Elektrotechnik. Von Prof. Dr. **Gustav Benischke.** Sechste, vermehrte Auflage. Mit 633 Abbildungen im Text. (698 S.) 1922. Gebunden 18 Goldmark

Kurzes Lehrbuch der Elektrotechnik. Von Prof. Dr. **Adolf Thomälen,** Karlsruhe. Neunte, verbesserte Auflage. Mit 555 Textbildern. (404 S.) 1922. Gebunden 9 Goldmark

Kurzer Leitfaden der Elektrotechnik für Unterricht und Praxis in allgemeinverständlicher Darstellung. Von Ingenieur **Rudolf Krause.** Vierte, verbesserte Auflage, herausgegeben von Prof. **H. Vieweger.** Mit 375 Textfiguren. (278 S.) 1920. Gebunden 6 Goldmark

Elektrische Starkstromanlagen. Maschinen, Apparate, Schaltungen, Betrieb. Kurzgefaßtes Hilfsbuch für Ingenieure und Techniker sowie zum Gebrauch an technischen Lehranstalten. Von Studienrat Dipl.-Ing. **Emil Kosack,** Magdeburg. Sechste, durchgesehene und ergänzte Auflage. Mit 296 Textfiguren. (342 S.) 1923.
5.50 Goldmark; gebunden 6.50 Goldmark

Schaltungen von Gleich- und Wechselstromanlagen. Dynamomaschinen, Motoren und Transformatoren, Lichtanlagen, Kraftwerke und Umformerstationen. Ein Lehr- und Hilfsbuch. Von Studienrat Dipl.-Ing. **Emil Kosack,** Magdeburg. Mit 226 Textabbildungen. (164 S.) 1922. 5 Goldmark

Grundzüge der Starkstromtechnik. Für Unterricht und Praxis. Von Dr.-Ing. **K. Hoerner.** Mit 319 Textabbildungen und zahlreichen Beispielen. (262 S.) 1923. 4 Goldmark; gebunden 5 Goldmark

Elektrische Schaltvorgänge und verwandte Störungserscheinungen in Starkstromanlagen. Von Prof. Dr.-Ing. und Dr.-Ing. e. h. **Reinhold Rüdenberg,** Berlin. Mit 477 Abbildungen im Text und 1 Tafel. (512 S.) 1923. Gebunden 20 Goldmark

Verlag von Julius Springer in Berlin W 9

Elektromaschinenbau. Berechnung elektrischer Maschinen in Theorie und Praxis. Von Dr.-Ing. **P. B. Arthur Linker,** Hannover. Mit 128 Textfiguren und 14 Anlagen. Erscheint im Oktober 1925

Elektrische Maschinen. Von **Rudolf Richter,** Professor an der Technischen Hochschule Karlsruhe, Direktor des Elektrotechnischen Instituts. In zwei Bänden.
Erster Band: **Allgemeine Berechnungselemente. Die Gleichstrommaschinen.** Mit 453 Textabbildungen. (640 S.) 1924.
Gebunden 27 Goldmark

Ankerwicklungen für Gleich- und Wechselstrommaschinen. Ein Lehrbuch von Prof. **Rudolf Richter,** Direktor des Elektrotechnischen Instituts Karlsruhe. Mit 377 Textabbildungen. (436 S.) 1920. Berichtigter Neudruck. 1922. Gebunden 14 Goldmark

Die Berechnung von Gleich- und Wechselstromsystemen. Von Dr.-Ing. **Fr. Natalis.** Zweite, völlig umgearbeitete und erweiterte Auflage. Mit 111 Abbildungen. (220 S.) 1924.
10 Goldmark; gebunden 11 Goldmark

Die symbolische Methode zur Lösung von Wechselstromaufgaben. Einführung in den praktischen Gebrauch. Von **Hugo Ring,** Ingenieur in Hamburg. Mit 33 Textfiguren. (58 S.) 1921.
2.30 Goldmark

Die Hochspannungs-Gleichstrommaschine. Eine grundlegende Theorie. Von Dr. **A. Bolliger,** Elektro-Ingenieur in Zürich. Mit 53 Textfiguren. (86 S.) 1921. 3 Goldmark

Die Elektrotechnik und die elektromotorischen Antriebe. Ein elementares Lehrbuch für technische Lehranstalten und zum Selbstunterricht. Von Dipl.-Ing. **Wilhelm Lehmann.** Mit 520 Textabbildungen und 116 Beispielen. (458 S.) 1922. Gebunden 9 Goldmark

Die Elektromotoren in ihrer Wirkungsweise und Anwendung. Ein Hilfsbuch für die Auswahl und Durchbildung elektromotorischer Antriebe. Von **Karl Meller,** Oberingenieur. Zweite, vermehrte und verbesserte Auflage. Mit 153 Textabbildungen. (167 S.) 1923.
4.60 Goldmark; gebunden 5.40 Goldmark

Verlag von Julius Springer in Berlin W 9

Der Drehstrommotor. Ein Handbuch für Studium und Praxis. Von Prof. **Julius Heubach,** Direktor der Elektromotorenwerke Heidenau, G. m. b. H. Zweite, verbesserte Auflage. Mit 222 Abbildungen. (601 S.) 1923.
Gebunden 20 Goldmark

Die asynchronen Drehstrommotoren und ihre Verwendungsmöglichkeiten. Von **Jakob Ippen,** Betriebsingenieur. Mit 67 Textabbildungen. (97 S.) 1924. 3.60 Goldmark

Die asynchronen Wechselfeldmotoren. Kommutator- und Induktionsmotoren. Von Prof. Dr. **Gustav Benischke.** Mit 89 Abbildungen im Text. (118 S.) 1920. 4.20 Goldmark

Die Transformatoren. Von Prof. Dr. techn. **Milan Vidmar,** Ljubljana. Zweite, verbesserte und vermehrte Auflage. Mit 320 Abbildungen im Text und auf einer Tafel. Erscheint im Herbst 1925

Der Quecksilberdampf-Gleichrichter. Von Ing. **Kurt Emil Müller.** Erster Band: **Theoretische Grundlagen.** Mit 49 Textabbildungen und 4 Zahlentafeln. (226 S.) 1925. Gebunden 15 Goldmark

Anlaß- und Regelwiderstände. Grundlagen und Anleitung zur Berechnung von elektrischen Widerständen. Von **Erich Jasse.** Zweite, verbesserte und erweiterte Auflage. Mit 69 Textabbildungen. (184 S.) 1924. 6 Goldmark; gebunden 6.80 Goldmark

Die elektrische Kraftübertragung. Von Oberingenieur Dipl.-Ing. **Herbert Kyser.** In 3 Bänden.
Erster Band: **Die Motoren, Umformer und Transformatoren.** Ihre Arbeitsweise, Schaltung, Anwendung und Ausführung. Zweite, umgearbeitete und erweiterte Auflage. Mit 305 Textfiguren und 6 Tafeln. (432 S.) 1920. Unveränderter Neudruck. 1923.
Gebunden 15 Goldmark
Zweiter Band: **Die Niederspannungs- und Hochspannungs-Leitungsanlagen.** Ihre Projektierung, Berechnung, elektrische und mechanische Ausführung und Untersuchung. Zweite, umgearbeitete und erweiterte Auflage. Mit 319 Textfiguren und 44 Tabellen. (413 S.) 1921. Unveränderter Neudruck. 1923. Gebunden 15 Goldmark
Dritter Band: **Die maschinellen und elektrischen Einrichtungen des Kraftwerkes und die wirtschaftlichen Gesichtspunkte für die Projektierung.** Zweite, umgearbeitete und erweiterte Auflage. Mit 665 Textfiguren, 2 Tafeln und 87 Tabellen. (942 S.) 1923.
Gebunden 28 Goldmark

Bau großer Elektrizitätswerke. Von Geheimem Baurat Prof. Dr.-Ing. h. c. Dr. phil. **G. Klingenberg.** Zweite, vermehrte und verbesserte Auflage. Mit 770 Textabbildungen und 13 Tafeln. (616 S.) 1924.
Gebunden 45 Goldmark

MIX
Papier aus verantwortungsvollen Quellen
Paper from responsible sources
FSC® C105338

If you have any concerns about our products,
you can contact us on
ProductSafety@springernature.com

In case Publisher is established outside the EU,
the EU authorized representative is:
**Springer Nature Customer Service Center GmbH
Europaplatz 3, 69115 Heidelberg, Germany**

Printed by Libri Plureos GmbH
in Hamburg, Germany